全国高职高专食品类、保健品开发与管理专业“十三五”规划教材

（供食品营养与检测、食品质量与安全专业用）

食品加工技术概论

主　　编　赵永敢

副 主 编　范丽霞　赵冬艳　徐海祥

编　　者　（以姓氏笔画为序）

于中玉（吉林省经济管理干部学院）

马震雷（江苏经贸职业技术学院）

王　娇（漯河食品职业学院）

田艳花（山西药科职业学院）

刘育颖（吉安职业技术学院）

赵冬艳（浙江医药高等专科学校

赵永敢（漯河医学高等专科学校

李俊华（河南农业职业学院）

张　静（重庆化工职业学院）

范丽霞（河南工业贸易职业学院）

郎登川（昆明雪兰牛奶有限责任公司）

胡梦红（湖南食品药品职业学院）

徐海祥（江苏农牧科技职业学院）

郭志芳（漯河职业技术学院）

樊金山（江苏农林职业技术学院）

中国健康传媒集团

中国医药科技出版社

内容提要

本教材为“全国高职高专食品类、保健品开发与管理专业‘十三五’规划教材”之一，系根据本套教材的编写指导思想和原则要求，结合专业培养目标和本课程的教学目标、内容与任务要求编写而成。本教材具有专业针对性强、紧密结合新时代行业要求和社会用人需求、与职业技能鉴定相对接等特点；内容主要包括果蔬产品加工技术、焙烤食品加工技术、肉与肉制品加工技术、水产品加工技术、乳与乳制品加工技术、软饮料加工技术和酒类加工技术等七大类食品加工技术。本教材为书网融合教材，即纸质教材有机融合电子教材、教学配套资源（PPT、微课、视频、图片等）、题库系统、数字化教学服务（在线教学、在线作业、在线考试）。

本教材主要供高职高专食品营养与检测、食品质量与安全专业师生使用，也可作为食品加工技术专业教材。

图书在版编目（CIP）数据

食品加工技术概论/赵永敢主编．—北京：中国医药科技出版社，2019.1

全国高职高专食品类、保健品开发与管理专业“十三五”规划教材

ISBN 978－7－5214－0593－4

Ⅰ.①食…　Ⅱ.①赵…　Ⅲ.①食品加工－高等职业教育－教材　Ⅳ.①TS205

中国版本图书馆 CIP 数据核字（2018）第 266031 号

美术编辑　陈君杞

版式设计　南博文化

出版　**中国健康传媒集团**｜中国医药科技出版社

地址　北京市海淀区文慧园北路甲 22 号

邮编　100082

电话　发行：010－62227427　邮购：010－62236938

网址　www. cmstp. com

规格　889×1194mm ¹⁄₁₆

印张　14 ¼

字数　301 千字

版次　2019 年 1 月第 1 版

印次　2023 年 8 月第 4 次印刷

印刷　三河市百盛印装有限公司

经销　全国各地新华书店

书号　ISBN 978－7－5214－0593－4

定价　38.00 元

获取新书信息、投稿、为图书纠错，请扫码联系我们。

数字化教材编委会

主　　编　赵永敢

副 主 编　范丽霞　赵冬艳　徐海祥

编　　者　（以姓氏笔画为序）

于中玉（吉林省经济管理干部学院）

马震雷（江苏经贸职业技术学院）

王　娇（漯河食品职业学院）

田艳花（山西药科职业学院）

刘育颖（吉安职业技术学院）

赵冬艳（浙江医药高等专科学校）

赵永敢（漯河医学高等专科学校）

李俊华（河南农业职业学院）

张　静（重庆化工职业学院）

范丽霞（河南工业贸易职业学院）

郎登川（昆明雪兰牛奶有限责任公司）

胡梦红（湖南食品药品职业学院）

徐海祥（江苏农牧科技职业学院）

郭志芳（漯河职业技术学院）

樊金山（江苏农林职业技术学院）

出版说明

为深入贯彻落实《国家中长期教育改革发展规划纲要（2010—2020年）》和《教育部关于全面提高高等职业教育教学质量的若干意见》等文件精神，不断推动职业教育教学改革，推进信息技术与职业教育融合，对接职业岗位的需求，强化职业能力培养，体现“工学结合”特色，教材内容与形式及呈现方式更加切合现代职业教育需求，以培养高素质技术技能型人才，在教育部、国家药品监督管理局的支持下，在本套教材建设指导委员会专家的指导和顶层设计下，中国医药科技出版社组织全国120余所高职高专院校240余名专家、教师历时近1年精心编撰了“全国高职高专食品类、保健品开发与管理专业‘十三五’规划教材”，该套教材即将付梓出版。

本套教材包括高职高专食品类、保健品开发与管理专业理论课程主干教材共计24门，主要供食品营养与检测、食品质量与安全、保健品开发与管理专业教学使用。

本套教材定位清晰、特色鲜明，主要体现在以下方面。

一、定位准确，体现教改精神及职教特色

教材编写专业定位准确，职教特色鲜明，各学科的知识系统、实用。以高职高专食品类、保健品开发与管理专业的人才培养目标为导向，以职业能力的培养为根本，突出了“能力本位”和“就业导向”的特色，以满足岗位需要、学教需要、社会需要，满足培养高素质技术技能型人才的需要。

二、适应行业发展，与时俱进构建教材内容

教材内容紧密结合新时代行业要求和社会用人需求，与职业技能鉴定相对接，吸收行业发展的新知识、新技术、新方法，体现了学科发展前沿、适当拓展知识面，为学生后续发展奠定了必要的基础。

三、遵循教材规律，注重“三基”“五性”

遵循教材编写的规律，坚持理论知识“必需、够用”为度的原则，体现“三基”“五性”“三特定”。结合高职高专教育模式发展中的多样性，在充分体现科学性、思想性、先进性的基础上，教材建设考虑了其全国范围的代表性和适用性，兼顾不同院校学生的需求，满足多数院校的教学需要。

四、创新编写模式，增强教材可读性

体现“工学结合”特色，凡适当的科目均采用“项目引领、任务驱动”的编写模式，设置“知识目标”“思考题”等模块，在不影响教材主体内容基础上适当设计了“知识链接”“案例导入”等模块，以培养学生理论联系实际以及分析问题和解决问题的能力，增强了教材的实用性和可读性，从而培养学生学习的积极性和主动性。

五、书网融合，使教与学更便捷、更轻松

全套教材为书网融合教材，即纸质教材与数字教材、配套教学资源、题库系统、数字化教学服务有机融合。通过“一书一码”的强关联，为读者提供全免费增值服务。按教材封底的提示激活教材后，读者可通过电脑、手机阅读电子教材和配套课程资源（PPT、微课、视频、动画、图片、文本等），并可在线进行同步练习，实时反馈答案和解析。同时，读者也可以直接扫描书中二维码，阅读与教材内容关联的课程资源（“扫码学一学”，轻松学习PPT课件；“扫码看一看”，即刻浏览微课、视频等教学资源；“扫码练一练”，随时做题检测学习效果），从而丰富学习体验，使学习更便捷。教师可通过电脑在线创建课程，与学生互动，开展布置和批改作业、在线组织考试、讨论与答疑等教学活动，学生通过电脑、手机均可实现在线作业、在线考试，提升学习效率，使教与学更轻松。

编写出版本套高质量教材，得到了全国知名专家的精心指导和各有关院校领导与编者的大力支持，在此一并表示衷心感谢。出版发行本套教材，希望受到广大师生欢迎，并在教学中积极使用本套教材和提出宝贵意见，以便修订完善，共同打造精品教材，为促进我国高职高专食品类、保健品开发与管理专业教育教学改革和人才培养做出积极贡献。

中国医药科技出版社

2019年1月

全国高职高专食品类、保健品开发与管理专业“十三五”规划教材

建设指导委员会

吴美香（湖南食品药品职业学院）
张　挺（广州城市职业学院）
张　谦（重庆医药高等专科学校）
张　镝（长春医学高等专科学校）
张迅捷（福建生物工程职业技术学院）
张宝勇（重庆医药高等专科学校）
陈　瑛（重庆三峡医药高等专科学校）
陈铭中（阳江职业技术学院）
陈梁军（福建生物工程职业技术学院）
林　真（福建生物工程职业技术学院）
欧阳卉（湖南食品药品职业学院）
周鸿燕（济源职业技术学院）
赵　琼（重庆医药高等专科学校）
赵　强（山东商务职业学院）
赵永敢（漯河医学高等专科学校）
赵冠里（广东食品药品职业学院）
钟旭美（阳江职业技术学院）
姜力源（山东药品食品职业学院）
洪文龙（江苏农林职业技术学院）
祝战斌（杨凌职业技术学院）
贺　伟（长春医学高等专科学校）
袁　忠（华南理工大学）
原克波（山东药品食品职业学院）
高江原（重庆医药高等专科学校）
黄建凡（福建卫生职业技术学院）
董会钰（山东药品食品职业学院）
谢小花（滁州职业技术学院）
裴爱田（淄博职业学院）

前言

QIANYAN

本教材是在密切关注经济社会发展和科技进步，紧密结合食品专业发展和教育教学改革成果条件下编写。教材内容遵循理论“必需、够用”、以工作过程为导向、突出技能培训的原则进行设计开发，通熟易懂，利于激发学生学习兴趣，因材施教，满足职业教育与食品行业发展需求。

食品加工技术概论是高职食品类专业（食品加工技术专业除外）一门重要的专业基础课程。本教材内容体系构建新颖，理论与实践合一编写，克服了内容繁杂而重复、重点不突出、特色不鲜明等问题，便于学生在有限时间内精学所需知识和技能，可实现教、学、做一体化。内容包括果蔬加工技术、焙烤食品加工技术、肉制品加工技术、水产品加工技术、乳制品加工技术、软饮料加工技术、酒类加工技术等常见经典食品加工技术，各院校可结合自身优势重点选取教学模块。

本教材遵循了职业教育的特点，在现代高等职业教育“工学结合”教学理念的指导下，减少了理论内容，并把加工原理知识融入到加工工艺中去，降低了理论难度，突出了技能培训的特点，避免单纯理论学习的枯燥。教学内容上充分体现职业岗位要求与职业行为。以工作任务为中心组织课程内容，并让学生在完成具体项目的过程中学会完成相应工作任务，构建相关理论知识，发展职业能力。

本教材由赵永敢担任主编，具体编写分工为：绪论由赵永敢编写；第一章由赵冬艳、田艳花编写；第二章由马震雷、李俊华编写；第三章由郭志芳、赵永敢、樊金山编写；第四章由于中玉、胡梦红编写；第五章郎登川、徐海祥、王娇编写；第六章由范丽霞、王娇编写；第七章由张静、刘育颖编写。

本教材主要供高职高专院校食品营养与检测、食品质量与安全专业教学使用，也可作为食品企业工作者的参考用书。

由于时间仓促，编者水平和经验有限，疏漏和不足之处在所难免，恳请广大读者批评指正，以便进一步修改、完善。

编　者

2019 年 1 月

目录

MULU

扫码“学一学”

绪　论

知识目标

1. 掌握　食品、保健食品、绿色食品、有机食品和特殊医学用途配方食品的概念。
2. 熟悉　食品加工业发展现状及趋势。
3. 了解　预包装食品、方便食品、新资源食品、转基因食品的概念。

能力目标

通过学习食品加工常见概念和食品加工业发展现状及趋势，能在实践中应用概念知识，并能够把食品加工现状及趋势知识用于指导食品研发、经营等方面工作。

一、食品加工常见概念

（一）食品

食品指各种供人食用或者饮用的成品和原料以及按照传统既是食品又是药品的物品，但是不包括以治疗为目的的物品。

食品的概念随着社会和经济的发展也在不断变化。古人曰：“食，命也”，意思是说，凡是能够延续人体生命的物质，都称之为食品。《现代汉语辞典》中食品的概念：“用于出售的经过加工制作的食物，称之为食品。”国际食品法典委员会（CAC）的定义为“食品(food)，指用于人食用或者饮用的经加工、半加工或者未经加工的物质，并包括饮料、口香糖和已经用于制造、制备或处理食品的物质，但不包括化妆品、烟草或者只作为药品使用的物质。”1995 年的《食品卫生法》对食品的定义为：“指各种供人食用或饮用的成品和原料以及按照传统既是食品又是药品的物品，但是不包括以治疗为目的的物品。”现行的《食品安全法》沿用了以前的食品卫生法中关于“食品”的定义。食品的外延进一步扩大，不仅包括经过加工制作的能够直接食用的各种食物，还包括未经加工制作的原料，囊括了农田到餐桌的整个食物链中的食品。另外还包括“按照传统既是食品又是药品的物品，但是不包括以治疗为目的的物品”，作这样的规定主要是将“食品”与“药品”进行区分。

（二）预包装食品

预包装食品，指预先定量包装或者制作在包装材料和容器中的食品。根据国际食品法典委员会（CAC）关于“预包装的”定义修改而来。目前市场上出售的食品大部分都属于预包装食品。

（三）保健食品

中国对保健食品的定义，是指具有特定功能的食品，适宜于特定人群食用，可调节机体的功能，又不以治疗为目的。它必须符合下面4条要求。

1. 保健食品首先必须是食品，必须无毒、无害，符合应有的营养要求。

2. 保健食品又不同于一般食品，它具有特定保健功能。这里的“特定”是指其保健功能必须是明确的、具体的，而且经过科学验证是肯定的。同时，其特定保健功能并不能取代人体正常的膳食摄入和对各类必需营养素的需要。

3. 保健食品通常是针对需要调整某方面机体功能的特定人群而研制生产的，不存在对所在人群都有同样作用的所谓“老少皆宜”的保健食品。

4. 保健食品不以治疗为目的，不能取代药物对病人的治疗作用。

（四）方便食品

方便食品是指把食品做成半成品或成品，用时简单加工后食用或者是即食食品。方便食品食用简单、携带方便、易于贮藏、种类繁多、风味各异，具有大众化，是推广性很强的食品。

（五）新资源食品

新资源食品是指在中国新研制、新发现、新引进的无食用习惯的，符合食品基本要求，对人体无毒无害的物品，如叶黄素酯、嗜酸乳杆菌等。《新资源食品管理办法》规定新资源食品具有以下特点。

1. 在我国无食用习惯的动物、植物和微生物。

2. 在食品加工过程中使用的微生物新品种。

3. 因采用新工艺生产导致原有成分或者结构发生改变的食品原料。

新资源食品应当符合《食品安全法》及有关法规、规章、标准的规定，对人体不得产生任何急性、亚急性、慢性或其他潜在性健康危害。

新资源食品和保健食品的区别在于：保健食品是指具有特定保健功能的食品，而且申请审批时也必须明确指出具有哪一种保健功能，并且需要在产品包装上进行保健功能标示及限定，而新资源食品具有一种或者多种功能则不在产品介绍中详细标示；新资源食品和保健食品的适用人群不同，前者适用于任何人群，而后者适宜于特定人群食用。

（六）有机食品

有机食品也叫生态或生物食品等。有机食品是国际上对无污染天然食品比较统一的提法。有机食品通常来自于有机农业生产体系，根据国际有机农业生产要求和相应的标准生产加工的。有机食品通常指在生产过程中不使用农药、化肥、生长调节剂、抗生素、转基因技术的食品。有机食品侧重于天然的生产方式，但并不代表更加营养，许多研究表明，有机食品的营养价值与普通食品相差无几。

（七）绿色食品

绿色食品是指产自优良生态环境、按照绿色食品标准生产、实行全程质量控制并获得绿色食品标志使用权的安全、优质食用农产品及相关产品。绿色食品认证依据的是农业部绿色食品行业标准。绿色食品在生产过程中允许使用农药和化肥，但对用量和残留量的规定通常比无公害标准要严格。

（八）转基因食品

转基因食品，又称基因修饰食品，是利用基因工程技术改变基因组构成，将某些生物的基因转移到其他物种中去，改造其生物的遗传属性，并使其性状、市场价值、物种品质向人们所需要的目标转变。主要分为3类：转基因植物食品，如转基因的大豆、玉米、番茄、水稻等；转基因动物食品，如转基因鱼、肉类等；转基因微生物食品，如转基因微生物发酵而制得的葡萄酒、啤酒、酱油等。

（九）食品加工

食品加工是指直接以农、林、牧、渔业产品为原料，将其进行物理技术、化学技术或生物技术进行处理，使其更适合食用、烹调及储存的活动。食品加工活动中所使用的技术，称为食品加工技术，食品加工技术的应用对发展食品工业生产、促进食品加工科技进步及发展国民经济、推动农业的发展、改善人民生活等许多方面发挥极其重要的作用。

（十）食品安全

食品安全，指食品无毒、无害，符合应当有的营养要求，对人体健康不造成任何急性、亚急性或者慢性危害。

“食品安全”一词是1974年由联合国粮农组织提出的，其主要内容包括三个方面：①从食品安全性角度看，要求食品应当“无毒无害”。“无毒无害”是指正常人在正常食用情况下摄入可食状态的食品，不会对人体造成危害。但无毒无害也不是绝对的，允许少量含有，但不得超过国家规定的限量标准。②符合应当有的营养要求。营养要求不但应包括人体代谢所需要的蛋白质、脂肪、碳水化合物、维生素、矿物质等营养素的含量，还应包括该食品的消化吸收率和对人体维持正常的生理功能应发挥的作用。③对人体健康不造成任何危害，包括急性、亚急性或者慢性危害。

（十一）食品添加剂

食品添加剂，指为改善食品品质和色、香、味以及为防腐、保鲜和加工工艺的需要而加入食品中的人工合成或者天然物质。

《食品安全法》中规定：“食品添加剂，指为改善食品品质和色、香、味以及为防腐、保鲜和加工工艺的需要而加入食品中的人工合成或者天然物质。”在我们每天吃的主食和副食里，几乎都含有食品添加剂，尤其是副食品的加工生产更离不开食品添加剂的环节。例如，小麦粉中加入的面粉处理剂，油脂中加入的抗氧化剂，豆制品中加入的凝固剂和消泡剂，酱油中加入的防腐剂，糕点、糖果和饮料中加入的着色剂和甜味剂等。食品添加剂的使用对食品产业的发展起着重要的作用，它可以改善风味、调节营养成分、防止食品变质，从而提高质量，使加工食品丰富多彩，满足消费者的各种需求。根据《食品安全国家标准　食品添加剂使用标准》（GB 2760—2014）的规定，我国允许使用的食品添加剂共分22类，主要有：①为防止食品的污染、预防食品腐败变质的发生而添加的防腐剂、抗氧化剂；②为改善食品的外观性状而添加的着色剂、漂白剂、乳化剂、稳定剂；③为改善食品的风味而添加的增味剂、香料等；④为满足食品加工工艺的需要，而采用的酶制剂、消泡剂和凝固剂等；⑤为增加食品的营养价值使用的营养剂；⑥其他，如为满足糖尿病患者而使用的无糖的甜味剂。

（十二）食品保质期

保质期即我们通常所说的最佳食用期，是指预包装食品在标签指明的贮存条件下保持品质的期限。在此期限内，食品完全适于销售、食用。超过保质期的食品，色、香、味、营养价值等都会有所减少，是禁止销售的。但并不表示不可以食用，有些食品超过保质期，在色、香、味、营养价值上会有所降低，但在食用上并不影响人的生命健康，还是可以继续食用的。

（十三）特殊医学用途配方食品

特殊医学用途配方食品，简称医用食品，是为了满足由于完全或部分进食受限、消化吸收障碍或代谢紊乱人群的每天营养需要，或满足由于某种医学状况或疾病而产生的对某些营养素或日常食物的特殊需求加工配制而成，且必须在医生或临床营养师指导下使用的配方食品。该类食品可以与普通食品或其他特殊食品共同使用。

二、食品加工业发展现状

“国以民为先，民以食为天”，中国是一个有着13.9亿人口的大国，食品是人类赖以生存的最基本物质条件，食品工业是关系国计民生的“生命工业”。发展食品工业对于增强我国农产品和工业食品在国际市场竞争力，也具有十分重要的作用。

（一）食品加工业发展概况

1. 食品工业经济稳定增长 “十二五”期间，在后期国内经济下行压力加大、增速放缓的形势下，全国食品工业认真落实中央加强和改善宏观调控，坚持“稳中求进”的总方针，顺应市场变化，推进结构调整，生产平稳增长，产业规模继续扩大，经济效益持续提高，组织结构不断优化，区域食品工业协调发展，食品安全形势总体向好。2015年，食品工业规模以上企业主营业务收入11.35亿元，比上年增长4.6%，年均增长13.25；上缴税金总额9643亿元，比2010年增长71.4%，年均增长11.4%；食品工业实现利润总额8028亿元，比2010年增长56.9%，年均增长9.4%。食品工业在国民经济中的支柱产业地位进一步提升。

2. 企业规模发展壮大 “十二五”期间，食品工业企业不断发展壮大，生产集中度进一步提升。2010年超过百亿元的食品工业企业有27家，2015年，据不完全统计，全国达到和超过这一规模的食品工业企业有54家，超额完成了“十二五”规划中提出的百亿元食品工业企业超过50家的发展目标。2014年规模以上大中型食品工业企业共计5789家，占食品工业规模以上企业总数的15.4%。完成主营业务收入占全行业的54.0%；实现利润总额占全行业的62.9%；上缴税金占全行业的83.2%。

3. 食品工业投资保持快速增长 2015年食品工业固定资产投资突破2万亿元，达到20205亿元，比2014年增长8.4%。“十二五”期间累计完成固定资产投资总额77568亿元，比“十一五”期间增加54521亿元，增长2.36倍。2014年全国食品工业总资产值6.58万亿元，比2010年增长66.6%，年均增长13.6%。食品工业是最早开放的竞争性行业之一，经过多年发展，食品工业企业已经适应了按市场经济方式解决企业发展资金问题。目前，食品工业固定资产投资额的88%是由企业自筹资金解决的，国家预算内资金、利用外资等其他资金来源只占到全部投资的12%。

4. 区域食品工业协调发展 2015年主营业务收入排在前十位的地区是山东、河南、湖北、江苏、四川、广东、湖南、福建、安徽和吉林，共实现主营业务收入74328亿元，占全国食品工业的66.5%。

“十二五”期间，东部地区继续保持了领先和优势的地位，2015年东部地区实现食品工业主营业务收入4.97万亿元，比2010年的3.26万亿元增长52.5%；中部地区借助农业资源优势，努力将其转化为产业优势，食品工业快速发展；2015年中部地区实现食品工业主营业务收入3.15万亿元，比2010年的1.45万亿元增长117.2%；西部地区借助政策优势，食品工业发展进入快车道，2015年西部地区实现食品工业主营业务收入2.21万亿元，比2010年的1.20万亿元增长84.2%；东北地区实现食品工业主营业务收入1.27万亿元，比2010年的0.91万亿元增长39.6%。

5. 对外贸易总体水平发展较快 “十二五”期间，2015年食品进出口总额9918亿元，同比下降0.7%。其中出口3806亿元，同比增长1.6%，进口6112亿元，下降2.1%。2011—2015年累计实现食品进出口贸易总额7408.9亿美元，比“十一五”期间累计增长94.4%。食品出口五年累计2871亿美元，比“十一五”期间的1750.4亿美元增长64%；进口累计4537.9亿美元，比“十一五”期间的2060.3亿美元增长120.3%。

（二）食品加工业发展中存在的主要问题

中国食品工业虽然取得了很大的进步，但无论是与世界先进水平，还是与全面建设小康社会的新要求相比，都还存在一定的距离。

1. 生产集中度低，小弱散企业多 食品工业领域，骨干企业不断壮大，生产集中度进一步提升。2016年，规模以上工业企业已达到42144家，是2012年的125.32%，占全国工业的11.1%。但同时，食品工业兼并重组力度尚且不足，大中型企业数量偏少，市场竞争结构离散，集约化进程缓慢。全国1180万家获得许可证的食品生产经营企业中，绝大部分在10人以下，小、微型企业和小作坊仍然占全行业的90%以上，“小、弱、散”格局没有得到根本改变。

2. 精深加工少、粗放生产方式多 绿色精细生产体现在运用新技术、新工艺、新渠道及先进管理方法，实现对产品品种类型、质量安全和高附加值的追求以及对节能环保责任的承担。我国食品工业产业链不断延伸拓展，产品结构向多元化、优质化、功能化方向发展，产品细分程度加深，市场供应品种丰富多彩，精深加工产品比例上升，从对过去量的追求变成对质的提升。但是，食品工业以数量扩张为主的粗放型发展方式仍然未得到全面改变。大量中小企业自主创新能力不强，创新主体地位不突出，产学研用结合不紧密，缺乏工程技术中心、工程实验室等创新平台，自主研发水平和成果转化率较低。

3. 自主品牌培育不足 食品品牌以食品生产企业的综合经济实力为后盾，是食品工业信用的象征，是消费者信息的保证，蕴含了大量的食品信息，包括产品的历史文化、档次、色香味、质量和安全性能等。随着食品企业组织结构进一步优化，一批具有市场竞争优势的骨干食品企业发展壮大，成长起一批知名企业和名牌产品，食品工业自主品牌的培育和发展也进入了新阶段。

4. 食品安全风险依然严峻 近几年，各地方党委、政府高度重视食品安全工作，各部门工作力度加大，监管措施加强，食品安全保障水平明显提高，形势稳定向好，但食品安全仍然存在风险隐患，与人民群众的期待还存在差距。

三、食品加工业发展趋势

随着全球经济日益融合，国内经济的快速健康发展和工业化、城市化及国际化进程的加快，国内食品工业将迎来重要的发展机遇期。在今后相当长的一段时间内，国内的食品工业将主要解决居民吃好的问题。食品消费已经由量的追求转向对质的追求，向着质量、营养、方便、安全的目标转变，食品消费结构变化加剧，对食品制成品的需求迅速上升。具体而言，国内食品工业的发展将呈现以下主要趋势。

（一）食品消费总量仍将不断增加，商品性消费日益取代自给型消费，工业化食品比重逐步增长

国民经济持续快速发展和城市化水平的提高，给食品工业发展创造了巨大的需求空间。2017 年，中国居民的恩格尔系数平均值下降到 30% 以下，平均生活水平处于富裕型阶段，将对食品消费总量和结构产生重要影响。

（二）方便食品、绿色食品及有机食品将成为食品消费的主旋律

随着人们生活节奏的加快，使得简便、营养、卫生、经济、即开即食的方便食品市场潜力巨大。方便食品的发展是食品制造业的一场革命，始终是食品工业发展的推动力。与此同时，居民的生活水平和健康意识日益提高，人们对食品品质的要求越来越高，绿色食品、有机食品将越来越受到消费者青睐。人们的饮食习惯更加合理，更加科学，烟酒等嗜好类产品的比重将逐步下降，食品工业产品结构将进一步得到优化。

（三）产品多样化、精细化及营养化将成为食品工业发展的重要特征

当前国内食品工业主要还是以农副食品原料的初加工为主，精深加工程度较低，食品制成品水平低。市场上缺乏符合营养平衡要求的早、中、晚餐方便食品，也缺乏满足特殊人群营养需求的食品。随着全面建设小康社会进程的不断加快，居民消费层次的变化以及年龄、文化、职业、民族、地区生活习惯的不同，食品消费个性化、多样化发展趋势越来越明显。所以，各种精深加工、高附加值食品，肉类、鱼类、蔬菜等制成品和半成品，谷物早餐，以及休闲食品等和针对不同消费人群需求的个性化食品，在相当长的一段时间内都将大有可为。

（四）生物技术、机械化及自动化将在食品工业中得到广泛应用

现代生物技术主要是指基因工程技术、酶工程技术和发酵技术。基因工程技术的发展，使按照人的意愿创造新物种和改造现有物种成为现实可能。酶工程技术的发展为合理利用加工下脚料提供了技术可能性，现代发酵技术的发展为开发新型鱼制品奠定坚实的技术基础。提高食品生产机械化和自动化程度，是生产安全卫生、高营养价值食品的前提和基本要求，也是实现食品加工企业规模化生产和发挥规模效益的必要条件。食品工业企业应该从传统的手工劳动和作坊式操作中解脱出来，投入资金完善软、硬条件，提高生产的机械化、自动化程度。

考核要点

1. 食品加工业发展现状。
2. 食品加工业发展趋势。
3. 食品、保健食品、绿色食品、有机食品和特殊医学用途配方食品的概念。

思考题

1. 绿色食品和有机食品有何区别？
2. 食品过了保质期还能食用吗？
3. 根据食用食品的经历，自己能否尝试预测一下未来食品加工业发展趋势？

（赵永敢）

第一章　果蔬产品加工技术

知识目标

1. 掌握　果蔬糖制品、果蔬腌制品、果蔬干、果蔬速冻、果蔬发酵、果蔬脆片的加工工艺及操作要点。
2. 熟悉　果蔬糖制品、果蔬腌制品、果蔬干、果蔬速冻、果蔬发酵、果蔬脆片的质量标准。
3. 了解　果蔬糖制品、果蔬腌制品的定义和分类；果蔬干制品常用的包装；果胶提取与制备工艺。

能力目标

掌握果蔬产品的基本加工方法，对加工中出现的质量问题，能进行初步分析判断，并能初步提出质量控制措施。

扫码“学一学”

第一节　果蔬糖制品加工技术

果蔬糖制品是以果蔬为原料，采取各种方法使食糖渗入组织内部，从而降低果蔬原料的水分活度，提高渗透压，可有效地抑制微生物的生长繁殖，防止腐败变质，达到长期保藏不坏的目的。利用高浓度糖的防腐保藏作用，将果品蔬菜加工成糖制品的加工技术。

一般按加工方法和产品形态，可分为果脯蜜饯和果酱两大类。果脯蜜饯类制品能保持原料形状的全部或一部分的糖制品，这种类型包括湿态蜜饯、干态蜜饯和凉果类；果酱类是指原料经过破碎、软化后加糖煮制，制品形成凝胶状态，制品中可保留一定数量的果块，这类制品包括如果酱、果泥、果糕等。

一、工作要点

（一）原料的选择

糖制品的质量主要取决于其外观、风味、质地及营养成分。选择优质原料是制成优质产品的关键之一。原料质量的优劣主要在于品种、成熟度和新鲜度等几个方面。

选择适合加工果脯蜜饯类的原料时，因需保持果实或果块形态，则要求原料肉质紧密，耐煮性强。以水分含量较低、固形物含量较高、果核小、肉厚的品种为佳；且原料的成熟度一般在绿熟至坚熟时采收为宜。

生产果酱类制品的原料要求含果胶及酸量较多，芳香味浓，成熟度适宜。对于含果胶及酸量较少的果蔬，制酱时需外加果胶及酸，或与富含该种成分的其他果蔬混制。

（二）腌制

糖制品的加工由于时间和设备的关系，不能过于集中，为了延长加工时间，避免新鲜原料的腐烂变质，常将新鲜原料腌制成果坯保存。果坯是果脯蜜饯的一种半成品，以食盐为主盐渍而成，有时加用少量明矾、石灰，使之适度硬化。盐坯腌渍包括盐腌、暴晒、回软、复晒四个过程。盐腌有干腌和盐水腌制两种。干腌法适用于果汁较多或成熟度较高的原料，用盐量依种类和贮存期长短而异，一般为原料重的14%～18%；盐水腌制法适用于果汁较少或未熟果或酸涩苦味浓的原料。盐腌结束，可作水坯保存，或经晒制成干坯长期保藏。

（三）保脆硬化

对于结构疏松的原料，为防止在煮糖过程中软烂，要进行硬化。硬化处理是将原料放在石灰、氯化钙、明矾、亚硫酸钙等硬化剂稀溶液中或在腌制过程中同时加入少量硬化剂，其主要作用是使钙、铝盐类中的钙、铝离子与果实中果胶成分生成不溶性盐类，使组织变得坚硬，防止糖煮时软烂。但是硬化剂使用要适量，过量使用会造成果实对糖分吸收量下降，使成品质地粗糙。因此硬化后的原料，糖制期应加以漂洗，常用的硬化剂是0.1%的氯化钙溶液。

（四）加热软化

加热软化是制作果酱类糖制品的必要工序。它的目的主要是：破坏酶的活力，防止变色和果胶水解；软化果肉组织，便于打浆或糖液渗透；促使果肉组织中果胶的溶出，有利于凝胶的形成；蒸发一部分水分，缩短浓缩时间；排除原料组织中的气体，以得到无气泡的酱体。

软化过程正确与否，直接影响果酱的胶凝程度。如块状酱软化不足，果肉内溶出的果胶较少，制品胶凝不良，仍有不透明的硬块，影响风味和外观。制作泥状酱，果块软化后要及时打浆。软化前先将夹层锅洗净，放入清水（或稀糖液）和一定量的果肉。一般软化用水为果肉重的20%～50%。若用糖水软化，糖水浓度为10%～30%。开始软化时，升温要快，蒸汽压力为2～3 kgf/cm^2，沸腾后可降至1～2 kgf/cm^2，不断搅拌，使上下层果块软化均匀，果胶充分溶出。软化时间依品种不同而异，一般为10～20分钟。

（五）配料

果酱类糖制品在对原料进行软化处理后，及时进行配料。配料按原料的种类和产品要求而异，一般要求果肉（果浆）占总配料量的40%～55%，砂糖占45%～60%。这样，果肉与加糖量的比例为1:（1～1.2）。为使果胶、糖、酸形成适当的比例，有利凝胶的形成，可根据原料所含果胶及酸的多少，必要时添加适量柠檬酸、果胶或琼脂。

肉加热软化后，在浓缩时分次加入浓糖液，近终点时，依次加入果胶液或琼脂液、柠檬酸或糖浆，充分搅拌均匀。

（六）糖制

糖制是果脯蜜饯加工的主要工序。其糖制过程是果蔬原料排水吸糖的过程，糖液中的糖分依赖扩散作用先进入到组织细胞间隙，再通过渗透作用进入细胞内最终达到要求的含糖量。

1. 蜜制 是指用糖液进行糖渍，使制品达到要求的糖度。此方法适用于含水量高、不耐煮的原料，如糖青梅、糖杨梅、无花果蜜饯以及多数凉果。此法特点在于分次加糖，不用加热，能很好地保存产品的色泽、风味、营养价值、形态。

2. 煮制 煮制分为常压煮制和减压煮制两种。常压煮制又分为一次煮制、多次煮制和快速煮制三种。减压煮制分为减压煮制和扩散煮制两种。

3. 糖制 终点判断是指确定制品含糖量是否达到成品的要求，可以通过对糖液浓度的判断来进行。

（1）相对密度法测糖度　一定浓度的溶液都有一定的密度或相对密度。通过相对密度法来测定糖液的浓度，常用的仪器是糖密度计，它是以蔗糖溶液质量百分比浓度为刻度，单位用°Be′表示。由于糖液体积会随温度变化而发生改变，若测定温度不在标准温度（20 ℃），需查表进行温度校正。

（2）折光法测糖度　不同浓度的糖液在光线下的折射率是不同的。通过折光法来测定糖液浓度，常用的仪器是手持糖度仪，所测数据也要查表进行温度校正。

（3）温度计测糖度　利用糖液的沸点随浓度上升而升高的特点，通过温度计来测量糖液浓度。一般糖液温度达 103 ~ 105 ℃时可结束煮制。

（4）经验法　利用不同浓度溶液黏度大小不同的特点来进行经验判断。如挂片法，将木片蘸上糖液，不断翻转木片不让热糖液滴下，冷却后，根据其形成糖液薄片的速度和形状来判断糖液浓度；手捏法，手指蘸取少许糖液，通过手感的黏滑程度、糖液能否形成拉丝及拉丝长短来判断糖液浓度；滴凝法，将糖液滴在瓷盘上，冷却后用手指按压，通过手指对糖块韧性的感觉来判断糖液浓度；自流法，根据糖液自然下滴的速度来判断。

（七）干燥与上糖衣

除湿态蜜饯外，其他制品在糖制后需进行烘晒，除去部分水分，表面不粘手，以利于保藏。干燥的方法一般是烘烤或晾晒。干燥后的蜜饯，要求外观完整、形态饱满、不皱缩、不结晶、质地柔软，含水量在 18% ~22%，含糖达 60% ~65%。

糖制后产品表面残留糖液多，沥糖困难，干燥时间较长。可以将制品在 20° ~30°Be 稀热糖液中轻轻晃动下，涮去表面黏稠的浓糖浆，或用 0.1% 羧甲基纤维素钠溶液（CMC）冲洗果坯，使果脯表面干爽，还能增加产品的透明度和光泽。烘烤温度为 50 ~60 ℃，不宜过高，以免糖化、焦化。

所谓上糖衣，是将制品在干燥后用过饱和糖液短时浸泡处理，使糖液在制品表面凝结成一层糖衣来增加产品的含糖量，延长保质期。以 40 kg 蔗糖和 10 kg 水的比例煮至 118 ~ 120 ℃后将蜜饯浸入，取出晾干，即在蜜饯表面形成一层透明糖衣。另外，将干燥的蜜饯在 1.5% 的果胶溶液中浸渍并轻摇 30 秒后取出，在 50 ℃下干燥 2 小时，也能形成一层透明胶膜。

所谓上糖粉，是在干燥蜜饯表面裹上一层糖粉，以增加制品的保藏性。先将白砂糖烘干磨碎成粉，干燥快结束时在蜜饯表面撒上糖粉，拌匀，筛去多余糖粉。上糖粉也可以在产品回软后，烘干之前进行。

（八）浓缩

加热浓缩是果蔬原料及糖液中水分的蒸发过程。是制作果酱类糖制品重要的工序。常用的浓缩方法有常压浓缩和减压浓缩。浓缩过程要采用严格的投料顺序，否则成品易出现变色、液体分泌和酱体流散等现象。投料顺序为浓缩过程中分次加糖，这样有利于水分蒸发，缩短浓缩时间，接近终点时加入果胶或其他增稠剂，最后加酸，在搅拌下浓缩至终点出锅。加热浓缩的方法主要有常压浓缩和真空浓缩两种。

1. 常压浓缩 浓缩过程中，糖液应分次加入，糖液加入后应该不断搅拌。需添加柠檬酸、果胶或淀粉糖浆的制品，当浓缩到可溶性固形物为60%以上时再加入。浓缩时间要掌握恰当，时间过长直接影响果酱的色香味，造成转化糖含量高，以致发生焦糖化和美拉德反应；过短转化糖生成量不足，在贮藏期易产生蔗糖的结晶现象，且酱体凝胶不良。

2. 真空浓缩 又称减压浓缩，分单效、双效两种浓缩装置。以单效浓缩锅为例，该设备是一个带有搅拌器的双层锅，配有真空装置。工作时，先通入蒸汽于锅内赶走空气，再开动离心泵，使锅内形成一定的真空，当真空度达到53.3kPa以上时，开启选料阀，待浓缩的物料靠锅内的真空吸力吸入锅中达到容量要求后，开启蒸汽阀门和搅拌器进行浓缩。加热蒸汽压力务必保持在98.0～147.1 kPa，温度50～60 ℃。浓缩过程若泡沫上升激烈，可开启锅内的空气阀，使空气进入锅内抑制泡沫上升，待正常后再关闭。浓缩过程应保持物料超过加热面，以防焦锅。当浓缩至接近终点时，关闭真空泵开关，破坏锅内空气，在搅拌下将果酱加热升温至90～95 ℃，然后迅速关闭进气阀，出锅。

（九）杀菌冷却

果酱类产品在加热浓缩过程中，酱体中的微生物绝大部分被杀死。而且由于果酱是高糖高酸制品，一般装罐密封后残留的微生物是不易繁殖的。在生产卫生条件好的情况下，可在封罐后倒置数分钟，利用酱体的余热进行罐盖消毒即可。但为了安全，在封罐后可进行杀菌处理（5～10分钟，1000 ℃）。

杀菌方法，可采用沸水或蒸汽杀菌。杀菌温度及时间依品种及罐形的不同，一般以100 ℃温度下杀菌5～10分钟为宜。杀菌后冷却至30～40 ℃，擦干罐身的水分，贴标装箱。

（十）常见质量问题

1. 返砂与流汤 一般质量达到标准的果蔬糖制品，要求质地柔软、光亮透明。但在生产中，如果条件掌握不当，成品表面或内部易出现返砂或流汤的现象。返砂即糖制品经糖制、冷却后，成品表面或内部出现晶体颗粒的现象，使其口感变粗，外观质量下降；流汤即蜜饯类产品在包装、贮存、销售过程中容易吸湿，出现表面发黏等现象。

果蔬糖制品出现的返砂和流汤现象，主要是因成品中蔗糖和转化糖之间的比例不合适造成的。转化糖越少，返砂越重；相反，若转化糖越多，蔗糖越少，流汤越重。当转化糖含量达40%～50%，即占总糖含量的60%以上时，在低温、低湿条件下保藏，一般不返砂。因此，防止糖制品返砂和流汤，最有效的办法是控制原料在糖制时蔗糖与转化糖之间的比例。影响转化的因素是糖液的pH及温度。pH在2.0～2.5，加热时就可以促使蔗糖转化。

2. 煮烂与皱缩 煮烂与皱缩是果脯生产中常出现的问题。采用成熟度适当的果实为原料，是保证果脯质量的前提。此外，采用经过前处理的果实，不立即用浓糖液煮制，先放入煮沸的清水或1%的食盐溶液中热烫几分钟，再按工艺煮制，也可在煮制时用$CaCl_2$溶液浸泡果实，均有一定的作用。煮制温度过高或煮制时间过长也是导致蜜饯类产品煮烂的一

个重要原因。因此，糖制时应延长浸糖的时间，缩短煮制时间和降低煮制温度，对于易煮烂的产品，最好采用真空渗糖或多次煮制等方法。

3. 成品颜色褐变 果蔬糖制品颜色褐变的原因是果蔬在糖制过程中发生非酶褐变和酶促褐变反应，导致成品色泽加深，非酶褐变包括羰氨反应和焦糖化反应，另外还有少量维生素C的热褐变。这些反应主要发生在糖制品的煮制和烘烤过程中，尤其是在高温条件下，最易致使产品色泽加深。适当降低温度，缩短时间，可有效阻止非酶褐变。低温真空糖制是一种有效的技术措施。酶促褐变主要是果蔬组织中的酚类物质在多酚氧化酶的作用下氧化褐变，一般发生在加热糖制前。可通过热烫和护色等方法抑制引起酶变的酶活力，从而抑制酶变反应。

4. 霉变 糖制品发生霉变的根本原因首先是微生物。食品中微生物的来源有以下两种：①原料或工具中的微生物，由于没有彻底灭菌而幸存；②制作后重新污染。

易于在食品上生长的微生物一般有真菌（包括霉菌、酵母菌等）和细菌两类。其中霉菌一般适宜在固体或半固体状食品上生长，而酵母菌和细菌一般适宜于在液体状食品中生长。食品霉变的实质是食品中的有机物质被微生物分解。食品的霉变过程通常包括初期轻度变质、生霉、霉烂三个阶段，它是一个连续的发展过程。霉变发展的快慢主要由环境条件，特别是食品的温度、水分、气体组分与pH来决定。一般说来，适宜微生物的温度为15～40℃，水分为10%以上。在高水分情况下，有些霉菌如青霉和曲霉能在0℃以下使食品霉变。常用的控制措施有增加糖的浓度、控制水分含量、添加防霉剂、进行表面杀菌等方法。

5. 果酱类产品的流液 果酱类产品的流液现象在生产不当的情况下也十分常见，由于果块软化不充分、浓缩时间短、果酱含糖量低等原因都有可能导致产品汁液分泌。解决的办法有充分软化，增加果胶的溶出率，添加果胶或者其他增稠剂来增强凝胶作用。

二、设备及材料

1. 设备 不锈钢刀具、台秤、夹层锅或不锈钢锅、温度计、手持糖量计、烘箱、烘盘。

2. 材料 水果或蔬菜原料、砂糖、柠檬酸、氯化钙、亚硫酸氢钠、琼脂或明胶。

三、果脯蜜饯类工作过程

（一）杏脯

1. 工艺流程 原料选择→切片处理→护色处理→清洗→糖煮→糖渍→烘干→成品。

2. 原料辅料 杏、0.2% $NaHSO_3$溶液、35%～40%的糖液、白砂糖。

3. 加工工艺

（1）原料选择 加工杏脯的杏果，剔除坏、烂及病虫害果，要选用质地柔韧、皮色橙黄、肉厚核小、含纤维少、成熟度在七八成的鲜杏。

（2）切分 沿缝合线剖开，挖核。放入0.2%的$NaHSO_3$溶液中浸泡20分钟后，水洗，漂去$NaHSO_3$的残液。

（3）糖煮、糖渍 第一次糖煮及糖渍：煮沸浓度为35%～40%的糖液（连续生产时也可以使用上批第二次糖煮时的剩糖液），倒入杏碗煮10分钟左右，待果实表面稍膨胀，并出现大气泡时，即可倒入缸内，进行糖渍，糖渍 12～24 小时，糖渍的糖液需浸没果实。

第二次糖煮：加白砂糖调整糖液含糖量为 50%（也可用上批第三次剩糖液），煮沸 2～3 分钟，捞出沥去糖液。放帘或匾中晾晒，使杏碗凹面朝上，让水分自然蒸发。当杏碗失重 1/3 左右时，进行第三次糖煮。

第三次糖煮：糖液浓度为 65%，煮制时间为 15～20 分钟。当糖液浓度达到 70% 以上时，将杏片捞出，沥干糖液，均匀放于竹匾或烘盘中，晾晒或烘制。待干燥至不粘手时，即成杏脯。

4. 产品质量标准　淡黄到橙黄色，色泽较一致，略透明。组织饱满，块形大小较一致，质地软硬适度。具有杏的风味，无异味。含水量 18%～22%，含糖量 60%～65%。

（二）低糖甘薯脯

1. 工艺流程　原料选择→清洗→去皮、切片→护色→硬化、硫处理→预煮→糖煮、糖渍→烘干→成品→包装。

2. 原料辅料　甘薯 100 kg、白砂糖 40～50 g、麦芽糖 5～10 g、柠檬酸 200～250 g、明矾［$Al_2(SO_4)_3 \cdot K_2SO_4$］600 g、焦亚硫酸钠（$Na_2S_2O_5$）300 g、苯甲酸钠 50 g、食盐 2 kg。

3. 加工工艺

（1）原料选择　选用淀粉含量高、水分少、薯形顺直，红心或黄心的甘薯为原料。剔除有虫害、斑疤和腐烂的薯块。

（2）清洗　把选好的薯块放在清水中浸泡 10～20 分钟后再刷洗，以除净表面的泥沙和污物。

（3）去皮、切片、护色　用不锈钢刀或竹片刮除甘薯表面的皮层，用清水洗净残皮，切分成厚度为 5 mm 的薯片或 10 mm 见方的薯条。切分后的薯片（条）立即放入 1%～2% 食盐水或 0.08% 柠檬酸水溶液中，以防止变色。

（4）硬化、硫处理　将切分后的薯片，放在含有 $Na_2S_2O_5$ 和 $Al_2(SO_4)_3 \cdot K_2SO_4$ 的混合液中进行硬化处理。混合液的配制为每 1 kg 水中含有 $Al_2(SO_4)_3 \cdot K_2SO_4$ 6 g、$Na_2S_2O_5$ 3 g、柠檬酸 1 g。溶解后搅拌均匀，用清水漂洗，并沥干水分。

（5）预煮　将经过硬化处理的薯片放在沸水中烫煮 6～7 分钟，捞出来后用冷水冷却，并沥干水分。

（6）糖煮、糖渍　以薯片质量 40% 的白砂糖，配制成浓度为 50% 的糖液。在锅中煮沸后，依次加入 5%～10% 的麦芽糖、0.02%～0.04% 的苯甲酸钠和 0.1%～0.15% 的柠檬酸，不断搅拌使其溶解。然后放入经过处理的薯片，再次煮沸后，加入薯片质量 15% 的砂糖，继续煮制。当糖液浓度达 55%、薯片刚好煮透时，连同糖液一起放入缸中浸渍 24 小时。

（7）烘干　捞出糖渍的薯片，沥干糖液，并用温开水冲去表面的糖液后，摊放在烘盘上，送入烘房烘烤 20～26 小时。烘烤初期温度控制在 55～60 ℃，烘制 5 小时；而后温度调到 65～70 ℃，烘烤 12～15 小时；最后将温度调至 75～80 ℃，直烘至不粘手时，即制成甘薯脯。

（8）包装　制成品经整形、并剔除碎片和杂质，即可用聚乙烯薄膜袋定量密封包装。

4. 产品质量标准

（1）色泽　低糖甘薯脯呈浅黄色和金黄色，半透明，略有光泽。

（2）滋味气味　甜香可口，具有甘薯特有的风味，无异味。

（3）组织状态　成片状，完整饱满，质地柔软而有韧性，不粘手、不返砂、无杂质。

四、果酱类工作过程

（一）苹果酱

1. 工艺流程　原料选择→清洗→去皮→切片→护色→去心切分→预煮→打浆→调配→浓缩→装罐、封口→杀菌→冷却→成品。

2. 原料辅料　苹果、砂糖、淀粉糖、柠檬酸。

3. 加工工艺

（1）原料选择　要求选择成熟度适宜、含果胶及果酸多、芳香味浓的苹果。

（2）原料处理　用清水将果面洗净后去皮、去籽，将苹果切成小块，并及时利用1%～2%的食盐水溶液进行护色。

（3）预煮　将小果块倒入不锈钢锅内，加果质量10%～20%的水，煮沸15～20分钟，要求果肉煮透，使之软化兼防变色，不能产生糊锅、变褐、焦化等不良现象。

（4）打浆　用孔径8～10 mm的打浆机或使用捣碎机来破碎。

（5）调配　按果肉100 kg加糖70～80 kg（其中砂糖的20%宜用淀粉糖代替，砂糖加入前需预先配成75%浓度的糖液）和适量的柠檬酸。有时为了降低糖度可加入适量的增稠剂。

（6）浓缩　先将果浆打入锅中，分2～3次加入砂糖，在可溶性固形物达到60%时加入柠檬酸调节果酱的pH为2.5～3.0，待加热浓缩至105%～106%、可溶性固形物达65%以上时出锅。

（7）装罐、封口　装罐前容器需先清洗消毒。大多用玻璃瓶或防酸涂料铁皮罐为包装容器，也可使用塑料盒小包装。出锅后立即趁热装罐，封罐时酱体的温度不低于85 ℃。

（8）杀菌、冷却　封罐后立即按5～15分钟、100 ℃进行杀菌，杀菌后分段冷却到38 ℃，每段温差不能超过20 ℃。然后用布擦去罐外水分和污物，送入仓库保存。

4. 产品质量标准　酱红色或琥珀色；黏胶状，不流散，不流汁，无糖结晶，无果皮、籽及梗；具有果酱应有的良好风味，无焦煳和其他异味；可溶性固形物不低于65%或55%。

（二）草莓果酱

1. 工艺流程　原料选择→清洗→去萼片→调配→浓缩→装罐、封口→杀菌→冷却→成品。

2. 原料辅料　草莓300 kg、75%糖水400 kg、柠檬酸700 g、山梨酸钾250 g（或草莓100 kg、白砂糖115 kg、柠檬酸300 g、山梨酸钾75 g）。

3. 加工工艺

（1）原料处理　草莓倒入流动水浸泡3～5分钟，分装于有孔筐中，在流动水或通入压缩空气的水槽中淘洗，去净泥沙污物。然后捞出去梗、萼片和青烂果。

（2）浓缩　采用减压或常压浓缩。①减压浓缩：将草莓与糖水吸入真空浓缩锅内，调控真空度为0.04～0.05 MPa，加热软化5～10分钟，然后提高真空度到0.08 MPa以上，浓

缩至可溶性固形物含量达60%～65%时，加入已溶化的山梨酸钾、柠檬酸，继续浓缩达可溶性固形物含量为65%～68%，关闭真空泵，破除真空，把蒸汽压提高到0.2 MPa。继续加热，待酱体温度达98～102 ℃时出锅。②常压浓缩：把草莓倒入双层锅，加入1/2糖浆，加热软化，搅拌下加入余留糖浆、山梨酸、柠檬酸，继续浓缩至终点出锅。其后的装罐、封罐、杀菌和冷却等处理同苹果酱。

4. 产品质量标准　紫红色或红褐色、有光泽、均匀一致，酱体呈胶黏状，块状酱可保留部分果块，泥状酱的酱体细腻；甜度适度，无焦煳味及其他异味；可溶性固形物含量为65%（外销）或55%（内销）。

（三）山楂果糕

1. 工艺流程　原料选择→清洗→加热软化→打浆→调配→浓缩→成形→烘制→包装→成品。

2. 原料辅料　山楂、白砂糖、1%果胶。

3. 加工工艺

（1）原料选择、清洗　选择果胶含量高、成熟度为八九成熟的果实，或利用山楂罐头的下脚料，剔除病虫、腐烂果及杂质，除去果柄果核，清洗干净后备用。

（2）加热软化、打浆　山楂果肉紧密少汁，为了溶出更多的果胶物质，加入软水煮至果肉变软。果肉与水的比例为5∶4，煮沸5分钟。加热软化后的原料用打浆机打成均匀细腻的浆体。

（3）调配、浓缩　浆料与白砂糖配比为1∶1。入锅熬煮时，要不断搅拌。煮沸成浓浆状即可起锅。若要生产低糖山楂果糕，除减少糖用量外，还要加入增稠剂增加胶凝强度。

（4）成形、烘制　熬煮好的浆料置于浅烘盘中摊成厚度约1.5 cm的薄层，室温下放置1～2小时，使其冷却凝结。将烘盘放入烘干机中以65 ℃烘4小时，翻面再烘至半干状态。

（5）包装　冷却后切成小块，用玻璃纸包装；也可用玻璃罐密封保存。

4. 产品质量标准　颜色鲜艳，呈鲜亮的红棕色；质地均匀，口感细腻；切面光滑，外观有光泽，半透明；含水量不超过8%。

考核要点

1. 糖制的特点。
2. 果酱类糖制品加工的操作要点及浓缩终点判断。
3. 果脯蜜饯类糖制品的加工工艺及操作要点。

扫码“学一学”

第二节　果蔬腌制品加工技术

果蔬腌制品是指凡将新鲜果蔬经预处理后（选别、分级、洗涤、去皮切分），再经部分脱水或不经过脱水，用盐、香料等腌制，使其进行一系列的生物化学变化，而制成鲜香嫩脆、咸淡（或甜酸）适口且耐保存的加工品，统称腌制品。蔬菜腌制品可分为发酵性腌制品和非发酵性腌制品两类，发酵性腌制品又可分湿态发酵腌渍品（如泡菜、酸白菜）和半干态发酵腌渍品（如榨菜、冬菜等）两种。非发酵性腌制品又可分咸菜类、酱菜类、糖醋菜类和酒糟渍品等。

一、工作要点

（一）原料的选择

为了使腌制的蔬菜不霉烂，无异味，食用可口，能保留新鲜蔬菜的大部分营养，又易于保管和贮藏，首先要了解各种蔬菜的特性，选好适用的原料。蔬菜腌制的原料必须符合下列两条标准：①原料新鲜而没有被微生物污染，符合卫生要求。②原料组织紧密，质地脆嫩，肉质肥厚而不易软化，纤维含量少。

（二）腌制

食盐是蔬菜腌制的重要辅料，除具有调味作用外，更重要的是具有防腐保藏的作用，具体体现在以下方面。

1. 高渗透压作用 食盐溶液具有很高的渗透压，例如，1%的食盐溶液可产生0.06 MPa的渗透压力，蔬菜腌制时用盐量为4%～15%，能产生0.244～0.915 MPa的渗透压力，比微生物细胞液的渗透压（0.3～0.6 MPa）高得多，从而抑制了微生物的活动。

2. 抗氧化作用 与纯水相比，食盐溶液中的含氧量较低，这就减少了蔬菜中的氧气含量，从而减少氧化作用和抑制好气性微生物的活动，降低微生物的破坏作用。

3. 降低水分活性作用 食盐溶于水后，其中的Na^+与水发生水合作用，减少了溶液中自由水分的含量，使水分活性降低。食盐溶液的浓度越高，水分活性越低，微生物就不易得到其生长活动所需的水分而被抑制。

总之，食盐的防腐效果随浓度的提高而加强。但浓度过高会延缓有关的生物化学作用，当盐浓度达到12%时，会感到咸味过重且风味不佳。因此用盐量必须适当。生产上结合压实、隔绝空气、促进有益微生物菌群快速发酵等措施来共同抑制有害微生物的败坏，从而生产出优质的蔬菜腌制品。

（三）腌器选用

腌器是指腌制时盛装蔬菜的容器，如缸、坛、罐、盆等。选择腌器要根据腌菜的数量、品种和保存的时间而定。腌制数量大、保存时间长的，一般应用缸腌。腌制半干态蔬菜的，如五香萝卜等以及需要密封的，一般应用坛腌。制作泡菜，应用坛口边沿有水槽的泡菜坛子。腌制数量较少、时间又短的咸菜，也可用小盆、盖碗等。腌器一般以选用陶瓷或搪瓷器皿为好，切忌使用金属制品。

（四）按时倒缸

倒缸是蔬菜腌制过程中很重要的程序。倒缸就是将腌器里的制品上下翻倒。这样可使蔬菜不断散热，受盐均匀，并可保护蔬菜原有的颜色。蔬菜是一种有生命的植物，采收后仍进行生命活动。如呼吸作用，蔬菜呼吸作用的强弱与品种、成熟度、组织结构等有着密切的关系。叶菜类的呼吸强度最强，果浆类次之，根菜和茎菜类最低。如果把蔬菜积聚起来，由于呼吸作用会散发出大量水分和热量，时间一久，能使蔬菜产生生理病害，加速衰

老的进程。因此，腌制蔬菜，必须及时倒缸。尽快散去蔬菜的呼吸热量。从而避免腐烂并保持鲜菜本色。

倒缸还能迅速溶化食盐。腌渍蔬菜一般是一层菜、一层盐，食盐只能接触腌渍物的一部分，在受盐量达到一定程度时，食盐的溶解速度就会放慢，及时倒缸能促使食盐迅速溶解。使腌制品的每一个部位都能较快地接触盐分，不至于发生霉烂。

（五）远红外熟成

在腌制时，只要用远红外线照射 15 分钟，可获得很好的发酵后熟作用。

（六）控温和绝氧

1. 温度的控制　腌制咸菜温度不宜过高，一般不能超过 30 ℃。温度高时，能促使腐败菌的生殖，引起咸菜腐烂变质、变味。冬季要进行保温，一般保持 2 ~ 3 ℃为最适宜。温度过低咸菜受冻，也会变质变味。需乳酸发酵的腌制品，以适于乳酸菌活动的温度 26 ~ 30 ℃为最适宜，在此温度范围内，发酵作用快。所需时间短，制品质量高。温度过低或过高，都会延长发酵时间，而且积累酸分少，影响品质。

2. 空气条件的控制　咸菜类要存放于阴凉通风处。在腌制初期腌器必须开盖，以利散热，防止腐烂变质。特别注意要将腌器放在通风良好的地方，但要防止太阳直接照射到菜上，致使温度升高。进行乳酸发酵腌制蔬菜时，隔绝空气是一个重要条件。乳酸菌是厌氧性菌，只在缺氧时才能使乳酸发酵，同时还能减少氧化造成维生素 C 的损失。因此。在进行这类蔬菜的腌制时，必须装满容器，压紧。湿腌时需装满盐水，将蔬菜浸没，然后将容器密封，形成缺氧环境。

（七）腌菜常见的质量问题及其原因

1. 腌菜变黑　蔬菜腌制品一般为翠绿色或黄褐色，如果不要求产品色泽太深的腌菜变成了黑褐色，势必影响产品的感官质量及商品价值。蔬菜腌制品变黑原因主要有以下几点。

（1）腌制时食盐的分布不均匀，含盐多的部位正常发酵菌的活动受到抑制，而含盐少的部位有害菌又迅速繁殖。

（2）腌菜暴露于腌制液面之上，致使产品严重氧化和受到有害菌的侵染。

（3）腌制时使用了铁质器具，由于铁和原料中的单宁物质作用而使产品变黑。

（4）有些原料中的氧化酶活性较高且原料中含有较多的易氧化物质，长期腌制中使产品色泽变深。

2. 腌菜质地变软　主要是蔬菜中不溶性的果胶被分解为可溶性果胶造成的，其形成原因主要是如下。

（1）腌制时用盐量太少，乳酸形成快而多，过高的酸性环境使腌菜易于软化。

（2）腌制初期温度过高，使蔬菜组织破坏而变软。

（3）腌制器具不洁，兼以高温，有害微生物的活动使腌菜变软。

（4）腌菜表面有酵母菌和其他有害菌的繁殖，导致腌菜变软。

3. 其他劣变现象　当腌菜未被盐水淹没并与空气接触时，红酵母菌的繁殖，就会使腌菜的表面生成桃红色或深红色。由于植物乳杆菌、某些霉菌、酵母菌等产生一些黏性物质，会使腌菜变黏。另外，在腌制时出现长膜、生霉、腐烂、变味等现象都与微生物的活动有关，导致这些败坏的原因与腌制前原料的新鲜度、清洁度差以及腌制器具不洁，腌制时用

盐量不当以及腌制期间的管理不当等因素有关。

（八）控制蔬菜腌制品劣变的措施

（1）防止腌制前原辅料的微生物污染　腌制品的劣变很多都与微生物的污染有关，具体措施有：①原料应新鲜脆嫩，成熟度适宜，无损伤且无病害虫；②腌制前要将原料进行认真的清洗，以减少原料的带菌量；③使用的容器、器具必须清洁卫生，同时要搞好环境卫生；④腌制用水必须符合国家生活饮用水的卫生标准。

（2）注意腌制用盐的质量　不纯的食盐不仅会影响腌制品的品质，使制品发苦，组织硬化或产生斑点，而且还可能因含有对人体健康有害的化学物质。因此，腌制用盐必须是符合国家卫生标准的食用盐，最好用精制食盐。

（3）腌制用容器应符合要求　即便于封闭以隔离空气，便于洗涤，杀菌消毒，对制品无不良影响并无毒无害。

（4）加强工艺管理　在腌制过程中会有各种微生物的存在，要严格控制腌制小环境，促进有益的乳酸菌的活动，抑制有害菌的活动。

（5）正确使用防腐剂　目前，我国允许在酱腌菜中使用的食品防腐剂主要有山梨酸及其钾盐、苯甲酸及其钠盐、脱氢醋酸钠等，使用剂量一般在0.05%～0.3%的范围。

二、设备及材料

1. 设备　不锈钢刀具、台秤、天平、温度计、搪瓷盆、双层锅或不锈钢锅、搅拌机、多功能薄膜封口机、复合食品袋、多功能切菜机或不锈钢刀、离心机、盐度计、过滤网等。

2. 材料　水果或蔬菜原料、食盐、白糖、味精、酱油、氨基酸、柠檬酸、氯化钙、甘草素、辣椒末、生姜、山梨酸钾等。

三、工作过程

（一）涪陵榨菜加工工作过程

1. 工艺流程　搭架→原料选择及收购→剥皮穿串→晾晒→下架→头道盐腌制→二道盐腌制→修剪看筋→整形分级→淘洗上囤→拌料装坛→后熟及清口→成品。

2. 原料辅料　青菜头、食盐、味精、白糖、辣椒粉、五香粉、柠檬酸、芝麻油、花椒、八角、白芷、山柰、桂皮、干姜、甘草、砂头、白胡椒。

3. 加工工艺

（1）搭架　青菜头收获后必须先置于菜架上晾晒，借风力脱去大部分水分后才可进行腌制。菜架必须全身都能受到风的吹透，以缩短自然脱水的时间。

（2）原料的选择及收购　原料宜选择组织细嫩、坚实、皮薄、粗纤维少、突起物圆钝、凹沟浅而小、整体呈圆形或椭圆形、体形不太大的菜头。菜头含水量宜低于94%，可溶性固形物含量应在5%以上。根据这一选择标准，常用的比较好的青菜头有蔺市草腰子、三转子、涪杂1号等。以产量较高、抗病性强、加工适性好、可溶性固形物的含量较高的原料为佳。

（3）剥皮穿串　收购入厂的菜头必须先用剥菜刀把基部的粗皮老筋剥完。先剥去根茎部的老皮、抽去硬筋但不要伤及上部的青皮。然后根据榨菜头的重量适当切分，250～300 g的可不划开，300～500 g的划成两块，500 g以上的划成3块的原则，分别划成150～250 g

重的菜块。划块时要求划得大小比较均匀，每一块要老嫩兼备，青白齐全，成圆形或椭圆形。这样晾晒时才能保证干湿均匀，成品比较整齐美观。

剥皮后直接用篾丝或聚丙烯塑料带（打包带）沿切面平行的方向穿过，称排块法穿串，穿满一串两头竹丝回穿于菜块上，每串可穿菜块4～5 kg，长约2 m。

（4）晾晒　将穿好的菜块搭在架上将菜块的切面向外，青面向里使其晾干。使架身受力均匀，避免倒架。

（5）下架　在晾晒期中如自然风力能保持2～3级，大致经过7～10天时间即可达到脱水程度，菜块即可下架准备进行腌制。凡脱水合格的干菜块，手捏觉得菜块周身柔软而无硬心，表面皱缩而不干枯。下架率是每100 kg青菜头原料经去皮穿串上架后所收的干菜块重量。因前中后期菜的含水量及干物质含量不同，下架率也不同。头期菜的下架率为40%～42%，中期菜为36%～38%，尾期菜为34%～36%。新鲜原料经过去皮去筋约减少重量5%，即100 kg原料上架时的实际菜块重量只有95 kg左右。而下架率则又是按新鲜原料的重量来计算的。下架菜块必须无霉烂斑点、无黑黄空花、无发梗生芽、无棉花包等异变，无泥沙污物。干菜块的形态最好不要成圆筒形或长条形。

（6）头道腌制　目前大多采用大池腌制，菜池为地下式，规格有3.3 m×3.3 m×3.3 m、4 m×4 m×2.3 m，用耐酸水泥做内壁，或铺耐酸瓷砖，每池可腌制菜块2.5万～2.7万kg。

将干菜块称重后装入腌制池，一层厚30～45 cm、重800～1000 kg，用盐32～40 kg（按菜重的4%），一层菜一层盐，如此装满池为止，每层都必须用人工或踩池机踩紧，以表面盐溶化，出现卤水为宜。顶层撒上由最先4～5层提留10%的盖面盐。腌制3天即可用人工或起池机起池，一边利用菜卤水淘洗一边起池边上囤，池内盐水转入专用澄清池澄清，上囤高1米为宜，同时可人踩压，踩出的菜水也让其流入澄清池。上囤24小时后即为半熟菜块。

（7）二道腌制　经过头道盐腌制的半熟菜块过称再入池进行二道腌制。方法与头道腌制相同，但每层菜量减少为600～800 kg，用盐量为半熟菜块的6%，即每层36～48 kg，每层用力压紧，顶层撒盖面盐，早晚踩池一次，7天后菜上囤，踩压紧实，24小时后即为毛熟菜块。

（8）修剪　看筋用剪刀仔细剔净毛熟菜块上的飞皮、叶梗基部虚边，再用小刀削去老皮、黑斑烂点，抽去硬筋，以不损伤青皮、菜心和菜块形态为原则。

（9）整形分级　按菜块标准认真挑选，按大菜块、小菜块、碎菜块分别堆放。

（10）淘洗上囤　将分级的菜块用经过澄清的盐水或新配制的含盐量为8%的盐水人工或机械淘洗，除去菜块上的泥沙污物，随即上囤踩紧，24小时后流尽表面盐水，即成为净熟菜块。

（11）拌料装坛　按净熟菜块质量配好调味料：食盐按大、小、碎菜块分别为6%、5%、4%，红辣椒粉（即辣椒末）1.1%，整形花椒0.03%及混合香料末0.12%。混合香料末的配料比例为八角45%、白芷3%、山柰15%、桂皮8%、干姜15%、甘草5%、砂头4%、白胡椒5%，事先在大菜盆内充分拌和均匀。再撒在菜块上均匀拌和，务使每一菜块都能均匀粘满上述配料，随即进行装坛。因装坛又加入了食盐故称为第三道加盐腌制。若制作方便榨菜，因后续工艺中需要切分后脱盐，则可只添加食盐，而不拌料其他辅料。

（12）后熟及清口　刚拌料装坛的菜块尚属生榨菜，其色泽鲜味和香气还未完全形成。经存放在阴凉干燥处后熟一段时间，生味逐渐消失，色泽蜡黄，鲜味、香气开始显现。一般说来，榨菜的后熟期至少需要两个月，当然时间长一些品质会更好一些。良好的榨菜应保持其良好的品质达1年以上。装坛后1个月即开始出现坛口翻水现象，即坛口菜叶逐渐被上升的盐水浸湿，进而有黄褐色的盐水由坛口溢出坛外，这是正常现象，是因坛内发酵作用产生气体或品温升高菜水体积膨胀所致，翻水现象至少要出现2～3次，即菜水翻上来之后不久又落下去，过一段时间又翻上来，再落下去，如此反复2～3次，每次翻水后取出菜叶并擦尽坛口及周围菜水，换上干菜叶扎紧坛口，这一操作称为“清口”，一般清口2～3次。坛内保留盐水约750 g，即可封口。

（13）封口装竹篓　封口用水泥沙浆，比例为水泥：河沙：水=2：1：2，沙浆充分拌和后涂敷在坛口上，中心留一小孔，以防爆坛。水泥未凝固前打上厂印。水泥干固后套上竹篓即为成品，可装车船外运。

4. 产品质量标准　外销涪陵榨菜标准见表1－1，内销涪陵榨菜标准见表1－2。

表1－1　外销涪陵榨菜标准

品质项目	品质要求	说明
色泽	菜块色泽鲜明，辣椒鲜红、细腻	不允许颜色发暗、变褐
块形	圆形或椭圆形，块重在50～100 g范围内	不允许长形、畸形和较为严重的裂缝的空花菜。100～125 g的大块菜不超过10%。50 g以下的小块菜不超过2%，不得有125 g以上的肥大块
菜块表里	表皮现皱纹，里面有丝纹，修剪光滑	不应有影响外边的虚边、黑斑、菜匙。不得有老筋、烂点
质地与口味	肉皮嫩脆，气味和口味正常，具有鲜香味	不得有老绵、发软、硬白心、糖心和严重的棉花包菜，不允许有酸、霉味和其他不正常的品味和气味
水分	70%～74%	
含盐量	13%～16%	
总酸	0.4%～0.9%（以乳酸计）	
清洁	洁净、无杂质	不应有非本品及配料以外的、对人体有害的异物和杂质

表1－2　内销涪陵榨菜标准

项目	品质要求		
	一级	二级	三级
色泽	菜色正常，辣椒粉鲜红、细腻，不允许发暗、变褐	同一级	色泽正常，不允许发暗、变褐
香气	浓郁鲜香，无霉味和其他不正常气味	同一级	同一级
滋味	肉质嫩脆，味正鲜香，咸淡适口，轻微棉花包不超过3%，无酸味和不正常口味。不得有老绵、发软、硬白头、糖心、严重棉花包。不应有严重粉尖	肉质嫩脆，味正有鲜味，咸淡适口，轻微棉花包在7%范围内，无酸味和不正常口味。不得有老绵、发软、硬白头、糖心、严重棉花包。不应有严重粉尖	肉质嫩脆，味正，轻微棉花包不超过25%，无酸味和其他不正常口味。不应有老绵、发软、硬白头、糖心、严重棉花包和严重粉尖
块形和块重	圆形或椭圆形，表面光滑，块重50～100 g。50 g以下的菜块、有瘤的长形菜、有青皮的软白头、严重裂缝的空花菜，其总和不超过5%；100 g以上菜块不超过10%，压碎菜不超过3%，无箭杆、筒形、畸形菜及老菜，未修净黑疤烂点不超过1%	圆形或椭圆形，表面光滑，块重35～100 g。35 g以下的菜块、有瘤的长形菜、有青皮的软白头、严重裂缝的空花菜，其总和不超过20%；100 g以上菜块不超过10%，压碎菜不超过3%，不允许有箭杆、筒形、畸形菜及老菜，未修净黑疤烂点不超过2%	表面光滑，块重20～100 g。压碎菜不超过3%，不得有100 g以上、20 g以下的菜块。不得有箭杆、筒形、老菜及不带青皮的菜块，未修净黑疤烂点不超过3%

续表

项目	品质要求		
	一级	二级	三级
卫生	洁净无杂质	洁净无杂质	洁净无杂质
水分	70% ~74%		
含盐量	12% ~15%		
总酸	0.45% ~0.90%（以乳酸计）		
砷	≤0.5 mg/kg（以 As 计）		
铅	≤0.1 mg/kg（以 Pb 计）		
大肠菌群	≤30 个/100 g（以 As 计）		
致病菌	不得检出		

（二）酱菜类加工工作过程

1. 工艺流程 原料选择→原料处理→盐腌→切分→脱盐→脱水→酱制→成品。

2. 原料辅料 酱菜蔬菜、食盐、豆酱、面酱、姜芽、草石蚕、八宝菜。

3. 加工工艺

（1）原料选择和盐腌 酱菜的原料很多，如黄瓜、莴笋、大头菜、萝卜、菜瓜、甘蓝、草石蚕、茄子、辣椒等。酱菜的原料绝大多数是利用新鲜蔬菜收获季节先行腌制的咸菜坯，为了提高咸菜坯的保藏期，在腌制时都采用加大食盐用量的办法来抑制微生物的活动。咸菜坯的食盐量一般在 20% ~22%，酱渍时应使菜坯盐分控制在 10% 左右。

（2）切制 加工蔬菜腌成半成品（咸坯）后，有些咸坯需要切分成各种形状，如片、条、丝状等。

（3）脱盐 有的半成品盐分很高，不容易吸收酱液，同时还带有苦味。因此，首先要放在清水中浸泡。浸泡时间要看腌制品盐分多少来定。一般浸泡 1 ~3 天，也有泡半天即可的。夏天可以少泡些时间，半天到 1 天；冬天可以多泡些时间，2 ~3 天即可。为了使半成品全部接触清水，浸泡时每天要换水 1 ~3 次。

（4）压榨脱水 浸泡脱盐后，将菜坯捞出，沥去水分。为了利于酱制，保证酱汁浓度，必须进行压榨脱水，除去咸坯中的一部分水。压榨脱水的方法有三种：①把菜坯放在袋或筐内用重石或杠杆进行压榨；②把菜坯放在箱内用压榨机压榨脱水；③是利用离心机脱水。无论采用哪种脱水方法，咸坯脱水都不要太多。咸坯的含水量一般为 50% ~60%。水分过少，酱渍时菜坯膨胀过程较长或根本膨胀不起来，会造成酱渍菜外观不饱满。

（5）酱制 酱菜用的酱，分为豆酱与面酱两种。豆酱又称为咸酱或黄酱，是以黄豆为主要原料制成的。面酱又称甜酱或甜面酱，是以面粉为主要原料制成的。酱制时，将上述经脱盐和脱水的咸坯装入空缸内酱制。体形较大或韧性较强的可直接放入酱中。有些体形小的或质地脆的易折断的蔬菜，如姜芽、草石蚕、八宝菜等，若直接装入缸内，则会与酱混合，不易取出。因此，要把这些蔬菜装入布袋或丝袋内，用细麻线扎住袋口，再放入酱缸中进行酱制。

在酱制期间，白天每隔 2 ~4 小时须搅拌一次，搅拌可以使缸内的菜均匀地吸收酱液。搅拌时用酱耙在酱缸内上下搅动，使缸内的菜（或袋）随着酱耙上下更替旋转，把

缸底的翻到上面，把上面的翻到缸底。直到缸面上的一层酱油由深褐色变成浅褐色，就算完成第一次搅拌。经2~4小时，缸面上一层又变成深褐色，即可进行第二次搅拌。如此类推，直到酱制完成。一般酱菜酱制两次，第一次用使用过的酱，第二次用新酱。第二次用过的酱还可压制次等酱油，剩下的酱渣作饲料。酱制后的产品可以直接销售，但由于这种产品没有经过杀菌处理，其货架期有限，因此难以实现规模化销售和生产。现在，一般把经过酱渍的酱菜再用玻璃瓶或蒸煮袋包装，然后按照罐头杀菌方法进行杀菌等处理后再进行销售。

4. 产品质量标准

（1）产品入厂后要保证产品具有酱菜固有的色、香、味，无杂质，无不良气味，不得有霉斑白膜。

（2）理化指标见表1-3。

表1-3 理化指标

项目	指标
总砷（以As计）/(mg/kg) ≤	0.5
铅（Pb）/(mg/kg) ≤	1
亚硝酸盐（以$NaNO_2$计）≤	20

（3）微生物指标见表1-4。

表1-4 微生物指标

项目	指标
亚硝酸盐/(MPN/100 g)	
散装≤	90
瓶（袋）装≤	30
致病菌（沙门菌、志贺菌、金黄色葡萄球菌）	不得检出

（三）四川泡菜加工工作过程

1. 工艺流程 泡菜盐水配制→原料→选别→修整→洗涤→入坛泡制→发酵成熟→成品。

2. 原料辅料 腌制蔬菜、黄酒、白酒、醪糟汁、红糖或白糖、红辣椒、香料（香料组成为25%小茴香、20%花椒、15%八角、5%甘草、5%草果、10%桂皮、5%丁香、5%豆蔻）。

3. 加工工艺

（1）原料选择 凡是组织致密、质地嫩脆、肉质肥厚而不易软化的新鲜蔬菜均可作泡菜原料，如藕、胡萝卜、红皮萝卜、青菜头、菊芋、子姜、大蒜、蘑头、豇豆、辣椒、蒜薹、苦瓜、草石蚕、甘蓝、花椰菜等，要求选剔除病虫、腐烂蔬菜。可根据不同季节及采取适当保藏手段，周年生产加工。

（2）修整、清洗 去除粗皮、老筋、飞叶、黑斑等不宜食用的部分，用清水淘洗干净，适当切分、整理，晾干，稍萎蔫。用3%~4%食盐或8%~10%食盐水腌制蔬菜，达到预腌出坯作用。

（3）泡菜坛 选择除制作洗澡泡菜可以不用泡菜坛外，其他泡菜必须用泡菜坛。槽缘

稍低于坛口，坛口上放一菜碟作为假盖以防生水进入。把这一圈水槽灌满水，盖与水结合就可以达到密封的目的。

（4）泡菜盐水配制　配制盐水应用硬水，硬度在16°H以上，如井水、矿泉水含矿物质较多，有利于保持菜的硬度和脆度。自来水硬度在25°H以上，可以用来配制泡菜水，且不必煮沸，否则会降低硬度。水还应澄清透明，无异味和无臭味。软水、塘水和湖水均不适宜作泡菜水。盐以井盐为好，如四川自贡盐、五通盐。海盐因含镁味苦而需焙炒后，方可使用。配制比例：以水为准，加入食盐6%～8%，为了增进色香味，还可加入2.5%黄酒、0.5%白酒、1%醪糟汁、2.5%的红糖或白糖、3%～5%的红辣椒以及0.1%香料。香料组成为25%小茴香、20%花椒、15%八角、5%甘草、5%草果、10%桂皮、5%丁香、5%豆蔻等。香料混合后磨成粉，用白布包好，密封放入泡菜水中。

（5）入坛泡制　新盐水的装坛方法为先把经预处理的原料，有次序的装入洗净的坛内，一半时放入香料包，继续装菜至坛口5～8 cm，菜要装得紧实，坛口用竹片卡住，加入盐水淹没原料，切不可让原料露出液面，否则原料会因接触空气而氧化变质，盐水也不要装得过满，以距离坛口3～5 cm为宜。一两天后原料因水分渗出而下沉，可补加原料，让其发酵。若是老盐水，在盐水中补加食盐、调味料或香料后，直接装菜入坛泡制。

（6）泡制过程中的管理　蔬菜原料入坛后，其乳酸发酵过程，也称为酸化过程，根据微生物的活动和乳酸积累的多少，可分为三个阶段：①发酵初期。以异型乳酸发酵为主，原料入坛后原料中的水分渗出，盐水浓度降低，pH较高。此阶段可以看出坛沿水有间歇性的气泡冲出，坛盖有轻微的碰撞声，乳酸积累为0.2%～0.4%。②发酵中期。主要是正型乳酸发酵，由于乳酸积累，pH降低，大肠埃希菌、腐败菌、丁酸菌受到抑制，而乳酸菌活动加快，进行正型乳酸发酵，含酸量可达0.7%～0.8%。坛内缺氧，形成一定的真空状态，霉菌因缺氧而受到抑制。③发酵末期。正型乳酸发酵继续进行，乳酸积累逐渐超过1.0%，当含量超过1.2%时，乳酸菌本身活动也受到抑制，发酵停止。

泡制中注意坛沿水的清洁卫生，首先要用清洁的饮用水或10%的食盐水注入坛沿。坛内发酵后常出现一定的真空度，即坛内压力小于坛外压力。坛沿水可能倒灌入坛内，如果坛沿水不清洁就会带进杂菌，使泡菜水受到污染，可能导致整坛泡菜烂掉。即使是清洁的无菌的水吸入后也会降低盐水浓度，所以以加入10%的盐水为好。坛沿水还要注意经常更换，换水时不要揭开坛盖，以小股清水冲洗，直至旧坛沿水完全被冲洗出为止。发酵期中，揭盖1～2次，使坛内外压力保持平衡，避免坛沿水倒灌。注意坛沿内清洁，严防水干，定期换水，切忌油脂入内引起起漩、变质、变软。

定期取样检查测定乳酸含量和pH，待原料的乳酸含量达0.4%为初熟，0.6%为成熟，0.8%为完熟，其pH为3.4～3.9。一般来说，泡菜的乳酸含量为0.4%～0.6%时，品质较好，0.6%以上则酸。一般夏秋天情况下，青菜头、胭脂萝卜、红心萝卜、红皮萝卜泡制1～2天即可达到初熟，品质最佳；蒜薹、洋姜等2～3天为好；姜、大蒜、刀豆等5～7天即可。春冬天时间延长。

泡制过程中不可随意揭开坛盖，以免空气中杂菌进入坛内，引起盐水生花、长膜，更严防油脂带入坛内。若遇生花长膜，轻微者可以加入适量白酒消灭之，或者加紫苏、老蒜梗、老苦瓜抑制之；严重者则须将从花打捞，再加酒消灭之；若已生蛆或盐水发臭、变黑，则必须报废倒去，不能再用。

泡菜成熟后，应及时取出包装，品质最好，不宜久贮坛内，品质变劣。每坛菜必须一次性取完，再加入预腌新菜泡制。若无新菜泡制，则加盐调整其含量为10%左右，倒坛将泡菜水装入一个坛内，稍微满，距离坛口20～30 cm，并酌加白酒及老蒜梗，盖严坛盖，便可保存盐水不变质。

4. 产品质量标准 系引用四川省地方标准DB51/T 975—2009。

（1）感官标准（表1－5）。

表1－5 四川泡菜感官指标

项目	指标
色泽	具有四川泡菜应有的色泽
香气	具有四川泡菜应有的香气
滋味	滋味可口、酸咸适宜、无异味
体态	形态大小基本一致，液汁清亮，组织致密、质地脆嫩，无肉眼可见处来杂质

（2）理化标准（表1－6）。

表1－6 四川泡菜理化指标

项目	指标	
	泡渍类	调味类、其他类
固形物含量（%）≥	50.0	—
水分（%）≤	—	90.0
食盐（以NaCl计）%≤	10.0	9.0
总酸（以乳酸计）%≤	1.5	1.5
总砷（以As计）/(mg/kg)≤	0.5	
铅（以Pb计）/(mg/kg)≤	1.0	
亚硝酸盐（以$NaNO_2$计）≤	10.0	

（3）微生物标准（表1－7）。

表1－7 四川泡菜微生物指标

项目	指标
大肠菌群 MPN/100 g，≤	30
致病菌（沙门菌、志贺菌、金黄色葡萄球菌）	不得检出

考核要点

1. 食盐在腌制产品中的作用。
2. 腌制条件的控制。
3. 腌制的质量问题及原因分析。

第三节　果蔬干制品加工技术

扫码“学一学”

果蔬干制是指在自然条件或人工控制条件下，利用一定技术脱除果蔬中的一定水分，将水分活度降低到微生物难以生存和繁殖的程度，同时使产品具有良好的保藏性。

一、工作要点

（一）选料

干制原料的基本要求是干物质含量高，风味色泽好，不易褐变，可食部分比例大，肉质致密，粗纤维少，成熟度适宜，新鲜完整。

（二）原料预处理

1. 挑选　剔除霉烂及病虫害果实，一般通过人的感官检验，在固定的工作台或传送带上进行。

2. 清洗　洗去泥沙、杂质、农药以及微生物。以符合脱水加工产品的工艺要求。果蔬的清洗方法可分为手工清洗和机械清洗两大类。

（1）手工清洗　简单易行，设备投资少，适用于任何种类的果蔬。

（2）机械清洗　果蔬清洗的机械种类较多，应根据生产条件、果蔬形状、质地等选用适宜的清洗设备。如对于质地较硬且表面不怕机械损伤的原料一般选择滚筒式清洗机；对质地较软不耐磕碰的原料可选择喷淋式清洗机；对质地较硬且泥沙较多的硬物料一般采用桨叶式清洗机。

3. 去皮　外皮、果心较粗糙、坚硬的果蔬，往往需要去皮。常用的去皮方法有手工去皮、机械去皮、化学去皮（碱液）、热力去皮、酶法去皮、冷冻去皮等。

（1）手工去皮　手工去皮干净，损失较少，但费工、费时，生产效率低。

（2）机械去皮　常用的机械去皮机主要有旋皮机、擦皮机和特种去皮机等。

（3）碱液去皮　将果蔬原料在一定浓度和温度的强碱溶液中处理一定的时间，果蔬表皮内的中胶层受碱液的腐蚀而溶解，取出搅动、摩擦去皮、漂洗即成。

（4）热力去皮　果蔬在高温下处理较短时间，使之表皮迅速升温而松软，果皮膨胀破裂，果皮与果肉间的原果胶发生水解失去胶黏性，果皮与果肉组织分离而脱落。

（5）酶法去皮　在果胶酶的作用下，使果胶水解，脱去外皮。

（6）冷冻去皮　将果蔬与冷冻装置的冷冻表面接触片刻，其外皮冻结于冷冻装置上，当果蔬离开时，外皮即被剥离。

4. 去核　对于核果类的原料一般要去核，对于仁果类或其他种类的果蔬一般要去心。

5. 切分　体积较大的果蔬原料在干制加工时，需要适当地切分，以便于干燥。

6. 护色　苹果、梨等经去皮或切分后，放置在空气中，很快就变色，其原因是果蔬中的多酚氧化酶氧化酚类化合物，最后聚合成黑色素所致。一般护色均从排除氧气和抑制酶活两方面着手，常用的护色方法主要有烫漂护色、食盐溶液护色、亚硫酸盐溶液护色、有机酸溶液护色、抽空护色等。其中烫漂护色和硫处理是果蔬干制加工中常用的护色方法。

硫处理是果蔬干制中一个重要工序，可起到抑制褐变、促进干燥、防止虫害、杀菌等作用。样品烫漂处理后，冷却沥干喷以0.1%～0.2%的亚硫酸钠溶液或按每吨果蔬切分原料0.1%～0.4%硫黄粉燃烧处理0.5～5小时。

（三）干制

果蔬干制可分为自然干制和人工干制两类。

1. 自然干制 利用自然条件如太阳辐射热、风等使果蔬干燥。原料直接受太阳晒干的，称晒干或日光干燥；原料在通风良好的场所利用自然风力吹干的，称阴干或晾干。

2. 人工干制 人工控制条件的干燥方法。根据设备对原料的热作用方式的不同，可将人工干制设备分为以传导、对流、辐射和电磁感应加热四类。以下介绍几种常用的干燥设备。

（1）烘灶 形式多样，有的在地面砌灶，有的在地下掘坑。干制果蔬时，在灶中或坑底生火，上方架木椽、铺席箔，原料摊在席箔上干燥。

（2）烘房 一般为水泥预制板平顶房，整个房间与主风向垂直，以利于吹进冷风，门窗设在背风头，不受空气干扰，内有火道可升温，有进气和排气孔以利于通风排湿。在室内两侧设烤架，中间留80～100 cm宽的人行道。

（3）箱式干燥 是最简单的对流干燥法，干燥机以间歇式运行，将食品放在托盘中，再置于多层框架上，热空气经排管加热和筛网除尘后流过食品，将热量传给食品的同时带走水蒸气，湿空气由排风口排除，食品被干燥。

（4）隧道式干燥 将食品放在料盘中，再置于料车上，料车在矩形的干燥通道中运动，并与流动着的热空气接触进行湿热交换而被干燥。

（5）带式干燥 是将待干食品放在输送带上，热空气吹过食品，进行湿热交换而获得干燥。

（6）流化床干燥 是将颗粒状食品置于干燥床上，使热空气自下而上吹过干燥床，使食品在流化态下获得干燥的方法。

（7）喷雾干燥 是将液态或浆状食品喷成雾状液滴，悬浮在热空气中进行干燥的过程。

（8）滚筒干燥 是将黏稠状的待干食品涂抹或喷洒在钢质滚筒表面，形成0.1～1.0 mm厚度的薄层，滚筒内部由蒸汽、热水或其他加热剂加热，使食品干燥至预期的程度，由所附的刮刀刮下。

（9）真空干燥 是利用降低压力，使水的沸点降低，从而在较低温度下干燥食品，适于干燥含热敏性物质的食品。

（10）红外线干燥 红外线干燥是利用红外线作为热源，直接照射到待干食品上，使其温度升高，引起水分蒸发而得到干燥。

（11）微波干燥 微波是一种频率在300～3000 MHz的电磁波，利用微波电磁场的作用使待干食品分子间产生剧烈的摩擦，微波能被食品分子吸收转换为热能，水分子逸出，达到干燥的目的。

（12）冷冻干燥法 又称真空冷冻干燥、升华干燥等。它是将待干食品先冻结，然后在真空状态下使冰直接升华为蒸汽的过程。

（13）太阳能干燥法 利用热箱原理建造太阳能干燥室，将太阳的辐射能转变成热能，用以干燥物料中的水分。

（四）倒盘

为了使成品的干燥程度一致，尽可能避免干湿不匀，需进行倒换烘盘。在倒盘的同时应抖动烤盘，使物料在盘内翻动，这样可促使物料受热均匀，干燥程度一致。

（五）包装前处理

1. 筛选分级　为使产品达到规定标准，便于包装，实施优质优价的原则，对干制后的产品要进行筛选分级。

2. 回软　即水分平衡。是将干制品剔除过湿、过大、过小、结块及细屑，冷却后，堆积在密闭的室内或容器内进行短暂贮存，使水分在干制品内、外部及干制品之间进行扩散和重新分布，使干制品水分均匀一致、变软、变韧，便于后续工序的处理。

3. 压块　果蔬干制后，干制品膨松，不利于包装运输，在包装前需压缩处理，称为压块。对一些质脆易碎的干制品，在压块前常需用蒸汽加热 20～30 秒，促使其软化以便压块减少破碎率。

（六）包装

经过必要处理和分级后的果蔬干制品应尽快包装。包装应达到以下要求：①干制品的包装材料和包装容器应符合食品卫生要求，密封、防潮、遮光、防虫。一般内包装多采用防潮的材料如聚乙烯、聚丙烯、复合薄膜、防潮纸等；外包装起支撑保护及遮光作用，一般用金属罐、木箱、纸箱等。②能有效防止外界空气、灰尘、昆虫、微生物的入侵。③不透光。④容器经久牢固，在贮藏、搬运、销售过程中不易破损。⑤包装的大小、形态及外观设计应有利于商品的推销。⑥包装费用合理。

二、设备及材料

1. 设备　清洗机、去皮机、干燥设备、包装机等。

2. 材料　新鲜果蔬、护色剂、包装材料等。

三、工作过程

（一）葡萄干加工工作过程

1. 工艺流程　葡萄干制备方法有阴干和晒制两种，工艺流程分别如下。

（1）阴干　原料选择→剪串→浸泡→室内阴干→扫落粒→脱粒、去果梗→去杂→分级→包装→装箱→入库。

（2）晒制　原料选择→剪串→浸泡→晒制→脱粒、去果梗→回软→分级→包装→装箱→入库。

2. 原料辅料　葡萄、氢氧化钠、碳酸钠。

3. 加工工艺

（1）原料选择　选择皮薄、无籽、果肉丰满柔软、含糖量高、外观美观、成熟的原料。

（2）剪串　采收后，剪去屑果、受伤果及腐烂果粒。

（3）浸碱处理　为加速干燥，常采用浸碱处理，除去表层上的蜡质层。一般在 1.5%～

4.0%的氢氧化钠溶液中浸渍1～5秒，薄皮品种可用0.5%的碳酸钠溶液浸泡3～6秒。

（4）室内阴干或晒制　①室内阴干：将处理后的葡萄在室内挂晾，晾房四壁布满梅花孔，大约经过40天的吹晾即成。②晒制：经过碱液处理的葡萄装入晒篮暴晒10天左右，当部分葡萄干燥时，用另一孔晒盘罩上，迅速反扣过来，以翻晒另一面，继续晒制至有2/3的果粒干缩，手捻挤不出汁时，叠置阴干，直至葡萄干含水量为15%～17%为止，全部晾晒时间需15天左右。

（5）扫落粒　注意清扫落粒。

（6）脱粒、去果梗　在室温大约27℃、相对湿度35%、风速1.5～2.6 m/s的条件下，阴干30天左右，摇动挂晾穗使果粒脱落下来，将果粒收集在一起，果梗去掉。

（7）去杂　将葡萄干中的杂质去掉，一般采用风吹去杂。

（8）回软　将果粒堆积回软2～3周。

（9）分级　一般按饱满度和色泽进行分级。

（10）包装　塑料食品袋防潮包装。

（11）装箱　将包装好的葡萄干，装箱后封口，标明产品名称、产地等相关信息。

4. 产品质量标准　葡萄干质量标准系引用中华人民共和国国家标准《地理标志产品　吐鲁番葡萄干》（GB/T 19586—2008）（表1－8）。

表1－8　葡萄干质量标准

项　目	质量分级			
	特级	一级	二级	三级
外观	粒大、饱满	粒大、饱满	果粒大小较均匀	
滋味	具有本品种风味、无异味			
总糖(%)≥	70	65		
水分(%)≤	15			
果粒均匀度(%)≥	90	80	70	60
果粒色泽度(%)≥	95	90	80	70
破损果粒(%)≤	1	2	3	5
杂质(%)≤	0.1	0.3	0.5	0.8
霉变果粒	不得检出			
虫蛀果粒	不得检出			

（二）红枣干制工作过程

1. 工艺流程　原料选择→除杂→热烫→晒制或烘制→翻动→分级→包装→保藏。

2. 原料辅料　红枣。

3. 加工工艺

（1）原料选择　无论大枣、小枣都可用来干制红枣。干制红枣的原料，在枣果充分成熟、枣皮由乳黄转红色、开始失水微皱时采收。采后要剔除破损和病虫果，选择皮薄、肉厚致密、核小、糖分高的品种。

（2）热烫　用沸水热烫5～10分钟，冷却后干制。

（3）晒制或烘制　晒制一般以空旷的平地或平顶房的房顶作晒场，上铺席箔，将枣摊在席箔上暴晒，晒5～6天，枣皮变红，发皱，枣色深红、肉色金黄或淡黄，用手捏感到紧

实、干爽而有弹性时为止。烘制是将预处理的枣子，均匀铺于烘盘上，置于烤房或干制机里进行干燥。干燥结束后，及时摊开散热、冷却，防止由于积热造成霉烂。

（4）分级、包装和保藏　干制好的红枣剔除破枣、烂枣，进行分级、包装和保藏。

4. 产品质量标准　系引用中华人民共和国国家标准《干制红枣》（GB/T 5835—2009）（表1－9和表1－10）。

表1－9　干制小红枣质量标准

等级	果形及大小	品质	损伤和缺陷	含水率（%）	容许度（%）	总不合格果百分率（%）
特等	果形饱满，具有本品种应有的特征，枣果大小均匀	肉质肥厚，具有本品种应有的色泽，身干，手握不黏个，总糖含量≥75%，一般杂质不超过0.5%	无霉变、浆头、不熟果和病虫果，允许破头、油头果两项不超过3%	不高于28	不超过5	不超过3
一等	果形饱满，具有本品种应有的特征，枣果大小均匀	肉质肥厚，具有本品种应有的色泽，身干，手握不黏个，总糖含量≥70%，一般杂质不超过0.5%，鸡心枣允许肉质肥厚度较低	无霉变、浆头果、不熟果和病果，允许虫果、破头、油头果三项不超过5%	不高于28	不超过5	不超过5
二等	果形良好，具有本品种应有的特征，枣果大小均匀	肉质较肥厚，具有本品种应有的色泽，身干，手握不黏个，总糖含量≥65%，一般杂质不超过0.5%	无霉变、浆头果，允许病虫果、破头、油头果和干条四项不超过10%（其中病虫果不得超过5%）	不高于28	不超过10	不超过10
三等	果形正常，具有本品种应有的特征，枣果大小较均匀	肉质较肥厚不均，允许有不超过10%的果实色泽稍浅，身干，手握不黏个，总糖含量≥60%，一般杂质不超过0.5%	无霉变，允许浆头果，病虫果、破头、油头果和干条五项不超过15%（其中病虫果不得超过5%）	不高于28	不超过15	不超过15

注：浆头果：红枣在生长期或干制过程中因受雨水影响，枣的两头或局部未达到适当干燥，含水率高，色泽灰暗，进一步发展即为霉烂枣。

破损果：红枣在生长期间因自然裂果或机械损伤而造成果皮出现长达1/10以上的破口，且破口不变色、不霉烂的果实。

油头果：鲜枣在干制过程中翻动不匀。枣上有的部位受温过高，引起多酚类物质氧化，使外皮变黑，肉色加深的果实。

表1－10　干制大红枣质量标准

等级	果形及大小	品质	损伤和缺陷	含水率（%）	容许度（%）	总不合格果百分率（%）
一等	果形饱满，具有本品种应有的特征，枣果大小均匀	肉质肥厚，具有本品种应有的色泽，身干，手握不黏个，总糖含量≥70%，一般杂质不超过0.5%	无霉变、浆头果、不熟果和病果，允许虫果、破头果两项不超过5%	不高于25	不超过5	不超过5
二等	果形良好，具有本品种应有的特征，枣果大小均匀	肉质较肥厚，具有本品种应有的色泽，身干，手握不黏个，总糖含量≥65%，一般杂质不超过0.5%	无霉变果，允许浆头不超过2%，不熟果不超过3%，病虫果、破头果两项不超过5%	不高于25	不超过10	不超过10
三等	果形正常，枣果大小较均匀	肉质肥瘦不均，允许有不超过10%的果实色泽稍浅，身干，手握不黏个，总糖含量≥60%，一般杂质不超过0.5%	无霉变，允许浆头果不超过5%，不熟果不超过5%，病虫果、破头果两项不超过10%（其中病虫果不得超过5%）	不高于25	不超过15	不超过20

（三）干辣椒加工工作过程

1. 工艺流程 原料选择→分级→干制→排湿→翻椒→脱水→回软→包装。

2. 原料辅料 辣椒。

3. 加工工艺

（1）原料选择 选取成熟、果实鲜红但尚未干缩的鲜辣椒。剔除腐烂、有病虫害的残次品和杂物。

（2）分级 将辣椒按成熟度分级、分别装盘。

（3）干制 将辣椒装进烘盘，一般每平方米烘盘面积装鲜椒7～8 kg，送进烘房进行干制。

（4）排湿 辣椒在高温下蒸发大量水分，使烘房湿度增大，要打开进气窗和排气窗，进行通风排湿，时间一般为5～15分钟/次。

（5）翻椒 干燥期间要调换辣椒位置，使其干燥均匀。

（6）脱水 当辣椒干燥到能弯曲而不折断，取出倒入筐内，压实压紧，盖上草帘，上压重石，促进辣椒内部水分向外转移。脱水时间一般为12小时，当辣椒含水量降至0%～55%时，迅速装盘。

（7）回烘 脱水后的辣椒要迅速装进烘盘，送回烘房。在55～60 ℃干制10～12小时，干燥结束。

（8）回软 干燥后，将辣椒压紧盖实，堆积3～4天，使水分均衡，质地变软，便于包装贮藏。

（9）包装 选择防潮包装。

4. 产品质量标准 系引用中华人民共和国国家标准《辣椒干》（GB 10465—1989）（表1－11和表1－12）。

表1－11 干辣椒质量标准

项目		质量规格		
		一级	二级	三级
外观形状		形状均匀，具有本品固有特征，果面洁净	形状均匀，果面洁净	形状有差异，但完整
色泽		鲜红或紫红色，油亮光洁	鲜红或紫红色，有光泽	红色或紫红色
不完善椒	断裂椒	长度不足2/3和破裂长度达椒身1/3以上的不得超过3%	长度不足2/3和破裂长度达椒身1/3以上的不得超过5%	长度不足1/2和破裂长度达椒身1/2以上的不得超过7%
	黑斑椒	不允许有	允许黑斑面积达0.5 cm^2的不得超过1%	允许黑斑面积达0.5 cm^2的不得超过2%
	虫蚀椒	不允许有	允许椒身被虫蚀部分在1/10以下，而果内有虫尸或排泄物的不超过0.5%	允许椒身被虫蚀部分达全果的1/10和果内有虫尸或排泄物的不超过1%
不完整椒	黄梢、花壳	允许黄梢和以红色为主显浅红白色暗斑且其面积在全果1/4以下的花壳椒，其总量不得超过2%	允许黄梢和以红色为主显红白色斑块且其面积在全果1/3以下的花壳椒，其总量不得超过4%	允许有黄梢和以红色为主显白色斑块，且面积在全果的1/2以下的白壳椒，其总量不得超过6%
	白壳	不允许有	不允许有	不允许有
	不熟椒	不允许有	≤0.5%	≤1%
	不完善椒总量	≤5%	≤8%	≤12%

续表

项目	质量规格		
	一级	二级	三级
异品种	≤1%	≤2%	≤4%
杂质	各类杂质总量不超过0.5%，不允许有有害杂质	各类杂质总量不超过1%，不允许有有害杂质	各类杂质总量不超过2%，不允许有有害杂质

表1－12　干辣椒理化质量标准

项目	指标
水分（%）	≤14
总灰分（%）	≤8
盐酸不溶灰分（干态）（%）	≤1.25
不挥发乙醚提取物（干态）（%）	≤12
粗纤维（干态）（%）	≤28
辣椒素（%）	≤0.8

（四）果蔬粉加工工作过程

1. 工艺流程　原料的选择→清洗→打浆→干燥→粉碎→包装→检验→成品。

2. 原料辅料　果蔬、氯化钠、抗坏血酸。

3. 加工工艺

（1）原料选择　选无病虫害的新鲜水果、去果柄。如原料采用罐头制品的下脚料，则需剔除腐烂、变质部分。

（2）清洗　选好的原料先用1%氯化钠水溶液浸泡，再清洗干净。

（3）打浆　原料采用破碎设备，制成浆状物，为防止原料在打浆过程中褐变，可加入0.02%的抗坏血酸护色。

（4）干燥　打好的浆状物采用真空干燥技术，脱去水分，制成颗粒物，干燥结束时进行超高温瞬时杀菌（135℃，3~5秒），以延长产品保质期。

（5）粉碎　干燥后的颗粒物放入粉碎机粉碎成粒度20目以下的小颗粒。

（6）包装　按重量规定，用复合塑料包装袋包装，并密封。

4. 产品质量标准　系引用中华人民共和国农业行业标准《绿色食品　果蔬粉》（NY/T 1884—2010）（表1－13和表1－14）。

表1－13　果蔬粉感官标准

项目	指标
色泽	具有该产品固有色泽，且均匀一致
组织形态	呈疏松、均匀一致的粉末状
滋味、气味	具有该产品固有的滋味和气味，无焦糊、酸败味及其他异味
杂质	无肉眼可见杂质
冲调性	冲调后无结块，均匀一致

表 1-14 果蔬粉理化指标

项目	指标	
	水果粉	蔬菜粉
水分（%）	≤6	
灰分（%）	≤8	≤10（番茄粉≤12）
酸不溶性灰分（%）	≤0.8	≤1
总酸（以无水柠檬酸计）（%）	≤10	5~9（仅适用于番茄粉）
番茄红素（仅适用于番茄粉）	—	≥100（仅适用于番茄粉）

考核要点

1. 果蔬干制的方法。
2. 葡萄干加工工艺。
3. 干辣椒加工工艺。
4. 果蔬粉加工工艺。

扫码“学一学”

第四节 果蔬速冻加工技术

速冻果蔬属冷冻食品，是利用人工制冷技术将经过处理的果蔬原料以很低的温度（-35 ℃左右），在极短的时间内采用快速冷冻的方法使之冻结，然后在-20~-18 ℃的低温中保藏的方法。

一、工作要点

（一）选料

原料要新鲜、充分成熟，色、香、味能充分显现，质地坚脆，无病虫害、无腐烂、无老化枯黄、无机械损伤。最好当日采收，及时加工，以保证产品质量。

（二）预冷

蔬菜收获后仍继续着呼吸与新陈代谢。为最大限度保证蔬菜原料的新鲜度和原有品质，采收后要尽快用人工方法帮助释放田间热，使呼吸和蒸发作用降低到能维持正常新陈代谢的最低水平。

（三）清洗

果蔬冻结前必须对其进行清洗。洗涤方法可采用手工清洗，也可采用机械清洗。

（四）去皮

外皮粗糙的果蔬原料均需要去皮。

（五）切分

将果蔬去除皮、果柄、根须、筋、籽后，将较大的果蔬切分成大小均匀的小块，便于后续的冷冻。切分可采用手工切分，也可采用机械切分，一般可切成块、片、条、丁、段、丝等形状，要求薄厚均匀，长短一致。但要注意，为防止汁液流失，浆果类的果蔬只能整

果冷冻，不进行切分。

（六）保脆

速冻后会减弱果蔬的脆性，可以将原料浸入0.5%～1%的碳酸钙（或氯化钙）溶液中，浸泡10～20分钟，以增加其硬度和脆性。

（七）烫漂

通过烫漂可破坏酶的活性、稳定色泽、改善风味和组织；可杀死部分附着于蔬菜上的微生物；可排除蔬菜组织中的空气，减轻蔬菜在储藏过程中的氧化作用。烫漂的基本方法有热水烫漂和蒸汽烫漂。

（八）冷却、沥水

烫漂完成后应快速冷却，否则余热会使速冻蔬菜色泽变化、品质下降。冷却方法有水冷却、冰水或碎冰冷却、冷风冷却。

（九）速冻

沥干水分的果蔬要快速冻结，力争在最短的时间内，使菜体迅速通过冰晶形成阶段，才能保证速冻质量。一般将预处理好的原料，及时放入-35～-25℃的低温下迅速冻结，然后进行包装和贮藏。

（十）包装

包装是保证速冻果蔬贮藏质量的重要条件。通过包装可以防止果蔬表面干燥，防止产品氧化变色，防止大气污染，保持产品卫生，便于运输、销售和食用。包装必须保证在-5℃以下的低温进行，温度在-1～-4℃以上时速冻蔬菜会发生重结晶现象，降低速冻蔬菜的品质。

（十一）冷藏

蔬菜在快速冻结过程中，大约90%以上的水分被冻结，然后在-18℃以下低温储藏，这样微生物与酶的作用被抑制，可以长期储存。

二、设备及材料

1. 设备　清洗机、去皮机、挖核器、冷冻机、包装机、流化床速冻装置等。

2. 材料　新鲜果蔬，碳酸钙（或氯化钙）、食盐等。

三、工作过程

（一）速冻草莓工作过程

1. 工艺流程　原料验收→挑选→洗涤→消毒→漂洗→分级→护色→冻结→称量→包装→检验→冷藏。

2. 原料辅料　鲜草莓、食盐、抗坏血酸、糖。

3. 加工工艺

（1）原料选择　速冻草莓，一般在果实3/4颜色变红时采收，草莓采收时气温较高，采收后极易过熟腐烂，应在采后8～12小时内完成加工。原料进厂后，经过挑选，用清水

洗去泥沙和杂质，然后浸在5%的食盐水中10～15秒。

（2）漂洗、分级 消毒后的草莓用高压喷水冲洗，除去盐水及附着杂质等，同时进一步分级。

（3）护色 采用加糖、加维生素C的方法来防止褐变。

（4）速冻 采用阶段式冷冻，第一阶段微冻，冷气流速为5～6 m/s，草莓厚度30～50 mm，使草莓表面形成冰壳，保证冻结时不黏结，同时减少氧化和干缩；第二阶段速冻，冷气流速为4～5 m/s，草莓厚度80～120 mm，流化床内空气温度－32～－35 ℃，全程时间9～23分钟。

（5）包装 包装必须在－5 ℃以下进行，避免发生重结晶现象，内包装一般选用PVC塑料盒，外包装用纸箱。包装材料应防潮，在包装前必须在－10 ℃以下预冷。

（6）检验 随机抽样检验。

（7）冷藏 合格产品在－18～－20 ℃，波动范围不超过±1 ℃的条件下冷藏，期限不超过18个月。

4. 产品质量标准 速冻草莓质量标准具体如下：色泽鲜艳；无外源风味和气味；完整无缺，整草莓，无严重破裂；洁净，沙砾等矿物杂质不得超过产品总数的0.1%（m/m）；几乎无茎柄、碎茎柄、花萼、叶片和其他外来植物性杂质；完好，几乎无霉变，虫啮和其他瑕疵；发育正常；同一包装的果实具相似的品种特性；流动型草莓，个体之间几乎不相互粘连。

（二）速冻青刀豆工作过程

1. 工艺流程 原料采摘→原料预处理→盐水浸泡→清洗→漂烫→冷却→沥水→速冻→复选→包装→冷藏。

2. 原料 辅料青刀豆、食盐、抗坏血酸。

3. 加工工艺

（1）原料采摘 在乳熟期（种子刚形成，豆荚肥嫩、易于折断，色泽青绿）采摘最佳，采摘后要立即装运，当天采摘的最好当天加工，来不及加工的应放低温库贮存。

（2）原料预处理 剔除皱皮、枯萎、锈斑、霉烂、弯曲、病虫害、机械损伤等不合格原料，然后进行切端和切断处理。切端和切断可采用手工，也可采用切端机进行。

（3）盐水浸泡、清洗 青刀豆在生长过程中，常易引起虫害，生产中挑选蛀虫豆较难，常采用盐水浸泡法去除豆荚中的小虫。清洗前，将青刀豆浸泡在含有效氯浓度为5～10 mg/L的盐水中，达到驱虫、护色的目的。浸泡过程中爬出的幼虫，常浮于表面，要及时捞出浮虫，为提高去虫效果，可翻动原料2～3次，且要更换盐水。浸泡结束后，反复清洗青刀豆，除去刀豆表面的盐分和残虫。

（4）漂烫 清洗后的青刀豆立即进行漂烫处理，水温一般为95～100 ℃，时间为1～1.5分钟。

（5）冷却 热烫后的青刀豆，应立即进行冷却，否则残留余热加速青刀豆营养成分的损失，同时也易使青刀豆绿色变暗。冷却最好采用两次降温法，第一次采用自来水冷却，起缓冲作用，防止刀豆受冷收缩；第二次采用0 ℃左右的冷却水使刀豆彻底冷却。

（6）沥水 将青刀豆表面的水沥干，否则表面含水过多，后续冷冻会冻结成团，不利于包装。

（7）速冻　青刀豆的速冻常采用流化床速冻装置。将冷却、沥干的青刀豆均匀放入流化床传输带上，流化床装置内空气温度要求在 -30 ~ -35 ℃，冷气流流速为 5m/s，速冻时间 12 ~ 15 分钟，至青刀豆中心温度为 -18 ℃以下。

（8）复选　剔除不合乎产品标准要求的畸形、断条、锈斑、锈头、裂荚的青刀豆。

（9）包装　在低温条件下包装（ -10 ℃），防止因包装温度过高，青刀豆表面结霜。工作场地及工作人员必须严格执行食品卫生标准。内包装一般可采用聚乙烯薄膜袋，外包装可用纸箱包装，纸箱注明生产日期、保质期、规格品种、生产厂商及批号等，并及时入冷库贮藏。

（10）冷藏　冷藏在 -18 ℃以下，尽量使温度保持恒定，要按品种和日期不同专库分别堆放。

4. 产品质量标准　速冻青刀豆质量标准具体为：冻结状态呈该品种应有的鲜绿色，色泽一致；条形较直、粗细均匀、无机械损伤、无锈斑、无病虫害、无腐烂、无断条、无杂质；具有本品应有的风味，无异味及酸败味；组织柔嫩、豆粒无明显突起。

考核要点

1. 速冻草莓工作过程。
2. 速冻青刀豆工作过程。

第五节　果蔬发酵技术

果蔬发酵是将发酵技术应用于果蔬加工生产中，提升果蔬加工品品质和营养价值的一种加工技术。果蔬发酵制品主要包括果酒、果醋、泡菜、酸菜等。本处介绍果醋发酵技术。果醋是以水果或果品加工下脚料为主要原料酿制而成的一种营养丰富、风味优良的制品。果醋发酵有液态发酵法和固态发酵法。在此，介绍液态发酵法。

一、工作要点

（一）选料

果品加工中的果皮以及剔除下来的残次果，都可用来制作果醋。

（二）清洗

将水果或果皮等清洗干净，剔除杂质及腐烂部分，取出沥干水分。

（三）蒸煮

将洗净的原料放入蒸汽锅内，在常压下蒸煮 1 ~ 2 小时。在蒸煮过程中，上下翻动 2 ~ 3 次，使其均匀熟透，然后降温至 50 ~ 60 ℃。

（四）糖化

加入原料总量 10% 的用黑曲霉制成的麸曲或果胶酶，在 40 ~ 50 ℃下糖化 2 小时。

（五）榨汁

糖化后，用压榨机榨出糖化液，然后泵入发酵罐或发酵桶中。

（六）发酵

保持糖化液温度为28～30℃，加入糖化液总量的5%～8%的酒母液进行乙醇发酵。发酵初期5～10天，用塑料布密封容器。当果汁含酸度为1%～1.5%、酒精度为5°～8°时，乙醇发酵完成。接着将果汁的乙醇浓度稀释至5°～6°后，接入5%～10%的醋酸菌液，搅匀，将温度保持在30℃，进行醋酸静置发酵，经过2～3天，液面有薄膜出现，说明醋酸菌膜形成，发酵结束时总酸度达到3.5%～6%。

（七）过滤灭菌

发酵结束后的醋液经过滤后，将醋调节酸度为3.5%～5%后，蒸汽加热到80℃以上进行灭菌，趁热装入包装，即得到成品果醋。

二、设备及材料

1. 设备　清洗机、蒸汽锅、压榨机、发酵罐/发酵桶、包装机等。

2. 材料　水果或果皮、果渣，麸曲，酒母等。

三、工作过程

以猕猴桃果醋为例，介绍果蔬发酵的工作过程。

1. 工艺流程　原料处理→粉碎→蒸煮→糖化→榨汁→果汁→乙醇发酵→醋酸发酵→过滤、灭菌→包装→成品。

2. 原料辅料　猕猴桃、麸曲、酒母等。

3. 加工工艺

（1）原料处理　剔除腐烂果及杂物后，清洗干净。

（2）粉碎　将清洗干净的原料用粉碎机或压榨机粉碎。

（3）蒸煮　粉碎后的果料与果汁一同放入蒸汽锅蒸煮1小时左右，使果料被蒸熟，蒸煮过程中，可上下翻动几次，使果料蒸煮均匀。

（4）糖化　蒸熟后果料温度降至60～65℃时，加入黑曲霉制成的麸曲，加入量为果料总量的5%，拌匀，控温60～65℃，糖化约2小时。

（5）榨汁　果料经糖化后，榨汁。

（6）乙醇发酵　榨出的果汁调整浓度为7波美度左右，降温至30～35℃，加入果汁量8%～10%的酒母，密封，保温30～35℃进行乙醇发酵，发酵约6天。

（7）醋酸发酵　乙醇发酵完毕后，接入5%左右的醋酸菌液，混匀，并把发酵液转入机械搅拌通风发酵罐，保温30℃进行醋酸有氧发酵。醋酸发酵需27～30天，当酸度超过3.5%即可终止发酵。

（8）过滤、杀菌、包装　醋酸发酵结束后，过滤发酵液，滤液经高温杀菌后，趁热瓶装密封，贴签，即为成品。

4. 产品质量标准　猕猴桃果醋质量标准系引用《食品安全国家标准　食醋》（GB 2719—2018），结合产品特点，具体见表1－15。

表 1-15　猕猴桃果醋质量标准

项目	内容
感官指标	淡黄色、澄清、无杂质和沉淀，具有猕猴桃果香和醋的特殊香味，无异香；酸味柔和，略甜而不涩，无霉花的浮膜，无“醋鳗”和“醋虱”
理化指标	醋酸 5.3% ~5%；乙醇 0.15% ~0.23%；氨基酸氨 0.08 ~0.12 g/ml；还原糖 1 ~1.5 g/ml；固形物 1.5% ~1.8%；砷、铅等重金属含量≤5 μg/L；游离矿酸不得检出
卫生指标	细菌总数 <500 个/mL；大肠埃希菌 <3 个/100 mL；致病菌不得检出

考核要点

1. 猕猴桃果醋加工工艺。
2. 果蔬发酵。

第六节　果蔬脆片加工技术

果蔬脆片是水果脆片和蔬菜脆片的统称，是以水果、蔬菜为主要原料，经真空油炸脱水等工艺生产的各类水果、蔬菜脆片。

一、工作要点

（一）选料

果蔬脆片要求原料须有较完整的细胞结构，组织较致密，能自成形。原料要求新鲜，无虫蛀、病害、无霉烂及机械伤。

（二）原料处理

原料前处理包括清洗、分选、切片、杀青（护色）、含浸等。将果蔬原料清洗干净后切片机切成厚度为 2 ~4 mm 的薄片。将切成的果蔬薄片放入 60 ~70 ℃的热水中，作杀青和护色处理。含浸又称前调味，通常用 30% ~40% 的液体葡萄糖水溶液浸沉已杀青的物料，让葡萄糖通过渗透压渗入物料内部，达到改善口味的目的，含浸结束后要沥干果蔬片表面的水分。

（三）速冻

一般在速冻库中进行，快速冷冻至物料中心温度达 -18 ℃以下，冷藏备用。

（四）真空低温油炸

油脂在设备下部用蒸汽盘管加热至 100 ~120 ℃之间，然后迅速装入已冻结好的物料，关闭仓门，随即启动真空系统，动作要快，以防物料在油炸前融化，当真空度达到要求时，启动油炸开始开关，在液压推杆作用下，物料被慢速浸入油脂中油炸，到达底点时，被相同的速度缓慢提起，升至最高点又缓慢下降，如此反复，直至油炸完毕。

（五）脱油

油炸后的物料表面仍沾有不少油脂，要将果蔬片表面的油脂脱掉。

（六）后处理

后处理包括后调味、冷却、半成品分检、包装等工序。后调味是指用调味粉趁热喷在

刚取出来的热脆片上，使它具有更宜人的各种不同风味，以适合众多消费者的口味。冷却通常采用冷风机，迅速使产品冷却下来，以便进行半成品分检。分检主要是剔除夹杂物、焦黑或外观不合格的产品。

（七）包装

包装分为销售小包装及运输大包装，小包装大都选用彩印铝箔复合袋，抽真空并添加小包防潮剂及吸氧剂，运输大包装通常用双层 PE 袋作内包装，瓦楞半皮纸板箱作外包装。

二、设备及材料

1. 设备 清洗机、切片机、去皮机、蒸煮锅、冷冻机、真空低温油炸脱水机、包装机、流动床速冻机、离心机、冷风机等。

2. 材料 水果或蔬菜、葡萄糖、植物油等。

三、工作过程

（一）香蕉脆片加工工作过程

1. 工艺流程 原料挑选→清洗、去皮→切片→护色→清洗→热烫→冷却→含浸→沥水→冷冻→真空油炸→离心脱油→包装→成品。

2. 原料辅料 香蕉、白砂糖、食用棕榈油、麦芽糖、柠檬酸等。

3. 加工工艺

（1）原料选择 原料要求无腐烂变质、无变软、无病虫害、八成熟的香蕉。贮藏的条件是 15 ~ 18 ℃，90% ~ 95% 相对湿度。

（2）清洗、去皮 清洗干净外皮上的污物之后，去掉外皮，再用水洗去除果肉表面的杂质。

（3）切片 将去皮后的香蕉果肉，切成 2 ~ 3 cm 厚。

（4）护色 将果肉用清水冲洗后，放入护色液中浸泡 10 分钟。

（5）清洗 清洗护色处理的果肉。

（6）热烫 用 95 ℃热水将原料预煮 3 ~ 5 分钟，使物料中心温度达到 60 ℃。

（7）冷却 热烫结束后，及时冷却，甩干浮水，以保证色泽美观。

（8）含浸 冷却后的香蕉片放入浸渍液（由 20% 麦芽糖和 0.2% 柠檬酸的水溶液组成）中浸渍 10 ~ 20 分钟。

（9）沥水 含浸结束后沥干香蕉片表面的水分。

（10）速冻 将沥水后的果片即刻放入流动床速冻机进行速冻。将经速冻后的果片放入冷冻库存放，温度为 -18 ℃。

（11）真空油炸 将冷冻果肉放入真空油炸机，真空度控制在 -0.07 ~ -0.098 MPa，油温控制在 80 ~ 120 ℃，通过油炸机的观察孔看到果片上的泡沫全部消失时，油炸结束。

（12）脱油 采用真空离心脱油，真空度为 -0.098 MPa，温度为 95 ~ 100 ℃，离心转速为 500 ~ 600 转每分钟，使含油量为 20% 以下，旋转时间应尽量短，否则会导致脆片破碎增多。

（13）冷却 油炸后香蕉脆片可用冷风机冷却。

（14）包装 为保证产品的酥脆性，调味后的油炸脆片立即包装。包装材料宜采用铝塑复合袋，封口要平整严密。

4. 产品质量标准　系引用中华人民共和国农业行业标准《香蕉脆片》（NY/T 948—2006）（表 1－16、1－17 和 1－18）。

表 1－16　香蕉脆片感官质量标准

项目	要求
色泽	淡黄色或黄色，无褐变现象
滋味和口感	具有香蕉脆片特有的滋味、甜味、无异味、口感酥脆
形态	片状、大小基本一致，允许少量碎屑
杂质	无肉眼可见的外来杂质

表 1－17　香蕉脆片理化质量标准

项目	指标
净含量允许负偏差（%）	≤4.5
水分（%）	≤5.0
酸价（以脂肪计）	≤5.0
过氧化值（以脂肪计）	≤20.0

表 1－18　香蕉脆片卫生质量指标

项目	指标
菌落总数（个/克）	≤1000
大肠菌群（个/100 克）	≤30
致病菌（沙门菌、志贺菌、金黄葡萄球菌、溶血性链球菌）	不得检出
霉菌计数（个/克）	≤50
总砷（以 As 计）（mg/kg）	≤0.5
铅（以 Pb 计）（mg/kg）	≤1.0
二氧化硫残留量（以 SO_2 计）（g/kg）	≤0.03
抗氧化剂（BHA＋BHT）（g/kg）	≤0.2

（二）胡萝卜脆片加工工作过程

1. 工艺流程　原料→清洗→去皮→切片→杀青→冷却→沥干→含浸→沥干→速冻→真空低温油炸、脱油→后调味→冷却→半成品分检→包装。

2. 原料辅料　胡萝卜、白砂糖、食用棕榈油、氯化钠、葡萄糖等。

3. 加工工艺

（1）原料选择　要求新鲜，粗老适中，无虫蛀病害，无霉烂及机械损伤。

（2）清洗　用流动水漂洗，洗去表面的泥沙。

（3）去皮　可用人工去皮或磨皮机去皮，不宜选用碱式去皮，因为碱式去皮后残留的碱对品质有严重影响。

（4）切片　通常切成厚度为 2.8～3.0 mm 的薄片。

（5）杀青　在 1.0～2.0% 的氯化钠溶液中，95～98 ℃杀青，直到胡萝卜变色为止，时

间30秒~2分钟。

（6）冷却 流水冷却至水温或用7℃的循环冷却水冷却至15℃以下即可。

（7）沥干 冷却后的胡萝卜片，用离心机脱水。

（8）含浸 采用常压含浸时，葡萄糖溶液浓度为30%~40%（折光计），糖液量至少须浸没胡萝卜，时间不少于2小时，待胡萝卜中心有甜味即可。采用真空含浸时，真空度最高不超过3kPa，时间一般为半小时左右。

（9）沥干 含浸后的胡萝卜片，表面较黏，通常采用振荡沥水3分钟，后摊入冷冻框中速冻，摊框厚度不超过8厘米。

（10）速冻 一般在速冻库中进行，快速冷冻至物料中心温度达-18℃以下，冷藏备用。

（11）真空低温油炸、脱油 该工序是果蔬脆片的关键工序，在真空低温油炸机中进行。

（12）冷却 脱油后的产品立即通过传递通路进入包装间，待胡萝卜脆片冷却到常温时，即可进行分检。

（13）半成品分检 依据外观和规格要求分检半成品，剔除夹杂物，分级包装。

（14）包装 大包装采用双层PE袋，小包装大部分选用彩色复合铝铂袋作包装材料。

4. 产品质量标准 系引用中华人民共和国行业标准《水果、蔬菜脆片》（QB/T 2076—1995）（表1-19、1-20和1-21）。

表1-19 胡萝卜脆片感官质量标准

项目	要求
滋味和口感	具有胡萝卜特有的滋味，清香纯正，口感酥脆
形态	形态基本完好，厚薄基本均匀，基本无碎屑
杂质	无肉眼可见外来杂质

表1-20 胡萝卜脆片理化质量标准

项目		要求
净含量允许差（%）	≤100 g/袋	±5.0（每批平均净含量不得低于标明量）
	>100 g/袋	±5.0（每批平均净含量不得低于标明量）
水分（%）		≤5.0
酸价（以脂肪酸计）		≤5.0
过氧化值（以脂肪酸计）（meq/kg）		≤20.0
铅（mg/kg）		≤0.5
砷（mg/kg）		≤0.5

注：过氧化值乘以78.8即得meq/kg。

表1-21 胡萝卜脆片微生物质量标准

项目	要求
细菌个数（个/克）	≤1000
大肠菌群（个/100克）	≤30
致病菌（志贺菌、葡萄球菌）	不得检出

考核要点

1. 香蕉脆片加工工艺。
2. 胡萝卜脆片加工工艺。

第七节　果蔬中果胶的提取制备技术

果胶广泛存在于绿色植物的细胞间质中，含果胶丰富的果蔬类有柑橘类、苹果、山楂等。果胶一般在接近果皮的组织中含量较多。因此，果蔬加工废弃物，如果皮、果渣中果胶含量较丰富。利用一些加工工艺，提取制备果皮、果渣中的果胶，不仅可提高原料附加值，而且可以变废为宝，提高原料利用率。

一、工作要点

（一）原料的处理

提取果胶的原料要求新鲜，如不能及时加工，原料要迅速进行热处理以钝化果胶酶活性。通常是将原料加热到95 ℃以上，保温5～7分钟，也可将果皮或果渣干燥。

（二）提取

一般按原料质量，加入4～5倍0.15%的盐酸溶液，以浸没全部原料为度，并将pH调整至2～3，加热至85～90 ℃，保持1～1.5小时，不断搅拌。

（三）压滤

采用压滤机过滤提取液，除去其中的杂质碎屑。

（四）脱色

将过滤后的提取液迅速冷却到50 ℃左右，加入1%～2%的淀粉酶，使抽提液中淀粉水解为糖，当水解终止时，加热到77 ℃，破坏酶的活力。接着加入1%～2%的活性炭，60～80 ℃搅拌20～30分钟，使果胶脱色，再加入2%～4%的硅藻土搅匀，后用压滤机压滤，获得澄清果胶液。

（五）浓缩

将澄清的果胶液送入真空浓缩锅中，浓缩至总固形物含量达7%～9%为止。

（六）不同形式果胶产品的制备

1. 果胶液体制品的制备　浓缩完毕，将果胶液加热到70 ℃，装入玻璃瓶中，加盖密封，后置于70 ℃热水中加热杀菌30分钟，冷却后送入仓库，或将果胶液装入木桶中，加0.2%亚硫酸氢钠搅匀。密封，即成果胶液体产品。

2. 果胶粉的制备　将浓缩的果胶液经高压喷头喷入干燥室，室内温度保持120～150 ℃，果胶细雾接触热空气后，瞬时便干燥成细粉落到干燥室的底部。并由螺旋输送器送到包装车间，立即通过60目筛筛分，后装入聚乙烯薄膜包装中。

二、设备及材料

1. 设备 清洗机、抽提锅、压滤机、真空浓缩锅、喷雾干燥装置等。

2. 材料 水果、蔬菜或果皮、果渣，葡萄糖，植物油等。

三、工作过程

以苹果渣提取制备果胶粉为例。

1. 工艺流程 苹果渣→干燥→粉碎→抽提→过滤→浓缩→干燥→标准化处理→成品。

2. 原料辅料 苹果渣、白砂糖、食用棕榈油、硅藻土、活性炭等。

3. 加工工艺

（1）原料处理 刚榨完汁的苹果渣含水量高达78%。极易腐败变质，且不易进行酸水解，可在65～70 ℃条件下烘干，后粉碎到80目大小。

（2）漂洗 原料中所含的成分，如糖苷、芳香物质、色素、酸类和盐类等在提取果胶前须漂洗干净，以免影响果胶的品质及胶凝力。

（3）抽提 将绞碎的原料倒入抽提锅内，加8倍水，加硫酸或盐酸调节pH至1.8～2.7，后通入蒸汽，边搅拌边加热到95 ℃，保持45～60分钟，即可抽提出大部分果胶。

（4）过滤、脱色 采用压滤机过滤提取液，除去其中的杂质碎屑。过滤后的提取液迅速冷却到50 ℃左右，加入1%～2%的淀粉酶，使抽提液中淀粉水解为糖，当酶作用终止时，加热到77 ℃，破坏酶的活力。接着加入1%～2%的活性炭，在60～80 ℃搅拌20～30分钟，使果胶脱色，再加入2%～4%的硅藻土搅匀，后用压滤机压滤，获得澄清果胶液。

（5）浓缩 将澄清的果胶液送入真空浓缩锅中，保持真空度88.93 KPa以上，温度为40～50 ℃，浓缩至总固形物含量达7%～9%为止。

（6）干燥 将浓缩的果胶液经高压喷头喷入干燥室，室内温度保持120～150 ℃，果胶细雾接触热空气后，瞬时干燥成细粉落到干燥室的底部。并由螺旋输送器送到包装车间，立即通过60目筛筛分，后装入聚乙烯薄膜包装中。

（7）包装、成品 根据用途，采用不同规格的包装形式。

4. 产品质量标准 系引用《食品安全国家标准 食品添加剂 果胶》（GB 25533—2010）（表1－22和1－23）。

表1－22 果胶感官质量标准

项目	要求
色泽	白色、淡黄色、浅灰色或浅棕色
组织状态	粉末

表1－23 果胶理化质量标准

项目	要求
干燥减重（w%）	≤12
二氧化硫（mg/kg）	≤50
酸不溶灰分（w%）	≤1
总半乳糖醛酸（w%）	≥65
铅（mg/kg）	≤5
甲醇＋乙醇＋异丙醇（w%）	≤1.0

考核要点

1. 果胶脱色方法。
2. 苹果渣制取果胶工艺。

思考题

1. 糖制品、腌制品对原料的选择要求是什么？
2. 在腌制品加工中发酵的主要作用是什么？
3. 什么是回软？有何作用？
4. 简述果蔬干制品对包装的要求。
5. 简述果蔬速冻的工艺要点。

（赵冬艳　田艳花）

第二章　焙烤食品加工技术

知识目标

1. 掌握　面包制品、饼干制品、蛋糕、月饼加工工艺及操作要点。
2. 熟悉　面包制品、饼干制品、蛋糕、月饼原辅材料组成及特性。
3. 了解　面包制品、饼干制品、蛋糕、月饼的概念及分类。

能力目标

1. 掌握面包、饼干加工流程及操作，学会用面包、饼干质量标准判断和分析问题，并能初步提出改善措施。
2. 能独立制作普通型海绵蛋糕与戚风蛋糕，并能够分析解决蛋糕制作中出现的质量问题及解决方法。
3. 能独立制作广式月饼和苏式月饼，熟悉馅料及糖浆的制作技术，能够分析解决月饼制作中出现的质量问题及解决方法。

第一节　面包加工技术

扫码“学一学”

面包是以小麦面粉为主要原料，以酵母和其他辅料一起加水调制成面团，再经发酵，整形、成形、烘烤等工序加工制成的发酵食品。按照面包用途，面包分为主食面包和点心面包两大类；按照面包质感，面包分为软式面包和硬式面包两大类。

一、工作要点

（一）原辅材料处理

面包加工最基本的原料有四种，即面粉（高筋粉或面包粉）、酵母、盐和水。其他辅料常见的有油脂、糖、蛋制品、乳制品、面包改良剂等。

1. 面粉　面粉是由蛋白质、碳水化合物、灰分等成分组成的，在面包发酵过程中，起主要作用的是蛋白质和碳水化合物。面粉中的蛋白质主要由麦胶蛋白、麦谷蛋白、麦清蛋白和麦球蛋白等组成，其中麦谷蛋白、麦胶蛋白能吸水膨胀形成面筋质。这种面筋质能随面团发酵过程中的 CO_2 气体膨胀，并能阻止 CO_2 气体的溢出，提高面团的保气能力，它是面包制品形成膨胀、松软特点的重要条件。面粉中的湿面筋含量在30%~40%时最适宜做面包，26~30%中等，23~26%稍差。面粉使用前必须过筛，以清除杂质，打碎团块，也可起到调节粉温作用，同时使面粉中混入一定量空气，有利于酵母生长繁殖。

2. 酵母 酵母在面包加工中起到以下作用。①发酵产生 CO_2，使面团膨松并在焙烤过程中膨大，使面包组织疏松；②增加面包风味，发酵产物如乙醇、有机酸、醛、酮类、酯类等能增加面包风味；③酵母本身富含营养物质，能够提高面包的营养价值。

鲜酵母是将很多单体酵母压缩成的块形物，每克压榨酵母含有单体酵母 50 亿 ~ 100 亿个。鲜酵母使用方便，发酵力强，发酵速度快，价格便宜，但是不易保存和运输，必须放于冷藏库中保藏。鲜酵母在冷藏中处于休眠状态，因此，使用前需将其活化。将鲜酵母放在 24 ~ 30 ℃（不超过 30 ℃）温水中，加少量糖，最好在搅拌机中搅拌均匀，静置 20 ~ 30 分钟，当表面出现大量气泡时即可投入生产。

活性干酵母易于保存，但是发酵力稍差。需活化，具体方法是：1 kg 活性干酵母，500 g 砂糖，用 7 kg、27 ~ 30 ℃温水调成液状，发酵 30 ~ 45 分钟即可使用。速效干酵母溶解速度快，一般无需经活化这道手续，可直接加于搅拌缸内。

3. 水 水在面包加工中起以下作用。①水能使面粉中的蛋白质充分吸水形成面筋；②能使面粉中的淀粉吸水糊化，变成可塑性面团；③能溶解盐、糖、酵母等干性辅料；④能帮助酵母生长繁殖，能够促进酶对蛋白质和淀粉的水解；⑤可以控制面团的软硬度和面团的温度。

水的用量及要求为面粉量的 55% ~ 60%，中等硬度，偏酸性。微酸性水质有助于面包发酵，但酸度不能过高，pH 5 ~ 6 之间，一般使用自来水即可，必要时做适当处理和调节。当 pH 过低时，可用碳酸钠中和，当水的 pH 高时，可用乳酸中和。水温控制在 28 ~ 30 ℃。

4. 盐 食盐在面包加工中有以下作用。①增加风味，尤其在甜面包中增加适量的盐，风味更佳；②强化面筋，盐可以使面筋质地变密，增加弹性，从而增加面筋的筋力；③调节发酵速度，能抑制有害菌种的产生。④改善品质，适当的用盐，可以改善面包的色泽和组织结构。食盐用量为面粉重的 0.6% ~ 3%。甜面包在 2% 以内，咸面包不超过 3%。食盐一般在搅拌后期加入。

5. 其他辅料 油脂是面包生产中的重要辅料，能改善面包的品质，增加面包的柔软度，使面包产生特殊的香味，增加面包的食用价值，增加面包的保鲜期；糖可供给酵母食料，改善发酵条件，并可调节面包风味，改良烘烤特性，使外皮色泽美观，常用的为蔗糖、淀粉糖浆、葡萄糖、饴糖等，用量为面粉量的 4% ~ 6%；牛奶或奶粉具有独特的奶香味，它可使面包瓤心组织细腻、柔软、疏松而富有弹性。

（二）面团调制

将称量好的高筋粉、酵母、糖、奶粉等干性物料，倒入搅拌机中，搅拌均匀后，加入水、牛奶等湿性物料，搅拌成团，最后加入盐和油脂，搅拌直至面筋形成。最后加入奶油，用慢档搅拌均匀后，再用快档搅拌。面团打好后，将面团取出。

1. 面团形成的基本过程 ①物料拌和阶段。搅拌初期，部分面粉中的蛋白质和淀粉开始吸水，其面筋性蛋白质初步形成网络结构，为表面吸水阶段。②面团的形成。继续搅拌，水和其他物料分散渐趋均匀，干粉逐渐消失，面粉中蛋白质和淀粉进一步吸水胀润，为内部吸水阶段。③面团的成熟：水分分布均匀，软硬度、弹性良好，光滑而柔润，整个面团调制成熟。④面团的破坏：继续搅拌，面团的面筋开始断裂（或弱化），面团的弹性和韧性减弱。

2. 影响面团形成的主要因素 ①面粉中蛋白质的质和量。面团在调制时，两种面筋性

蛋白质迅速吸水胀润。面筋吸水量为干蛋白质量的180%～200%。②面团温度。面团的温度低，蛋白质吸水缓慢，面团形成的时间长；反之，如果面团的温度高，面筋蛋白质的吸水增大，其胀润作用也增强。③面粉粗细度。颗粒粗的面粉与水接触面小，使水分的渗透速度降低，会使面团变得干燥发硬，结合力差，难以辊轧和成形。④糖。糖在面团调制过程中起反水化作用，可调节面团的胀润度。⑤油脂。油脂具有疏水性，在面团调制过程中，油脂形成一层油膜包在面粉颗粒外面，使面粉中蛋白质难以充分吸水胀润，抑制了面筋的形成，并且使已经形成的面筋难以互相结合，从而降低面团弹性，提高可塑性。

3. 面包面团调制技术 ①面包面团调制过程。面团→伸展→折叠→卷起→压延→揉打，如此反复不断地进行，使原辅料充分揉匀并与空气接触，发生氧化。②空气的掺入。掺入的空气，特别是氧在烘烤食品中是很重要的，它可产生气泡，使二氧化碳气体易扩散。③加水必须适量。面团加水量要根据面粉吸水能力和面粉中蛋白质含量而定，一般为面粉量的55%～60%（其中包括液体辅料），加水量多会造成面团过软，给工艺操作带来困难；加水量过少，造成面团发硬，延迟发酵时间，并使制品内部组织粗糙。④搅拌必须适度。搅拌不足，面筋没有充分形成，面团的工艺性能不良；搅拌过度，会破坏面团的工艺性能。⑤面团温度控制。现代调粉机多采用夹层调粉缸，用水浴保温。

4. 面团搅拌效果判定 面团表面光滑、内部结构细腻，手拉可成半透明的薄膜，即拉一小块面团出来，搓圆，用双手平行上下拉扯，拉成薄膜状，观察是否均匀。

（三）面团发酵

1. 面团发酵的原理 生产面包用的酵母是一种典型的兼性厌氧微生物，它在有氧和无氧条件下都能够存活。

面团发酵初期，酵母在养分和氧气供应充足的条件下，生命活动旺盛，进行有氧呼吸，能迅速将糖分解成CO_2和H_2O，并放出一定的能量。

有氧呼吸：$C_6H_{12}O_6 \longrightarrow 6CO_2 + 6H_2O + 2821.4\ kJ$

乙醇发酵：$C_6H_{12}O_6 \longrightarrow 2C_2H_5OH + 2CO_2 + 100.5\ kJ$

在整个发酵过程中，酵母代谢是一个复杂的生化反应过程。

在生产实践中，为了使面团充分发起，要有意识创造条件使酵母进行有氧呼吸，产生大量二氧化碳。如在发酵后期要进行多次揿粉，排除二氧化碳，增加氧气。

2. 面团发酵的因素 配方中面粉、糖、水、食盐等辅料与面团发酵都有密切的关系。

面粉主要是影响面粉中的面筋和酶，面团发酵过程中产生大量二氧化碳气体，面筋形成网络结构，使面团膨胀形成海绵状结构；酵母在发酵过程中，需要淀粉酶将淀粉不断地分解成单糖供酵母利用。

加水量多少和面团弹性直接相关，正常情况下，含水量多的面团容易被二氧化碳气体膨胀，从而加快面团的发酵速度；含水量不足，面团对气体的抵抗力较强，从而会抑制面团的发酵速度。所以面团含水量高，对发酵是有利的。

食盐和糖都具有高渗透压，其添加量会影响面粉对水的吸收能力，从而影响面团弹性。

面团的酸度也会影响发酵速度，酸度50%来自乳酸，其次是醋酸。乳酸与酵母发酵中产生的乙醇发生酯化作用，可改善面包的风味。

3. 面团发酵技术 面包的气体产生来源于两个方面，一是空气混入，二是发酵产生

CO_2气体。

4. 气体保留　气体能保留在面团内部，是由于面团内的面筋网络已形成均匀薄膜，其强度足以承受气体膨胀的压力而不会破裂，从而使气体不会逸出而保留在面团内。气体保留性能实质来自面团的扩展程度，当面团发酵至最佳扩展范围时，其气体保留性也最好。

（四）成形、醒发与烘烤

1. 成形　将发酵成熟的面团做成一定的形状称为成形。成形包括切块、称量、搓圆、静置、做形、入模或装盘等工序。切块和称量是指按成品的重量要求，将面团分块和称量。面包胚经过烘烤后有7%～10%的重量损耗。搓圆是将不规则的小面块搓成圆形，排出部分二氧化碳，使其结构均匀，表面光滑。静置也称中间醒发，目的是使面筋恢复弹性，使酵母适应新的环境恢复活力，使面包坏外形端正、表面光亮。做形是技巧性很强的工序，可按照设计的形状采用不同方法。做形可用做形机，也可手工操作。

2. 醒发　醒发的目的是清除在成形中产生的内部应力，增强面筋的延伸性，制品松软多孔。醒发条件通常为在正常环境条件下，鲜酵母用量为3%的中种面团，经3～4小时即可完成发酵。最终发酵程度的判定如下。

（1）观察面团的体积　当发酵至原来体积的4～5倍时，即可认为发酵完成。

（2）观察面团按压情况　将手指稍微沾水，插入面团后迅速抽出，面团无法恢复原状，同时手指插入部位有些收缩，即可判断为发酵成熟标志。

（3）膨胀到烤后容积的80%　如果根据经验知道烤后面包的大小，那么发酵膨胀到80%的程度即可，其余20%留在烘烤时膨胀，这样即可烤出预期的面包。

（4）观察透明度、触感　发酵开始时有不透明硬的感觉，随着膨胀，面包胚变软，膜变薄，接近半透明的感觉。用手轻轻触碰，有暄松的感觉。发酵过度时用手触碰，面团破裂塌陷。

3. 面包烘烤　所谓“三分做，七分烤”。烘烤是面包加工的关键工序，由于这一工序的热作用，使生面包胚变成结构疏松、易于消化、具有特殊香气的面包。在烘烤过程中，面包发生一系列变化。在入烤炉的开始几分钟，面团体积膨胀迅速，这被称为烤炉最佳期。气体受热，体积增大；由于温度上升，二氧化碳可溶性降低；由于温度升高，酵母变得相当活跃；其他物质（例如乙醇和水的混合物）的汽化。一般情况下，烤炉最佳期不超过10分钟。剩下的烘烤确保面包胚的中心温度达到100 ℃。

（1）面包的烘烤原理　面团醒发入炉后，在烘烤过程中，由热源将热量传递给面包的方式有传导、对流和辐射，这三种传热方式在烘烤中是同时进行的。

（2）面包在烘烤过程中的温度变化　在烘烤中，面包内的水分不断蒸发，面包皮不断形成与加厚以至面包成熟。烘烤过程中面包温度变化情况如下：①面包皮各层的温度都达到并超过100 ℃，最外层可达180 ℃以上，与炉温几乎一致。②面包皮与面包心分界层的温度，在烘烤将近结束时达到100 ℃，并且一直保持到烘烤结束。③面包心内任何一层的温度直到烘烤结束均不超过100 ℃。

（3）面包在烘烤过程中的水分变化　在烘烤过程中，面包中发生的最大变化是水分的大量蒸发，面包中水分不仅以气态方式与炉内蒸汽交换，而且也以液态方式向面包中心转移。当烘烤结束时，使原来水分均匀的面包胚，成为水分不同的面包。

（4）面包在烘烤过程中的体积变化　体积是面包最重要的质量指标。面包胚入炉后，面团发酵产生的CO_2及水蒸气、乙醇等受热膨胀，产生蒸汽压，使面包体积迅速增大，这个过程大致发生在面包胚入炉后的5~7分钟内。因此，面包胚入炉后，应控制上火，即上火不要太大，应适当提高底火温度，促进面包胚的起发膨胀。如果上火大，就会使面包胚过早形成硬壳，限制面包体积的增长，还会使面包表面断裂，粗糙、皮厚有硬壳，体积小。

（五）面包的冷却与包装

面包出炉以后，要经过一段时间的冷却，其目的主要防止面包变形与霉变。刚出炉的面包温度很高，其中心温度约98℃，皮硬瓤软，没有弹性。如果立即进行包装，面包容易破碎或变形。此外由于温度高，易在包装内形成水滴，使皮和瓤吸水变软，同时给霉菌繁殖创造条件。所以面包出炉后必须经过冷却，才能包装。冷却方法有自然冷却法和吹风冷却法。面包的包装十分必要，主要作用有以下几点。

1. 面包包装后不直接与空气接触，可以保持产品的卫生，防止细菌和杂质污染。

2. 面包包装后要延缓老化，因为不包装的面包暴露在空气中，水分损失会越来越多，引起面包重量和体积下降，干硬掉屑，品质变劣。

3. 面包包装后可保持面包的风味，因为面包老化后会失去松软适口的特点，口味变劣。

4. 面包包装后可防止运输途中的破损变形。

5. 面包包装的图案可增加产品的宣传效果，增强销售力。有了包装才可能将食品标准印刷标明，使消费者对产品增加信任感。

面包的包装材料，包括纸制品包装和塑料制品包装。塑料制品包装，这是目前使用最多的种类，具有使用方便、透明度强的优点，一般都制成塑料袋。不论哪一种，都要选择无毒、无异味，允许与食品接触的包装材料。

二、设备及材料

1. 设备　烤箱、醒发箱、搅拌机、电子秤、面粉筛、擀面杖等。

2. 材料　高筋粉、水、牛奶、酵母、盐、糖、油脂及鸡蛋、改良剂、果干、果仁等。

三、工作过程

1. 工艺流程　原辅材料预处理→第一次调粉→基础发酵→第二次调粉→醒发→成型→最后醒发→烘烤→成品冷却及包装。

2. 原料辅料　高筋粉10 kg，酵母200 g，水6 kg，食盐200 g，白糖500 g，油脂400 g，改良剂10 g。配方见表2-1。

表2-1　主食面包标准配方

第一次调粉	百分比	第二次调粉	百分比
高筋粉	70%	高筋粉	30%
酵母	2%	砂糖	5%
面团改良剂	0.1%	食盐	2%
水	40%	油脂	4%
		水	20%

3. 加工工艺

（1）原辅材料预处理　按实际用量称量各原辅料，并进行一定处理。面粉需用80目面粉筛过筛，糖、盐必须去除团块，固体油脂需在电炉上熔化。

（2）第一次调粉　7 kg高筋粉、200 g酵母、10 g改良剂和4 kg水全部加入搅拌机中，进行第一次面团调制。先低速搅拌约4分钟，再高速搅拌约2分钟，调至面团成熟，面团温度控制在24 ℃。

（3）基础发酵　调好的面团以圆团状放入面盆内，在恒温恒湿发酵箱内进行第一次发酵，发酵条件为温度27 ℃左右，相对湿度70%～75%，发酵时间2～4小时，发酵至原来体积的4～5倍。

（4）第二次调粉　将除油脂以外的所有原料同发酵结束的面团一起放入搅拌机中，进行第二次面团调制。先低速搅拌3分钟，再高速搅拌约6分钟，成团后将油脂加入，再低速搅拌3分钟，高速搅拌6分钟，调至面团成熟。

（5）醒发　将和好的面团取出后，在室温下醒发约20分钟。

（6）成型　①分割与称量的要求。将面团分割称量为100克/块，将面团分割成小块时，面团发酵仍然在进行中，因此要求面团的分割时间越短越好，最理想是15～25分钟以内完成，时间太长会导致发酵过度而影响面包成品的品质。由于面包胚在烘烤后将有10%～12%的重量损耗，故在称量时要把这一重要损耗计算在内。称量是关系到面包成品大小是否一致的关键，称重时要避免超重和不足。②搓圆的要求。搓圆是将分割后的不规则小块面团搓成圆球状。经过搓圆之后，使面团内部组织结实、表面光滑，再经过15～20分钟静置，面胚轻微发酵，使分块切割时损失的CO_2得到补充。搓圆分为手工操作与机械操作。③中间醒发要求。面团在切块和搓圆过程中内部及表面会产生机械损伤。搓圆后的面块还会使内部呈紧张状态，可称为加工硬化现象。要使面团结构松弛一下，减少因机械加工而产生的硬化状态，并且使受损伤的面块通过醒发得到复苏，烘焙制品中的大部分产品，在机械加工以后都需要一个松弛的过程。醒发通常是在28～29 ℃温度和相对湿度70%～75%的条件下，醒发10～20分钟。④造型的要求。常见的面包有圆形的、方形的、长方形的、蛋形的、多边形的、三角形的、腰圆形的等。主食面包以手工圆形和模具方型居多。通常表面辅以装饰，面包装饰用的原辅料主要有蛋液、白砂糖、果仁、水果蜜饯及椰丝等。

（7）最后醒发　将装好面团的烤盘放在架上或托盘上送入最终发酵室。发酵室的温度保持在30～50 ℃（通常是38 ℃）、湿度为80%～90%（通常是85%）。最终发酵时间由于酵母用量、发酵温度、面团成熟度、面团软硬、成型时排气程度等不同，通常在30～60分钟发酵完成。

（8）烘烤　将醒发好的面团放入烤箱中，烘烤初期，烤箱的上火温度200 ℃，下火温度180 ℃，时间为20～25分钟。

（9）成品冷却及包装　一般要使面包瓤心冷却到35 ℃而面包表层温度达到室温时为宜。夏季室温35～40 ℃需排风，春、秋、冬季室温30 ℃，可自然冷却。面包的包装形式一般以小包装为主。所谓小包装，是指直接与产品接触的包装（也叫内包装、销售包装），它起直接保护商品的作用。面包使用的包装有纸形包装和塑料袋包装两种。

4. 产品质量标准　系引用中华人民共和国国家标《食品安全国家标准　糕点、面包》（GB 7099—2015）（表2－2、表2－3）。

（1）面包感官指标见表2－2。

表2－2　面包感官要求

项目	要求	检验方法
色泽	具有产品应有的正常色泽	将样品置于白瓷盘中，在自然光下观察色泽和状态，检查有无异物。闻其气味，用温开水漱口后，品其滋味
滋味、气味	具有产品应有的滋味和气味，无异味	
状态	无霉变、无生虫及其他正常视力可见的外来异物	

（2）面包理化指标见表2－3。

表2－3　面包理化指标

项目	指标
酸价（以脂肪计）（KOH）（mg/g）≤	5
过氧化值（以脂肪计）（g/100 g）≤	0.25

注：酸价和过氧化值仅适用于配料中添加油脂的产品。

考核要点

1. 面包制品原辅材料组成及特性。
2. 面包制品加工工作要点。
3. 主食面包工艺流程。

扫码“学一学”

第二节　饼干加工技术

根据《食品安全国家标准　饼干》（GB 7100—2015）将饼干定义为：以谷类粉（和/或豆类、薯类粉）等为主要原料，添加或不添加糖、油脂及其他原料，经调粉（或调浆）、成型、烘烤（或煎烤）等工艺制成的食品，以及熟制前或熟制后在产品之间（表面或内部）添加奶油、蛋白、可可、巧克力等的食品。饼干的配方与面包相比，其生产所用的原辅料与面包相似，所不同的是饼干使用的面粉为低筋粉，而且饼干生产中需用较多的香精、香料、色素、抗氧化剂、化学疏松剂等。

饼干的花色品种很多，要将饼干准确分类是比较困难的。目前多用按原料配比来分类，具体见表2－4。

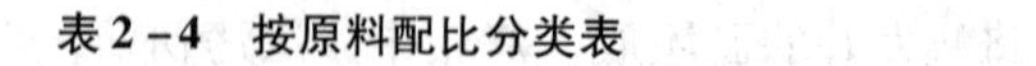

表2－4　按原料配比分类表

种类	油糖比	油糖与面粉比	品种
粗饼干类	0∶10	1∶5	硬饼干、发酵硬饼干
韧性饼干类	1∶2.5	1∶2.5	低档甜饼干，如：动物、什锦饼干等
酥性饼干类	1∶2	1∶2	一般甜饼干，如：椰子、橘子饼干等
甜酥性饼干类	1∶1.35	1∶1.35	高档酥饼类甜饼干，如：桃酥等
发酵饼干类	10∶0	1∶5	中、高档苏打饼干

一、工作要点

（一）原辅材料处理

制作饼干的主要原辅料有面粉、油脂、水、甜味剂、膨松剂、淀粉、香料和色素等。

1. 面粉　面粉是饼干生产第一大配料，如何根据各类饼干的特性，正确合理地选用小麦粉，这是关系到制作饼干成败的关键之一。由于饼干生产的特性，对面粉湿面筋数量与质量的要求很高，应根据饼干的种类而定。例如，韧性饼干宜选用面筋弹性中等、延伸性好、面筋含量较低的面粉，湿面筋含量在21%～26%为宜。酥性饼干应尽量选用延伸性大、面筋含量较低的面粉，湿面筋含量在21%～26%为宜。苏打饼干要求面粉的湿面筋含量高或中等、面筋弹性强或适中，一般湿面筋含量在28%～35%为宜。

2. 水　水是参与组成面团不可缺少的物质，无足够水分则不能充分形成面筋，更不能组成具有特定工艺特性的面团。制作饼干时加水应一次加足，以便调制出具有良好工艺特性的面团。

3. 甜味剂　生产中最常用的甜味剂为砂糖和糖浆（或饴糖），砂糖一般都将磨碎成糖粉或溶化为糖浆使用。甜味剂不仅给予制品以甜味，而且能调节面团面筋的胀润度及产生焦糖，起上色剂作用。

4. 油脂　饼干用油脂具有较好的稳定性及风味。此外，不同的饼干对油脂还有不同的要求。

（1）韧性饼干用油脂　韧性饼干用油脂为6%～8%，但因油脂对饼干口味影响很大，因此多选用品质纯净的棕榈油。

（2）酥性饼干用油脂　酥性饼干用油脂为14%～30%，应选用风味好的优质黄油。

（3）苏打饼干用油脂　苏打饼干的酥松度和层次结构，是衡量成品质量的重要指标，因此要求使用起酥性与稳定性兼优的油脂，使用量为面粉的12%左右。

5. 食盐与调味料　食盐既是调味料，又是面团强筋剂，一般添加量为1.5%左右。香精与香料一般情况下，不会影响面团的特性，仅增加饼干的风味。

6. 疏松剂

（1）酵母　在饼干生产中的作用：①使面团膨大，这是酵母的重要作用之一。②改善面筋。在发酵过程中，淀粉、蛋白质发生复杂的生物、化学变化，产生乙醇、酯类和有机酸等物质，能增加面筋的伸展性和弹力。③增加饼干的风味。发酵过程中一系列的产物，如乙醇、有机酸、醛类、酮、酯类等都会给饼干增添特别的风味。④提高产品的营养价值。酵母的蛋白质含量很高，且含有多种维生素，尤其是B族维生素。

（2）复合疏松剂　复合疏松剂一般由三个部分组成：①碳酸盐。用量占20%～40%，作用是产生气体。②酸性盐或有机酸。用量占35%～50%，作用是与碳酸盐反应、控制反应速度、调整食品酸碱度，并起膨松剂的作用。③助剂。有淀粉、脂肪酸等，作用是改善膨松剂的保存性，防止其吸潮失效，调节气体产生速率或使气泡均匀产生，助剂含量一般为10%～40%。

7. 淀粉　淀粉主要起稳定剂和填充剂的作用。它能够调节面粉的面筋度，增加面团的可塑性，降低弹性，防止饼干收缩变形。淀粉对饼干成品的外观形态、口感、起发度、结构层次、色泽及破碎率影响很大，一般使用量为面粉的4% ~10%。

（二）面团调制

1. 韧性面团的调制

（1）韧性面团的调制要求　韧性面团调制完成后温度比酥性面团高，面团温度一般为38 ~40 ℃，故称为“热粉”。

（2）影响韧性面团调制工艺的有关因素　①配料次序。先加面、水、糖，然后再加油脂。②糖、油用量。糖量不超过面粉重的30%，油脂不超过20%。③控制面团的温度。36 ~40 ℃，温度过高，化学疏松剂易分解挥发。④面粉面筋的选择，湿面筋含量在30%以下。⑤添加面团改良剂，亚硫酸氢钠、焦亚硫酸钠。⑥面团的静置。和面使内部产生一定的张力，需静置15 ~20 分钟。

（3）调粉的终点标志　面团调制好后，面筋的网状结构被破坏，面筋中的部分水分向外渗出，面团变柔软、弹性显著减弱，这是调粉完毕的标志。

2. 酥性面团的调制

（1）酥性面团要求　面团的调制温度控制在30 ℃以下，俗称“冷粉”。调粉必须遵循有限胀润的原则，适当控制面筋性蛋白质的吸水率，使面团获得有限的弹性。

（2）影响酥性面团调制工艺的有关因素　①配料次序。应先将油、糖、水等辅料在调粉机中预混均匀，然后再投入面粉、淀粉、奶粉等原料。②糖、油脂用量。糖油都具有反水化作用，是控制面筋胀润的主要物质。糖油可达面粉重的32 ~50%及40 ~50%。③加水量。加水量不能过多，调粉过程中不能随便加水，更不能一边搅拌一边加水，控制在3 ~5%。④调粉温度。应控制在20 ~26 ℃。⑤调粉时间和静置时间。调粉时间一般为5 ~10 分钟，是否需要静置视面团各种性能而定。⑥加淀粉和头子量。头子含较多的湿面筋，加入量必须控制在面团量的1/8 ~1/10。淀粉的添加只能使用面粉量的5 ~8%，过多会影响饼干的胀发力和成品率。

（3）调粉的终点标志　酥性面团调制的终点，与糖、油、水的用量有关。一般情况下，以面团搅拌均匀后，看起来酥松、抓起来能捏成团、渗出油即为调粉的终点标志。

3. 苏打饼干面团的调制　利用酵母的发酵作用和油酥的起酥效果，使成品质地酥松，断面有清晰的层次结构。较多的油脂一部分在和面时加入，另一部分则与少量面粉、食盐拌成油酥，在辊轧面团时加入面片中。将配方中用盐量的30%加入面粉中调制面团，其余70%加入油酥中。选用低筋面粉，用二次发酵法。第一次发酵面粉用量40% ~50%，酵母0.5 ~0.7%，加水量40% ~45%，调粉4 分钟，面团温度冬季28 ~32 ℃，夏季25 ~28 ℃。第二次发酵，调粉5 分钟，温度较第一次稍高。

（三）成型

经辊轧工序轧成的面片，经各种型号的成型机制成各种形状的饼干胚，如动物形、花纹形、字母形等各种花纹图案。

1. 辊印成型　加料斗底部是一对直径相同的辊筒，左为料槽辊，右为花纹辊，两辊相对转动，完成喂料阶段。紧贴住花纹辊的刮刀刮去多余部分，即形成饼胚的底面。橡皮脱模辊与其相对滚动，当花纹辊中的饼胚底面贴住橡胶辊上的帆布时，就会在重力和帆布黏力的作用下，使饼胚脱模，再由帆布输送带送到烤炉网带或钢带上进入烘烤。这种设备结

构简单，占地面积小，没有头子，是近年来普遍推广的机种。但是这种机器生产的品种却有较多的限制，它只适宜于产油脂量多的酥性饼干。

2. 辊切成型　人们根据辊印成型机的原理将冲印成型机作了改进，设计出了目前国际上较流行的新式设备辊切成型机，主要用于生产韧性饼干。这种机械不仅有占地小、效率高，具有制片灵活、可作厚薄调节、噪声小等优点，而且对面团的适应性较强，不仅适宜于韧性、苏打饼干，也适应酥性、甜酥性饼干，同时适合生产各类高、中档，咸、甜、厚、薄饼干。

3. 其他成型

（1）摆动式冲印成型机　冲印成形就是先将面团经过多次辊轧，形成面带，然后进行冲印。冲印后必须将饼胚与头子分离，这也是完成冲印的最后一道工序。这道工序常称为分拣。韧性饼干和苏打饼干面团因具有一定的弹性，头子的分离工作并不困难；酥性饼干面团头子分离时，由于面皮弹性小，结合力差，机械运转不协调时，头子容易断裂，会给分拣工作带来困难。

（2）钢丝切割成型机　利用挤压机构将面团从型孔挤出，型孔有花瓣形和圆形多种，每挤出一定厚度，用钢丝切割成饼胚。挤出时还可以将不同颜色的面团同时挤出，而形成花色外观。

（3）挤条成型机　机械与钢丝切割机相同，所不同的只是挤出型孔的形状不同，而且挤出后不是立即用钢丝切下而是挤成条状后，再用切割机切成一定长度的饼胚，钢丝切割成型的型孔的基本型是圆的，而挤条成型的型孔断面是扁平的。

（4）挤浆成型机　利用液体泵将糊状面团间断挤出，挤出孔一般垂直向下，挤出时做S形的运动，能得到不同外形的纽结状饼干。

（四）烘烤

1. 烘烤的目的　①产生二氧化碳气体和水蒸气的压力使饼干具有膨松的结构。②使淀粉糊化，即使淀粉胀润、糊化变为易于消化的形态，也就是烘熟。③得到好的色、香、味。④使面团中的酵母及各种酶失去活性，以保持饼干的品质不易变化。⑤蒸发水分，使饼干具有稳定形态和松脆的产品。

2. 烤炉

（1）烤炉分区　饼干烘烤炉是饼干生产线的重要组成部分，饼干烤炉有热风循环烘炉、远红外线烘炉、导热油炉等。一般的烤炉可分四个温区：①升温膨胀区；②蒸发定型区；③脱水区；④上色区。出炉后还有冷却区。

（2）烤炉温度　烘烤炉的温度和饼干胚烘烤的时间，随着饼干品种与块形大小的不同而异。一般饼干的烘烤炉温保持在230～270℃。酥性饼干和韧性饼干炉温为240～260℃，烘烤3.5～5分钟，成品含水率为2%～4%。苏打饼干炉温为260～270℃，烘烤时间4～5分钟，成品含水率2.5%～5.5%。粗饼干，炉温为200～210℃，烘烤7～10分钟，成品含水率为2%～5%。如果烘烤炉的温度较高，可以适当缩短烘烤时间。炉温过高或过低，都会影响成品质量，过高时容易烤焦，过低会使成品不熟，色泽发白。

（五）饼干的冷却与包装

1. 饼干冷却　烘烤出炉的饼干，其表面层温度约180℃，中心温度约110℃，含水量

8%～10%，质地非常柔软，容易变形，而且温度散发迟缓。如果此时进行包装，就会影响饼干内部的热量散发和水分蒸发，会缩短饼干的保质期并且饼干易产生裂缝。冷却最适宜的温度是30～40 ℃，室内相对湿度70%～80%。

2. 饼干包装及储藏 冷却后的饼干应及时包装。大的饼干生产线都采用自动化包装。包装材料有马口铁、纸板、聚乙烯塑料袋、蜡纸等，目前饼干大多采用印制精美的纸盒包装。饼干适宜的储藏条件是低温、干燥、空气流通、空气清洁、避免日照的场所。库温应在20 ℃左右，相对湿度不超过70%～75%为宜。

二、设备及材料

1. 设备 烤炉、和面机、电子秤、打蛋机（搅拌机）、案板，油刷，刮刀，不锈钢盘，面粉筛、饼干印模、烤盘、调粉机等。

2. 材料 面粉、白砂糖、水、牛奶、鸡蛋、奶粉、油脂、果干果仁、花生、芝麻、碳酸氢铵（臭粉）、泡打粉等。

三、工作过程

（一）韧性饼干加工工作过程

1. 工艺流程 原辅材料预处理→面团调制→静置→辊轧→辊切成型→烘烤→成品冷却及包装。

2. 原料辅料 饼干粉5 kg，淀粉500 g，水1.4 kg，油脂400 g，糖粉500 g，糖浆150 g，盐35 g，碳酸氢铵40 g，焦亚硫酸钠适量。韧性饼干原辅材料见表2－5。

表2－5 韧性饼干原辅材料表

原料	饼干粉	淀粉	水	油脂	糖粉	糖浆	盐	碳酸氢铵	焦亚硫酸钠
比例（%）	100	10	28	8	10	3	0.7	0.8	适量

3. 加工工艺

（1）原辅材料预处理 选料注意选择优质、无杂、无虫、不结块的原料。辅料应符合食用级标准，防止失效和假冒伪劣产品。面粉在用前最好过筛，剔除线头、麸皮及其他异物。

（2）面团调制 将各种原辅材料按照配方和操作要求配合好，然后放在和面机中搅打成合适软硬度的面团。该种面团是在面筋蛋白质充分吸水胀润的条件下进行调制的，油和糖的用量一般较少，形成的面筋量较大，烘烤时易于收缩变形。为了防止这种情况，将油脂和水加热到一定温度，来提高面团的温度，促使面团充分胀润，同时采取多桨式调粉机长时间搅打，使已经形成的面筋在机桨的不断撕裂下逐渐超越其弹性限度而使其弹性降低。

面团的调制先将水和糖一起煮沸，使糖充分溶化，稍冷却，再将油、盐、蛋等混入，搅拌均匀，加入膨松剂、抗氧化剂，最后加入预先混合均匀的小麦粉、淀粉、奶粉，调制成具有一定韧性的面团。

（3）静置 调粉成熟后的面团，应放置10～20分钟后，才适宜辊轧成型。这样可以消除由于长时间搅打和拉伸而产生的内部张力，降低其弹性，恢复其松弛状态，防止成品变

形而影响质量。

（4）辊轧　面团辊轧面团需要经过三次辊轧方可达到所要求的面带厚度。压延的比例要合适，喂料要均匀，将面团压成2 mm左右厚度的面片，薄厚应一致。

（5）辊切成型　辊切成型兼有辊印成型和冲印成型的优点。模辊的选型要合适，辊轮松紧要适当，面带薄厚要均匀一致，模具内部要保持清洁、图案要新颖、花纹应清晰。

（6）烘烤　隧道式和网带式的电烤炉较为常用，便于操作和控制。炉温要根据饼干的品种和在炉膛的位置分段控制，网带的速度随烤炉的长度和温度的变化灵活调节。烘烤采用先低温后高温，较低温度较长时间的烘烤方法。炉温为180～220 ℃，烘烤时间为8～10分钟。

（7）成品冷却及包装　冷却至40 ℃以下，若室温25 ℃，自然冷却5分钟左右即可。冷却至适宜温度，应立即进行包装。

4. 产品质量标准　韧性饼干质量标准系引用中华人民共和国国家标准《饼干》（GB/T 20980—2007）（表2－6、表2－7）。

（1）韧性饼干感官指标见表2－6。

表2－6　韧性饼干感官指标

项目	要求
形态	外形完整，花纹清晰或无花纹，一般有针孔，厚薄基本均匀，不收缩、不变形、无裂痕，可以有均匀泡点，不应有较大或较多的凹底
色泽	呈棕黄色、金黄色或品种应有的色泽，色泽基本均匀，表面有光泽，无白粉，不应有过焦、过白的现象
滋味与口感	具有品种应有香味，无异味，口感松脆细腻，不黏牙
组织	断面结构有层次或呈多空状

（2）韧性饼干理化指标见表2－7。

表2－7　韧性饼干理化指标

项目	指标
水分（%）	≤4.0
碱度（以碳酸钠计）（%）	≤0.4

（二）酥性饼干加工工作过程

1. 工艺流程　原辅材料预处理→面团调制→辊印成型→烘烤→成品冷却及包装。

2. 原料辅料　饼干粉5 kg，淀粉200 g，奶粉200 g，油脂1.4 kg，砂糖1.5 kg，淀粉糖浆300 g，盐25 g，小苏打、焦亚硫酸钠、香精、抗氧化剂等适量。酥性饼干原辅材料见表2－8。

表2－8　酥性饼干原辅材料表

原料	饼干粉	淀粉	奶粉	油脂	糖粉	淀粉糖浆	盐	焦亚硫酸钠
比例（%）	100	4	4	28	30	6	0.5	适量

3. 加工工艺

（1）原辅材料预处理　面粉用前要过筛，捏碎面团并剔除线头、麸皮等杂质。砂糖要

先化开，奶粉应先溶解，小苏打等应先溶化。

（2）面团调制　在调粉前先将糖、油、水等各种原辅料充分搅拌均匀，然后再投入面粉调制成面团。调粉时间掌握在 10～15 分钟之间，见粉团光滑、手触不黏即可。调好的面团温度以 25～30 ℃为宜，面团温度过低会造成黏性增大，结合能力较差而影响操作；温度过高则会增强面筋的弹性，造成饼胚收缩变形等。当面团黏度过大，胀润度不足影响操作时，可静置 10～15 分钟。调好的面团应干散，手握成团，具有良好的可塑性，无弹性、韧性和延伸性。

（3）辊印成型　将搅好的面团放置 3～5 分钟后，放入饼干成型机喂料斗。调好烘盘位置，调好帆布松紧度。用辊印成型机辊印成一定形状的饼胚，或者用手工成型。

（4）烘烤　将烤盘直接放入预热到 220～240 ℃的烤箱，使饼胚一入炉就迫使其凝固定型。烘烤 5～8 分钟，饼干表面呈微红色为止。

（5）成品冷却及包装　将成品端出烤盘，震动后倒出饼干。摊匀，防止饼干弯曲变形。冷却至 40 ℃以下，若室温为 25 ℃，可自然冷却 5 分钟左右即可。待饼干冷却到 38～40 ℃的温度后，方可包装。温度高时，饼干易出油，油脂易氧化哈败，保藏期会缩短。包装材料应符合食品标准。

4. 产品质量标准　酥性饼干质量标准系引用中华人民共和国国家标准《饼干》（GB/T 20980—2007）（表 2－9、表 2－10）。

（1）酥性饼干感官指标　见表 2－9。

表 2－9　酥性饼干感官指标

项目	要求
形态	外形完整，花纹清晰，厚薄基本均匀，不收缩，不变形，无裂痕，不应有较大或较多的凹底
色泽	呈棕黄色、金黄色或品种应有的色泽，色泽基本均匀，表面有光泽，无白粉，不应有过焦、过白的现象
滋味与口感	具有品种应有香味，无异味，口感松脆细腻，不黏牙
组织	断面结构呈多空状，细密，无大孔洞

（2）酥性饼干理化指标　见表 2－10。

表 2－10　酥性饼干理化指标

项目	指标
水分（%）	≤4.0
碱度（以碳酸钠计）（%）	≤0.4

（三）苏打饼干加工工作过程

1. 工艺流程　原辅材料预处理→第一次调粉→第一次发酵→第二次调粉→第二次发酵→夹油酥→成型→烘烤→冷却包装。

2. 原料辅料　饼干粉 5 kg，奶粉 200 g，酵母 50 g，油脂 500 g，水 1 kg，淀粉糖浆 100 g，盐 25 g，碳酸氢钠 25 g。苏打饼干原辅材料见表 2－11。

表2-11　苏打饼干原辅材料表

	饼干粉	奶粉	酵母	油脂	水	淀粉糖浆	盐	碳酸氢钠
比例（%）	100	4	1	10	20	2	0.5	0.5

3. 加工工艺

（1）原辅材料预处理　将酵母加水制成悬浊液活化，油酥按配方加料用搅拌机搅拌和备用。

（2）第一次调粉　调制成发酵面团，具体为1/3面粉、1/2水、奶粉、淀粉糖浆和小苏打搅拌均匀，加温水，慢速搅拌2分钟，中速搅拌3分钟，制作成弹性适中的面团。

（3）第一次发酵　将和好的面团放入30℃、湿度为80%的醒发箱中发酵5小时。

（4）第二次调粉　调制成水面团，具体为1/3面粉、1/2水和盐搅拌均匀，加发酵面团，慢速搅拌3分钟，中速搅拌3分钟。

（5）第二次发酵　发酵温度控制在30℃、相对湿度为80%，发酵4小时。

（6）夹油酥　油酥制作用1/3面粉、全部油脂，搅拌均匀即可。面团放入压片机或手工擀成面片，左右三层叠合并加入油酥压成面片。

（7）成型　放入辊切式成型机中压片成型，或用手工成型模具印模成型。

（8）烘烤　在预热到230℃烤箱中，烘烤3～4分钟，到饼干表面微红为止。

（9）成品冷却及包装　出炉后冷却至室温，密封包装。

4. 产品质量标准　苏打饼干质量标准系引用中华人民共和国国家标准《饼干》（GB/T 20980—2007）（表2-12、表2-13）。

（1）苏打饼干感官指标见表2-12。

表2-12　苏打饼干感官指标

项目	要求
形态	外形完整，厚薄大致均匀，表面有较均匀的泡点，无裂缝，不收缩，不变形，不应有凹底
色泽	呈浅黄色、谷黄色或品种应有的色泽，饼边及泡点允许褐黄色，色泽基本均匀，表面有光泽，无白粉，不应有过焦的现象
滋味与口感	咸味或甜味适中，具有发酵制品应有香味及品种特有的香味，无异味，口感酥松或松脆，不黏牙
组织	断面结构层次分明或呈多空状

（2）苏打饼干理化指标见表2-13。

表2-13　苏打饼干理化指标

项目	指标
水分（%）	≤5.0
碱度（以乳酸计）（%）	≤0.4

考核要点

1. 饼干烘烤的目的。
2. 面团调制。
3. 饼干加工工作要点。

扫码“学一学”

第三节　蛋糕加工技术

蛋糕是以鸡蛋、面粉、白砂糖为主要原料，经打蛋、注模、烘烤而成的组织松软的制品。具有营养丰富、种类繁多、造型美观、口感良好、四季应时、老幼皆宜等优点，深受消费者欢迎，在市场上的销售量很大。

蛋糕一般可以分为乳沫类蛋糕（清蛋糕）、面糊类蛋糕（油蛋糕）、戚风蛋糕三大类。这三大类型是各类蛋糕制作及品种变化的基础，由此演变而来的还有各种水果蛋糕、果仁蛋糕、巧克力蛋糕、裱花蛋糕和花色小蛋糕等。

一、工作要点

（一）原料的要求及准备

原料准备阶段主要包括原料清理、计量，如鸡蛋清洗、去壳、面粉和淀粉的过筛。面粉和淀粉一定要过筛（60 目以上），否则，可能有块状粉团进入蛋糊中，而使面粉或淀粉分散不均匀，导致成品蛋糕中有硬心。

（二）搅打

搅打操作是蛋糕加工过程中最为重要的一个环节，其主要目的是通过鸡蛋和糖或油脂和糖的强烈搅打而将空气卷入其中，鸡蛋形成泡沫，油脂由于搅打充气而蓬松，为鸡蛋多孔状结构奠定基础。

1. 清蛋糕蛋液的搅打

（1）原料选择　面粉应用低筋面粉；鸡蛋要新鲜，因为鲜鸡蛋的蛋白黏度比较高，形成的泡沫稳定性好；其他配料如赋香剂、色素需要在搅打时加入，以便混合均匀。

（2）蛋糊的搅打程度　蛋糊打得好坏将直接影响成品蛋糕的质量，特别是蛋糕的体积质量。蛋糊打得不充分，则烘烤后的蛋糕胀发不够，蛋糕的体积变小，蛋糕松软度差；蛋糊打过头，则因蛋糊的持泡能力下降，蛋糊下榻，烘烤后的蛋糕虽能胀发，但因其持泡能力下降而出现表面“凹陷”现象。打好的鸡蛋糊成稳定的泡沫状且乳白色，体积为原来的 2. 5 倍左右。

（3）打蛋的温度控制　蛋糊的起泡性与持泡性，还与打蛋时的温度有关。打蛋时新鲜蛋清的温度应控制在 17 ~ 22 ℃。温度过高，蛋清的胶黏性减弱，起泡性增强，易于起泡胀发，但持泡能力下降；温度过低，蛋清稠度大，不易拌入空气，打发时间较长。因此，冬季打蛋时应采取保暖措施，如用热水，保持蛋液温度 20 ℃左右，以达到良好的搅打效果，以保证蛋糊质量。

（4）油脂能影响蛋白的搅打　油脂破坏蛋清的起泡性，使蛋清液起泡量减少和气泡易消失。当容器周围残留有油脂时，起泡性变差。因此，打蛋时容器一定要清洁。

（5）打蛋时间要控制好　搅打时间过长会使蛋液中混入的空气过多，蛋白薄膜易破裂，造成蛋液质量降低；搅打时间过短，混入空气不够，制品不易起发。

2. 油蛋糕油脂的搅打

（1）原料选择　面粉应选低、中筋面粉；鸡蛋要新鲜；油脂要选用可塑性、融合性好的油脂，以提高空气的拌和能力。

（2）油脂搅打的程度　将油脂（奶油、人造奶油等）稍微变软后放入搅拌机内搅打，搅打至呈淡黄色、蓬松而细腻的膏状即可。

（三）拌粉

拌粉是将过筛后的面粉与淀粉的混合物加入蛋糊中搅匀的过程。对清蛋糕来说，若蛋糊经强烈的冲击或搅动，泡就会被破坏，不利于烘烤时蛋糕胀发。因此，加粉时要慢慢将面粉倒入蛋糊中，同时轻轻翻动蛋糊，以最轻、最少翻动次数，拌至见不到干粉为止。对油蛋糕来说，则可将过筛后的面粉、淀粉和疏松剂慢慢加入打好的人造奶油与糖的混合物中，用打蛋机的慢档或人工搅动来拌匀面粉。

（四）注模

蛋糕成型一般都要借助于模具，选用模具时要根据制品特点与需要灵活掌握。一般常用模具的材料为不锈钢、马口铁、金属铝，其形状有圆形、长方形、桃心形、花边形等，还有高边和低边之分。注模操作应该在 15 ~ 20 分钟完成，以防蛋糕糊中的面粉下沉，使产品质地变硬。注模时还应掌握好注模量，一般以填充模具的 7 ~ 8 成为宜，不能过满，以防烘烤后体积膨胀溢出模外，既影响了制品外形美观，又造成了蛋糕糊的浪费；反之，如果注模量过少，制品在烘烤过程中，会由于水分挥发相对过多，而使蛋糕制品的松软度下降。

（五）熟制

1. 烘烤　烘烤是完成蛋糕制作的最后加工步骤，是决定产品质量的重要一环，烘烤不仅是熟化的过程，而且对成品的色泽、体积、内部组织、口感和风味也有重要的作用。

蛋糕烘烤的工艺条件主要是烘烤温度和烘烤时间，工艺条件同原料种类、制品大小和厚薄有关。蛋糕烘烤的炉温一般在 200 ℃左右。油蛋糕的烘烤温度为 160 ~ 180 ℃，清蛋糕的烘烤温度为 180 ~ 220 ℃，烘烤时间 10 ~ 15 分钟。在相同烘烤条件下，油蛋糕比清蛋糕的温度低，时间长一些。长方形大蛋糕胚的烘烤温度要低于小圆蛋糕盒花边型蛋糕，时间要稍长些。蛋糕在烘烤过程中一般会经历胀发、定型、上色和熟化 4 个阶段。

（1）胀发　制品内部的气体受热膨胀，体积迅速增大。

（2）定型　蛋糕糊中的蛋白质凝固，制品结构定型。

（3）上色　当水分蒸发到一定程度后再加上蛋糕表面温度的上升，其表面形成了美拉德反应和焦糖化反应，使蛋糕表皮色泽逐渐加深而产生金黄色，同时也产生了特殊的蛋糕香味。

（4）熟化　随着热的进一步渗透，蛋糕内部温度继续升高，原料中的淀粉熟化而使制品熟化，制品内部组织烤至最佳程度，既不粘手，也不发干，且表面色泽和硬度适当。

面糊装模后入炉前，应依产品性质及所需条件的不同，事先将烤箱调整为适当的温度、时间等，再入炉烘烤。在烘烤的过程中，即烘烤所需时间的 2/3 时，将烤盘掉头，以使整个产品都能均匀受热，而烤出最佳的产品品质与色泽。烘烤过程中如下火温度太高，产品尚未达其熟度时，可降低烤温或将原烤盘的下方再垫一个烤盘，预防产品底部上色太早；同理，若上火温度太高使表面上色太早时，则可视情况盖上牛皮纸，以降低产品直接受热

的温度。

蛋糕烤熟程度可以根据蛋糕表面颜色深浅或蛋糕中心的蛋糊是否粘手为标准。成熟的蛋糕表面一般为均匀的金黄色。若有像蛋糊一样的乳白色，说明并未熟透；蛋糕中的蛋糊仍粘手，说明未烤熟；不粘手，烘烤即可停止。蛋糕烘烤时不宜多次拉出炉门做烘烤状况的判断，以免面糊受热胀冷缩的影响而使面糊下陷。常用的判断方法如下。

（1）眼试法　烘烤过程中待面糊中央已微微收缩下陷，有经验者可以收缩比率判断。

（2）触摸法　当眼试法无法正确判断时，可借助手指检验触及蛋糕顶部，如有沙沙声及硬挺感，此时应可出炉。

（3）探针法　初学者最佳判断法，此法是取以竹签直接刺入蛋糕中心部位，当竹签拔出时，竹签无生面糊黏住时即可出炉。

2. 蒸制　蒸蛋糕时，先将水烧开后再放上蒸笼，大火加热蒸 2 分钟后，在蛋糕表面结皮之前，用手轻拍蒸笼边或稍振动蒸笼以破坏蛋糕表面气泡，避免表面形成麻点；待表面结皮后，火力稍降，并在锅内加少量冷水，再蒸几分钟使糕坯定型后加大炉火，直至蛋糕蒸熟。出炉后，撕下白细布，表面涂上麻油以防黏皮。冷却后可直接切块销售，也可分块包装出售。

（六）冷却、脱模、包装

蛋糕出炉后，应趁热从烤盘（模）中取出，并在蛋糕面上刷一层食用油，使表面光滑细润，同时也起保护层的作用，可减少蛋糕内水分的蒸发。然后，平放在铺有一层布的案台上自然冷却，对于大圆蛋糕，应立即翻倒，底面向上冷却，可防止蛋糕顶面遇冷收缩变形。成功地将制品脱模，是烘烤制作的最后步骤，待脱模后再视其需要进行适当的装饰。在蛋糕的冷却过程中应尽量避免重压，以减少破损和变形。蛋糕冷却后，要迅速根据需要进行包装，以减少环境条件对蛋糕品质的影响。

二、设备及材料

1. 设备　搅拌机、烤箱、电子秤、烤盘、刮板等。

2. 材料　蛋糕粉、鸡蛋、油脂、白糖、香兰素、蛋糕油、塔塔粉、盐、玉米淀粉、植物奶油等。

三、工作过程

（一）乳沫类蛋糕（清蛋糕）的加工工作过程

1. 工艺流程　原料→蛋糊调制→装盘→烘烤→冷却、脱模→包装。

2. 原料辅料　低筋粉（蛋糕粉）300 g，砂糖 300 g，水 60 ~ 90 g，鸡蛋 600 g，色拉油 60 g，香兰素 3 g，蛋糕油 30 ~ 35 g。

3. 加工工艺

（1）蛋糊调制　清蛋糕蛋糊调制主要有 3 种方法：糖蛋搅拌法、分蛋搅拌法、乳化法。①糖蛋搅拌法。是将鸡蛋与糖搅打起泡后，再加入其他原料拌和的一种方法，是制作海绵蛋糕常用的传统方法。②分蛋搅拌法。是将蛋白和蛋黄分开，均加入一定量的糖，分别搅打，再混合在一起，然后加入过筛的面粉。此法特别适合于非常松软的海绵蛋糕的制作。

③乳化法。是指在制作海绵蛋糕时加入了乳化剂（蛋糕油）的方法。操作时，先使蛋糖打匀，再加入面粉量10%的蛋糕油，待蛋糖打发白时，加入过筛的面粉，用中速搅拌至乳白色，最后可加入30%的水和15%的植物奶油搅匀即可。

（2）装盘　调制好的蛋糊，需立即注模成型，一般要求15～20分钟完成，若不能立即装盘，在冰箱暂存。海绵蛋糕蛋糊比较稀薄，注入小型烤模后稍加振动，面糊表面即可变平整，注入大型烤模后，可用刮片轻轻刮平。蛋糊装盘高度以低于烤模1.5～2.0cm为宜，防止因蛋糊烘烤过程中膨发溢出烤模。为了防止烘烤后蛋糕黏住烤模，通常在装盘前，于模内先均匀地涂一层油脂或衬一张硫酸纸。

（3）烘烤　将注入蛋糊的烤盘放入已预热到190 ℃的烤箱中烘烤，烘烤时间为15分钟，烘烤至棕黄色即可。

（4）冷却　烘烤结束后立即取出，出炉后稍冷却，然后脱模，再继续冷却，包装。

4. 产品质量标准　质量标准系引用《糕点通则》（GB/T 20977—2007）。

（1）感官指标见表2－14。

表2－14　烘烤类糕点感官要求

项目	要求
形态	外形整齐，底部平整，无霉变，无变形，具有该品种应有的形态特征
色泽	表面色泽均匀，具有该品种应有的色泽特征
组织	无不规则大空洞。无糖粒，无粉块。带馅类饼皮厚薄均匀，皮馅比例适当，馅料分布均匀，馅料细腻，具有该品种应有的组织特征
滋味与口感	味纯正，无异味，具有该品种应有的风味和口感特征
杂质	无可见杂质

（2）理化指标见表2－15。

表2－15　烘烤类糕点理化指标

项目	烘烤糕点	
	蛋糕类	其他
干燥失重（%）	≤42.0	
蛋白质（%）	≥4.0	—
粗脂肪（%）	—	≤34.0
总糖（%）	≤42.0	≤40.0

（二）油蛋糕的加工

1. 工艺流程　原料→面糊调制→装盘→烘烤→冷却、脱模→包装。

2. 原料辅料　面粉1000 g，白糖1330 g，蛋浆1330 g，猪油330 g，瓜子仁33 g，青梅33 g，桂花33 g。

3. 加工工艺

（1）熔化猪油　按规定称量猪油于一容器中，然后将容器置于40 ℃左右温水中，使猪油稍微熔化，以备调糊所用。

（2）拌料　面粉过筛与白糖同入搅拌机中混合均匀，再加入蛋浆搅拌均匀，并使其成

为乳白色蛋糕糊。

（3）调糊　将蛋糕糊、桂花逐渐加入温油中，拌和成均匀的面糊。

（4）浇模　将梅花形或桃形蛋糕模具涂抹好油，然后摆入烤盘中，将面糊注入模具内，每模注料 45 g 或 90 g。

（5）烘烤　进炉温度超过 180 ℃左右，出炉温度约为 220 ℃。待成品表面棕红色，即可出炉。

4. 产品质量标准　质量标准系引用《糕点通则》（GB/T 20977—2007）。

（1）感官指标应符合表 2－14。

（2）理化指标应符合表 2－15。

（三）戚风蛋糕的加工

1. 工艺流程　原料→面糊调制→装盘→烘烤→冷却、脱模→包装。

2. 原料辅料　蛋黄部分：低筋粉 100 g，泡打粉 3 g，色拉油 50 g，蛋黄 75 g，香草香精 1 g，牛乳 60 g，细砂糖 30 g，盐 2 g；蛋白部分：蛋白 150 g，细砂糖 99 g，塔塔粉 1 g。

3. 加工工艺

（1）蛋黄糊调制　加入蛋黄，搅至细砂糖与盐溶化，再加入水，继续搅打，打至一定程度后，再依次加入已事先过筛混匀的面粉、泡打粉、香草香精混合物，快速搅打数分钟，直至用手挑起以后，面糊往下倾为止，最后再慢速搅拌 2 ~3 分钟。

（2）蛋白糊调制　加入蛋清快速搅打，直至搅拌至白沫状，把糖加入，打发后，蛋白糊挺拔得像公鸡尾巴状，可以停止搅拌，蛋白糊形成。

（3）两种蛋糊混匀　取 1/3 已打发的蛋白糊加入拌匀的蛋黄糊中搅匀；然后将其再倒入剩余的打发后的蛋白糊中，轻轻搅拌均匀即可。

（4）装模　把混匀的蛋糊装入事先铺好油纸的模具中，不要装得太满，装六成满即可。

（5）烘烤　一般温度为 170 ℃，时间在 30 分钟左右。

（6）冷却　先冷却，后脱模，再继续冷却。

4. 产品质量标准　质量标准系引用《糕点通则》（GB/T 20977—2007）。

（1）感官指标应符合表 2－14。

（2）理化指标应符合表 2－15。

考核要点

1. 蛋糕的膨松原理。
2. 清蛋糕加工工艺与操作要点。
3. 戚风蛋糕加工工艺与操作要点。

扫码“学一学”

第四节　月饼加工技术

月饼是使用面粉等谷物粉、油、糖或不加糖调制成饼皮，包裹各种馅料，经加工而成在中秋节食用为主的传统节日食品。月饼的分类方法很多，按加工工艺可以分为烘烤类、熟粉成型类等月饼；按地方风味特色可分为广式、京式、苏式和潮式等月饼；按馅料进行分类蓉沙类、果仁类、果蔬类、肉与肉制品类、水产制品类和蛋黄类等月饼；按配方和制作方法又可分为酥皮月饼、糖皮月饼和硬皮月饼等。

一、工作要点

（一）原料选择与处理

1. 饼皮的主要原料

（1）面粉　应选用符合国家标准的低筋面粉或月饼专用面粉。

（2）白砂糖或糖浆　在京式或苏式月饼中用的糖要选细糖。广式月饼是用糖浆，所以也称浆皮月饼，糖浆是用白糖加酸熬煮而成的。

（3）膨松剂类　在月饼生产中常用膨松剂有泡打粉和碱水。广式月饼用碱水，其他类月饼用泡打粉。

（4）油脂类　月饼生产用油脂主要是用花生油、起酥油或黄奶油等。

2. 制馅的主要原料

（1）果仁类　如核桃仁、瓜子仁、杏仁、芝麻、橄榄仁、腰果等，这类原料主要用于制作五仁、叉烧、什锦等硬馅类月饼和芝麻蓉、核桃蓉等蓉沙类月饼。

（2）糖及糖制品　如白糖、冬瓜条、橘饼、水晶肉等，这些原料主要用于制作五仁、叉烧、什锦等硬馅类月饼。

（3）豆类和种子类　如莲子、红豆、绿豆、赤豆等，这些原料主要用于红豆沙、绿豆沙、莲蓉等蓉沙类月饼。

（4）水果类　如草莓、哈密瓜、水蜜桃、橙子等各种水果汁，这些原料主要用于制作各种水果馅料。

（5）辅料　主要有果胶、琼脂、稳定剂、香精、香料及防腐剂等。

（二）面团调制

1. 广式月饼　它是以糖浆、碱水、面粉、油等为原料，经过充分混合而成的一种浆皮面团。这种面团操作方便，皮薄馅多。

2. 苏式月饼　它是由筋性面团和油酥面团两种经过多次擀折后形成的一种多层结构，且层次分明的皮面。

3. 京式月饼　它是以糖、泡打粉、面粉、油和水等为原料，经过充分混合而成的一种水油性面团。这种面团制作的月饼皮厚、酥松。

（三）制馅

不同馅料有不同的制作方法，首先要进行原料处理。果仁类原料要进行精选、清洗、烘烤或油炸熟化；水果类的原料要精选、清洗后榨汁；豆类的原料精选后要经过浸泡、熟化、打浆和脱水等处理。

（四）成型

月饼的成型包括分坯、包饼、印模成型。分坯是分别把皮面和馅料按一定的比例分成团；包饼是用皮面包馅料，包饼时厚薄要均匀；印模成型是把包好的饼压入饼模中形成。

（五）烘烤

月饼的烘烤根据不同种类有所区别，京式月饼和苏式月饼可以一次性烘烤，烘烤温度底火为180～200 ℃，面火为200～220 ℃；烘烤时间为25～30分钟。广式月饼要分次烘烤，目的是使月饼的花纹清晰。第一次预烤温度为220～240 ℃，烘烤时间为15～20分钟；冷却后刷蛋液再进行第二次烘烤，烘烤底火温度200～220 ℃，面火温度为220～230 ℃，烘烤时间为20～25分钟。

（六）冷却与包装

月饼包装分为冷包装和热包装，冷包装是指月饼完全冷却后进行的包装封口。热包装是月饼冷却到60～70 ℃后进行包装封口。

二、设备及材料

1. 设备 食品搅拌机、远红外线电烤炉、烤盘、台秤、电子秤、模具、封口机等。

2. 材料 面料：面粉、糖浆、油脂、枧水、熟面粉、五仁馅料、莲蓉等。

三、工作过程

（一）广式月饼的加工

1. 工艺流程 原料→熬制糖浆→制面团、制馅→分块→包馅→成型→烘烤→冷却→包装→成品。

2. 原料辅料 面料：面粉9.25 kg、糖浆6.9 kg、花生油2.8 kg、枧水0.175 kg。馅料：白砂糖16.875 kg，花生油6.565 kg，莲子15 kg，枧水0.25 kg。

3. 加工工艺

（1）糖浆制作 以2 kg白砂糖加1 kg水的比例，先将清水的3/4倒入锅内，加入白砂糖加热煮沸5～6分钟，再将柠檬酸用少许水溶解后加入糖溶液中。如糖液沸腾剧烈，可将剩余的清水逐渐加入锅内，以防糖液溅泻。煮沸后改用慢火煮2小时左右，煮至温度大约为115 ℃，用手粘糖浆可以拉成丝状即成。糖浆制成后需存放15～20天，使蔗糖转化、发酸变软，用此糖浆调制的面团质地柔软，延伸性良好，无弹性，不收缩，制品花纹清晰，外皮光洁。在月饼加工中加入饼皮中的实际是果葡糖浆。

（2）制面团（饼皮） 将面粉过筛，置于台板上围成圈，中央开膛，倒入加工好的糖浆与枧水，先充分混合兑匀后，再加入花生油搅和均匀，然后逐步拌入面粉，拌匀后揉搓，直至皮料软硬适度，皮面光洁即可。和好的面团静置20～30分钟以上，使面团更好地吸收糖浆及油分，才能进行下道工序。面团要在1小时内成型完毕。

在做月饼皮时要以饼皮的柔软度为准，且必须要和馅料的软硬程度达到一致，皮太软容易出现黏模子的现象，皮太硬烤出来的月饼容易发生脱皮现象，外形呆板不自然，发干并且不容易回油，达到像耳垂的软度即可。

（3）制馅 以莲子为主料（用湘莲制成的质量较好），先将莲子去皮、去心，再将莲瓣放入铜锅内煮烂，绞成泥，榨去多余水分备用。以1∶（1～1.5）比例的砂糖，加枧水溶化，熬制，待水分基本蒸发后，加入植物油等原料，继续搅拌、炒干成稠厚的砂泥为止。

（4）包馅 先将饼馅及饼皮各分4块，皮每块约5 kg，馅每块约8 kg。皮、馅各分40只。取分摘好的皮料，用手掌揿扁、压平，广式月饼的皮一定要薄，如厚烤好的花纹则会消失。放馅后，一只手轻推月饼馅，另一只手的手掌轻推月饼皮，使月饼皮慢慢展开，直到将月饼馅全部包住为止。收口朝下放在台上，稍散干粉，以防成型时黏印模。包馅最关键的操作是要求饼皮厚薄均匀，无内馅外露，馅与皮的接触层应尽量避免有干粉，以免烘烤后起壳分离。

（5）成型　将捏好的月饼生坯放入特制的木模印内或已经加热的铜模内（模印刻有产品名称），轻轻压实、压平，压时力量要均匀，使饼的棱角分明、花纹清晰。注意封口处朝上，揿实，不使饼皮露边或溢出模口。然后再将木模敲击台板，小心将饼坯脱出（铜模可在烘烤后脱模），逐个置于烘盘内，准备烘烤。

（6）饰面　先调匀鸡蛋液 0.5 kg，在饼面刷上薄薄一层蛋液以增加光泽。广式月饼刷蛋液不可太多，均匀即可，可以在蛋液中适当加一些色拉油，以增加月饼表面颜色的亮度。

（7）烘烤　调节烤箱温度，下火为 150 ~ 160 ℃，上火为 200 ~ 220 ℃。在月饼生坯表面轻轻喷一层水，放入烤箱最上层烤 5 分钟左右，饼面呈微黄色后取出刷上鸡蛋液，再入烤箱烤 7 分钟左右，取出再刷一次鸡蛋液，再烤 5 分钟左右，饼面呈金黄色、腰边呈象牙色即成。在最后一次进烤箱时，可以只用上火，上色更快。

（8）冷却、包装　烘烤结束后，刚出炉的月饼其表面温度可达到 170 ~ 180 ℃，出炉后，表面立即冷却，但是内部仍处于高温，其内部水分仍剧烈向外散发，因此不能立即包装，否则会使包装容器上凝结许多水珠，造成饼皮表面发黏，花纹不清，在保存中易发生霉变。①冷却。将烤好的月饼取出，放在排气好的架子上完全冷却至常温，然后放入密封容器中放 2 ~ 3 天，使其回油，即可食用。或将出炉月饼经稍加冷却至表皮约 60 ℃时即刻热包装。②包装。根据要求，剔除废次品，将合格月饼进行规范包装。

4. 产品质量标准　广式月饼的质量标准要按《月饼》（GB/T 19855—2015）规定执行。

（1）感官要求　广式月饼的感官要求见表 2 – 16。

表 2 – 16　广式月饼感官要求

项目		要求
形态		外形饱满，轮廓分明，花纹清晰，不摊塌、无跑糖及露馅现象
色泽		具有该品种应有色泽
组织	蓉沙类	饼皮厚薄均匀，馅料细腻无僵粒，无夹生
	果仁类	饼皮厚薄均匀，果仁颗粒大小适宜，拌和均匀，无夹生
	水果类	饼皮厚薄均匀，馅芯有该品种应有的色泽，拌和均匀，无夹生
	蔬菜类	饼皮厚薄均匀，馅芯有该品种应有的色泽，拌和均匀，无夹生
	肉与肉制品类	饼皮厚薄均匀，肉与肉制品大小适中，拌和均匀，无夹生
	水产制品类	饼皮厚薄均匀，水产制品大小适中，拌和均匀，无夹生
	蛋黄类	饼皮厚薄均匀，蛋黄居中，无夹生
	其他类	饼皮厚薄均匀，无夹生
滋味与口感		饼皮绵软，具有该品种应有的风味，无异味
杂质		正常视力无可见杂质

（2）理化指标　广式月饼的理化指标见表 2 – 17。

表 2-17　广式月饼理化指标

指标要求	干燥失重（%）	蛋白质（%）	脂肪（%）	总糖（%）	馅料含量（%）
蓉沙类	≤25.0	—	≤24.0	≤50	≥65
果仁类	≤28.0	≥5	≤35.0	≤50	
果蔬类	≤25.0	—	≤23.0	≤50	
蛋黄类	≤23.0	—	≤30.0	≤50	
肉与肉制品类	≤23.0	≥5	≤35.0	≤50	
水产制品类	≤22.0	≥5	≤35.0	≤50	

5. 广式月饼生产常见质量问题及措施　实际生产过程中，广式月饼经常出现的质量问题有很多，如月饼不回油、出炉后饼皮脱落、皮馅分离、表面花纹不清晰、颜色过深、饼皮破裂、泻脚、泻油等现象。

（1）月饼回油慢

①原因。造成月饼不回油（回软）的原因有很多，如糖浆转化度不够，糖浆水分太少，煮糖浆时炉火过猛，糖浆返砂，柠檬酸过多，馅料掺粉多，馅料太少油，糖浆、油和水比例不当，面粉筋度太高等。

②改进措施。广式月饼的饼皮是否回油主要取决于转化糖浆的质量、饼皮的配方及制作工艺。第一，转化糖浆的质量关键在其转化度和浓度。转化度是指蔗糖转化葡萄糖和果糖的程度，转化度越高，饼皮回油越好。影响转化度的因素主要有煮糖浆时的加水量、加酸量及种类、煮制时间等。浓度是指含糖量，常用的转化糖浆浓度在75%左右即可，因含糖量越高，回油越好，故某些厂家把浓度提高到85%以上。第二，饼皮的配料要合理。月饼皮的含水量、油量和糖浆用量要协调。糖浆太多，油太少，饼皮光泽不佳；糖浆太少，油太多，饼皮回软慢。第三，月饼馅的软硬程度及其含油量要恰当。广式月饼的特点就是皮薄馅厚，馅是帮助回软的主要因素。如果馅料的含水量、油量很少，或者皮很厚、馅很少，回软也慢。

（2）饼皮脱落、皮馅分离

①原因。饼皮与馅料不黏结的主要原因有两个方面。第一，由于馅料中油分太高，或是馅料炒制方法有误，使馅料泻油，即油未能完全与其他物料充分混合，油脂渗透出馅料。此情况会引起月饼在包馅时皮与馅不能很好黏结，烤熟后同样是皮与馅分离。如馅料泻油特别严重，月饼烤熟后存放时间越长，饼皮脱离越严重。第二，饼皮配方中油分太高，糖浆不够或太稀，饼皮搅拌过度，也会引起饼皮泻油，泻油的饼皮同样也会使饼皮与馅料脱离。另外，炉温过高、皮馅软硬不一（最主要是皮太硬）、操作时撒粉过多等也是重要原因。

②改进措施。主要措施是防止泻油现象出现。如是馅料泻油，可以在馅料中加入3%～5%的糕粉，将馅料与糕粉搅拌均匀；如是皮料泻油，可以在配方中减少油脂用量，增加糖浆的用量。搅拌饼皮时应按正常的加料顺序和搅拌程度，也是防止饼皮泻油的关键。

（3）发霉

①原因。导致月饼发霉的原因有：月饼馅料中糖和油等原材料不足，月饼皮的糖浆或油量不足，月饼烘烤时间不足，制作月饼时卫生条件不合格，月饼没有完全冷却就马上包装，包装材料不卫生等。

②改进措施。第一，等月饼彻底冷却后再进行包装。如果月饼温度高就进行包装，包装膜内就会产生水汽，几天后月饼就会发霉。第二，使用放有保鲜剂的包装，使氧气不与月饼接触，从而保证月饼不发霉。

（4）月饼表面光泽度不理想

①原因。月饼表面的光泽度与饼皮的配方搅拌工艺、打饼技术及烘烤过程有关。配方是指糖浆与油脂的用量比例是否协调，面粉的面筋及面筋质量是否优良。搅拌过度会影响表面的光泽。

②改进措施。打面时不能使用或尽可能少用干面粉。最影响月饼皮光泽度的是烘烤过程，入炉前喷水是保证月饼皮有光泽的第一关。蛋液的配方及刷蛋液的过程也相当重要，蛋液的配方最好用2只蛋黄和1只全蛋，打散后过滤去除不分散的蛋白，放20分钟才能使用。刷蛋液时要均匀并多次，要有一定的厚度。

（5）月饼着色不佳

①原因。广式月饼的颜色，主要由糖浆和饼皮颜色构成。糖浆太稀，月饼烘烤时不容易上色，糖浆转化率过高，又会导致月饼颜色过深。糖浆的颜色与糖浆的煮制时间，煮制时火的大小及使用的糖浆设备有关；饼皮的颜色与调节饼皮时加入枧水浓度和用量有关，当饼皮的酸碱度偏酸性时，饼皮着色困难。

②改进措施。当枧水的用量增加，饼皮碱性增大，饼皮着色加快，枧水越多，饼皮颜色越深，减少枧水的用量，就可以使饼皮的颜色变浅。减少烘烤时间和相对降低炉温，也可减轻饼皮的颜色，不过降低炉温是在保证月饼完全烤熟的前提下进行，否则月饼易发霉。

（6）糖浆返砂

①原因。引起糖浆返砂的原因有：煮糖浆时水少；没有添加柠檬酸或柠檬酸过少；煮糖浆时炉火太猛；煮制糖浆时，搅动方式不恰当等。

②改进措施。第一，在煮沸之前要单向搅动，水开后则不能再搅动，否则容易出现糖粒。第二，煮好后的糖浆最好自然放凉，不要多次移动，经常移动容易引起糖浆返砂。第三，煮糖浆时考虑适当添加麦芽糖。

（7）泻脚

①原因。造成泻脚的原因主要有：馅料水分太多，饼皮太厚或太软，烘烤炉温太低，面粉筋度过高，糖浆太浓或太多等。

②改进措施。第一，生坯成型后放置时间不宜过长。第二，合理馅的配方，如糕粉、面粉和糖的比例。第三，合理控制水分含量、糖浆的浓度和烘烤温度。

（8）饼皮破裂

①原因。饼皮破裂通常发生在烘烤过程中，馅料太软或糖分过高，炉温尤其是面火温度太高，烘烤时间过长，饼皮太硬等原因均会导致月饼表面出现裂纹。

②改进措施。月饼在进炉前适当喷水，馅料避免搓揉过度，掌控好烘烤的温度与时间的关系才能有效地防止饼皮破裂的发生。

月饼出炉后塌陷、表面出麻点等现象也是广式月饼在生产过程中常见的质量问题，此与月饼馅的糖含量、烘烤时间、皮馅的软硬度、糖浆的质量好坏息息相关。

总之，必须要严把每一道质量关，才能生产出高品质的广式月饼。

（二）苏式月饼的加工

1. 工艺流程 原料→面团调制→分块→包馅→成型→烘烤→冷却→包装→成品。

2. 原料辅料 苏式月饼品种很多，但生产工艺大同小异。现以苏式百果月饼为例，加以介绍。苏式百果月饼配料见表2－18。

表2－18 苏式百果月饼配料表 单位：kg

项目	配方
皮料	小麦粉22，饴糖2.5，猪油6.6
酥料	小麦粉12，猪油5.5
馅料	熟面粉11.5，猪油6.0，绵白糖23，核桃仁5，松子仁1.5，瓜子仁1，糖冬瓜1.5，杏子2，糖橘皮1，糖玫0.5

3. 加工工艺

（1）原料 选择符合质量要求，无杂质，无变质的原料，按配料表准确称量配料，将配好的原、辅材料集中堆放整齐。

（2）面团调制（酥皮制作） 制作苏式月饼饼皮要先制作水油面团和油酥面团，再用水油皮包油酥经折叠而成。

①制水油面团。用清洁布将料斗擦洗干净，插上电源试运转数下。将熟猪油、饴糖置入搅拌机料斗中，启动电源搅拌混合，再加入80 ℃的热水搅匀，然后倒入小麦粉搅拌成团取出，用湿布盖住静置备用。要求面团光滑不粘手，有良好延伸性和可塑性，不夹生面。在制作中，水、油要充分乳化；油量使用要适当；水量、水温要适当，一般用水量为面粉的50%～55%，水温控制在22 ℃～28 ℃为宜。

②制油酥面团。将熟猪油和小麦粉置搅拌机料斗中，启动电源搅拌，混合均匀。要求油酥面团软硬度和水油面团相一致。也可将面粉摊在案板上，加入猪油（固态猪油最好）拌和，滚成团，用手掌跟将面团一层层的向前边推边擦，把面团推擦开后，再滚回身前，卷拢成团，仍用前法继续向前推擦，这样反复操作，直至擦匀擦透为止。

③包酥（起酥）。包酥又称起酥、开酥，是水油面包油酥面经擀、卷、叠、下剂制成层酥面点坯皮的过程。起酥是制作层酥制品的关键，起酥好坏直接影响成品质量。包酥在具体操作上分为大包酥和小包酥两种。大包酥又称大酥，一次可制作几十个剂坯，具有生产量大、速度快、效率高的特点，但酥层不易均匀，质量较次。制作方法为：水油面包油酥面由内向外按扁，擀成牛舌形，对叠擀薄，再由外向内卷成圆筒搓长，根据品种需要下剂。小包酥又称小酥，制作方法为：先将水油面和油酥面按比例要求下剂，然后用水油面剂包油酥面剂，按扁擀成牛舌形，由外向内卷成圆筒，按扁一叠3层，擀成圆皮。小包酥的特点是擀制方便，酥层清晰均匀，坯皮光滑而不易破裂，但速度慢、效率低，适宜制作各种花色酥点。

④分摘。分摘的酥皮要清楚，光滑而不黏搭，分量正确，在盘上排列整齐，饼皮规格重量见表2－19。

表2－19 饼皮规格重量 单位：g

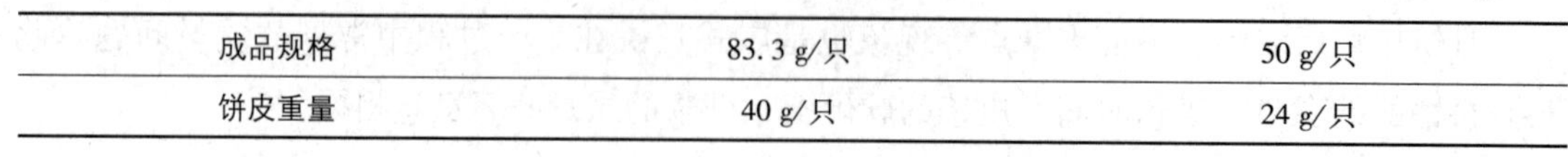

成品规格	83.3 g/只	50 g/只
饼皮重量	40 g/只	24 g/只

⑤制皮。将卷好的圆筒两端向上合拢，光面向下置于案板上用掌跟将其按成中间稍厚、四周稍薄的圆形暗酥皮。也可光面向下置于案板上之后，用两手按擀面杖，前后左右推拉擀压，将其擀成中厚边薄的圆形酥皮。

（3）制馅　将油、糖投入搅拌机中搅拌，待油、糖拌匀后，再加入果料、蜜饯、熟面粉和适量水拌和约 10 分钟。拌成的馅料手捏成团，稍碰即碎。馅内无糖块、粉块及杂质等异物。分摘后的馅心要搓成圆球形，大小一致。馅心的规格重量见表 2－20。

表 2－20　馅心的规格重量　　单位：g

成品规格	83.3 g/只	50 g/只
馅心重量	50 g/只	30 g/只

（4）包馅　左手托皮，皮的光面向下，这样包好后酥皮的光滑一面就成为饼坯的表面。右手将馅心放在酥皮中心，由下而上逐步收口，使饼皮四周厚薄均匀，收口时不能过猛，一下子收紧酥皮必破。收口的方法是左手拇指稍稍往下按，食、中、无名三指轻托皮底，配合右手“虎口”边转边把口收紧。收口处一定不能黏上油或黏有馅心、糖液等，否则收口捏不紧，烘烤时容易破口、漏馅。包馅还要求皮与馅之间不能有空隙，以免烘烤后造成制品破口、中空。苏式月饼包好馅之后，一般还要取一小块方形毛边纸贴在封口上，用以防止烘烤时油、糖外溢。

（5）成型、装饰　将包好馅、封好口的饼坯封口向下置于案板上，用半个手掌贴住饼坯轻轻往下按压（如一下子将饼坯按扁易造成饼坯裂边），将饼坯按压成约 1 cm 厚的扁圆形生饼坯。在饼坯上面正中心盖上有字样的红印（由食用红色素调制）。盖印时动作要轻，用力实而不浮，即要使字迹清晰，又要避免压破饼皮。生坯的重量规格见表 2－21。

表 2－21　成品规格与生坯重量　　单位：g

成品规格	83.3 g/只	50 g/只
生坯重量	90 g/只	54 g/只

（6）摆盘、烘烤　将成型装饰好的饼坯拿到烤盘上，封口向下摆放整齐，各饼坯间的间距要相等且不能小于饼坯的直径。拿饼入烤盘时要注意，手不要捏住饼边，否则会碰坏饼坯。正确的方法是拇指贴住饼面中心，食、中、无名三指轻托住底部拿起，放入烤盘，入炉烘烤。炉温应事先调好，一般面火可调至 230 ℃，底火可调至 200 ℃，不可过高或太低。过高容易烤焦，太低则容易跑糖漏馅。一般烘烤 5～6 分钟后观察饼坯的形态，当饼面松酥起鼓状外凸，呈金黄或橙黄色，饼边壁松发呈乳黄色即可确定其已成熟。

（7）冷却、包装　要求与广式月饼相同，可以参见其相关部分。

4. 质量标准　苏式月饼的质量要求要按《月饼》（GB/T 19855—2015）规定执行。

（1）感官要求　苏式月饼的感官要求见表 2－22。

表 2－22　苏式月饼的感官要求

项目	指标
形态	外形圆整，面底平整，略呈扁鼓形；底部收口居中，不漏底，无僵缩、露酥、塌斜、跑糖、露馅现象，无大片碎皮；品名戳记清晰
色泽	具有该品种应有色泽，不沾染杂色，无污染现象

续表

项目	指标
果仁类	酥层分明，皮馅厚薄均匀，馅松不韧，果仁分布均匀。无夹生、大空隙
肉禽制品类	酥层分明，皮馅厚薄均匀，肉与肉制品分布均匀，无夹生、大空隙
蓉沙类	酥层分明，皮馅厚薄均匀，馅软油润，无夹生，僵粒
果蔬类	皮馅厚薄均匀，馅软油润，无夹生，大空隙
滋味与口感	酥皮爽口，具有该品种应有的风味，无异味
杂质	正常视力无可见杂质

（2）理化指标　苏式月饼的理化指标见表 2－23 的规定。

表 2－23　苏式月饼的理化指标

品种	指标				
	干燥失重（g/100 g）	蛋白质（g/100 g）	脂肪（g/100 g）	总糖（g/100 g）	馅料含量（g/100 g）
果仁类	≤22	≥5	≤35	≤30	≥35
肉与肉制品类	≤30	≥5	≤33	≤30	
蓉沙类	≤24	—	≤24	≤38	
果蔬类	≤28		≤22	≤48	

5. 苏式月饼加工中常见的质量问题与改进措施

（1）饼面焦黑，饼腰部呈青灰色，外焦里生　①原因：饼面焦黑，饼腰部呈青灰色，外焦里生现象发生的原因是炉温过高、饼间距过小。②改进措施：适当降低炉温；饼排列间距要均匀，间距不小于 1.5 cm。

（2）饼馅外露　①原因：掀饼时封底没摆正，掀在左上；皮料太短；炉温过低，烘烤时间过长。②改进措施：掀饼时封口居中；制皮时加水量要适当，不能过量；适当提高炉温。

（3）漏酥　①原因：制酥皮时，压皮用力不均，皮破造成漏酥；包馅时，将酥皮掀破。②改进措施：包酥与压皮用力要均匀；包馅时，酥皮刀痕要掀向里面。

（4）饱糖　①原因：油酥太烂，底部收口没捏紧。②改进措施：油酥中面粉和油的比例要适当，夏天要减少油脂的使用量；包馅收口要捏紧。

（5）变形　①原因：皮子过烂；置盘时手捏饼过紧。②改进措施：掌握皮料用水，和面时，加水量和水温视天气和视面粉干湿情况而定；取饼置盘动作要轻巧。

（6）皮层有僵块　①原因：采用大包酥，包酥不匀。②改进措施：包酥压皮，要压得均匀。

考核要点

1. 广式月饼糖浆的调制方法。
2. 广式月饼加工工艺与操作要点。
3. 苏式月饼加工工艺与操作要点。

思考题

1. 发酵程度如何把握？
2. 饼干中美拉德反应和焦糖化作用是什么？
3. 如何判断蛋糕的成熟度？
4. 月饼和广式月饼生产工艺有何异同？

（马震雷　李俊华）

第三章　肉制品加工技术

知识目标

1. **掌握**　冷鲜肉及肉制品加工工艺及操作要点；畜肉类、禽肉类及水产类罐头典型产品的生产原理、工艺流程及生产技术。
2. **熟悉**　冷鲜肉、酱卤肉制品、肠类制品的相关质量标准；干制方法。
3. **了解**　肉类罐头的分类、罐头容器的选用和处理。

能力目标

1. 掌握冷鲜肉及肉制品的基本加工方法，并能根据加工中出现的质量问题，能进行初步分析判断，并能初步提出质量控制措施。
2. 能应用肉类罐头加工工艺的相关原理及生产技术生产罐头产品。

第一节　冷鲜肉加工技术

扫码“学一学”

冷鲜肉，又名冷却肉、冰鲜肉，是指畜禽屠宰后的胴体，在人工制冷条件下，使肉的中心温度降低至0～4 ℃，并在－1～1 ℃下贮藏、流通、销售的肉。屠宰后的新鲜肉经过冷却，肌肉中的肌糖原在酶的作用下，分解产生乳酸，使肉的酸度增加，故又称“排酸肉”。酸化成熟后的肉嫩、细腻、卫生、滋味鲜美、容易咀嚼，便于消化与吸收，而且还避免了冷冻肉解冻时的汁液流失，营养价值高。

一、工作要点

（一）畜禽屠宰

屠宰的畜禽必须符合国家颁布的《家畜家禽防疫条例》《肉品检验规程》的相关规定，经检疫人员出具检疫证明，保证健康无病，方可作为屠宰对象。畜禽运到屠宰场经兽医检验后，若需饲养一段时间进行屠宰，则按产地、批次及强弱等情况进行分圈、分群饲养。畜禽屠宰前需禁食12～24小时，禁食时间必须适当，一般牛、羊宰前禁食24小时，猪12小时，家禽18～24小时。同时，畜禽屠宰杀前需用水温20 ℃喷淋畜体2～3分钟，以清洗体表污物。淋浴可降低屠畜体温，抑制兴奋，促使外周毛细血管收缩，便于放血充分。

畜禽宰前检验和处理做好后，即可进入屠宰环节，主要包括致晕、放血、褪毛或剥皮、去内脏、胴体修整、检验盖印等环节。

1. 致昏　致昏可使屠畜暂时失去知觉。常用的致晕方法有机械致昏法、电致昏法和二氧化碳致昏法等。我国最常用的方法是电致昏法，即常说的“麻电法”。电致昏法是使电流通过畜体全身，麻痹其中枢神经而使其晕倒的方法。

2. 放血 击昏后的家畜应立即倒挂并放血。

3. 浸烫、褪毛或去皮 放血后解体前，猪、鸡、鸭等需烫毛、褪毛，牛、羊需进行剥皮。水温和烫毛的时间以动物品种、年龄和季节等有所变化，浸烫时应防止“烫生”和“烫老”。浸烫完毕应趁热褪毛，褪毛的方法有手工褪毛和机械褪毛两种。在褪毛过程中，尤其是在用机械褪毛时，虽然几乎褪掉全部粗长毛，但畜体上会残留一些短绒毛或细毛，尤其是四肢、腹部肋下等处的毛较难褪净。为保证产品的规格质量，可用喷灯火焰烧燎，将喷灯上下缓慢移动，待细毛焦黄时，停止喷射，再用小刀轻轻修刮干净，然后用冷水冲净。去皮屠宰场大都采用机械去皮法，待手工去皮划线后，再利用去皮机对畜体进行去皮。

4. 去内脏 去皮或煺毛后立即开膛去内脏，开膛沿腹白线切开腹腔和胸腔，切忌划破胃肠、肝脏和胆囊。摘取内脏包括剥离食道和气管、锯胸骨、开腔（剖腹）等工序。沿颈部中线用刀划开，将食管和气管剥离，用电锯由胸骨正中锯开。出腔时将腹部纵向剖开，取出胃、肠、脾、食道、膀胱等，再划开横膈肌，取出心脏、肝脏、胆囊、肺脏和气管。摘取内脏时，要注意下刀轻巧，不能划破肠、肛、膀肌、胆囊，以免污染肉体。摘除的脏器不准落地，心、肝、肺和胃、肠、胰、脾必须分别保持自然联接，并与胴体同步编号，由检疫人员按宰后检验要求进行卫生检疫。家畜开膛取出内脏后，要将整个胴体劈成两半（猪、羊）或四分体（牛）。

5. 胴体修整 是为了清除胴体上能够造成微生物繁殖的任何损伤和污血、污秽等，同时使外观整洁，提高商品价值。要求把不同的肌肉间（表面部分）和剔后暴露出的部分脂肪、筋腱、硬、软骨、骨渣、骨刺修净，对于肌肉要求修割的脂肪也要修净。

6. 宰后检验 检验的目的是发现各种妨碍人类健康或已丧失营养价值的胴体、脏器及组织，并作出正确的判定和处理。宰后检验的方法以感官检查和剖检为主，必要时辅之以实验室化验，主要包括视检、剖检、触检、嗅检等。

（二）胴体分割

肉的分割是按不同国家、不同地区的分割标准将胴体进行分割，以便进一步加工或直接供给消费者。分割肉是指宰后经过兽医卫生检验合格的胴体，按分割标准及不同部位肉的组织结构分割成不同规格的肉块。而冷鲜肉的分割要求屠宰后的畜禽胴体需在经过修整、检验和分级后迅速进行冷却处理，且分割操作需在达到卫生条件要求的冷却间进行，冷却间环境温度为0～4 ℃，也可根据冷却工艺的不同控制在4.5～7.0 ℃。

（三）分割肉冷却

随着肉类工业现代化技术的应用、卫生条件的改进等的发展，猪胴体冷却工艺趋于向快速冷却和急速冷却方向发展。改进冷却工艺须遵循的原则是中心温度在16～24小时内降至7 ℃（或4 ℃）以下，尽可能降低干耗和肉汁流失，保持良好的肉品质量（色泽、质构），节约能源和人力。

畜禽胴体在冷却间被吊挂在有连续吊运轨道的带滚轮的吊钩上进行冷却，吊轨间的胴体按“品”字形排列，不同等级的肉，要根据其肥度和重量的不同，分别吊挂在不同位置，肥重的胴体应挂在靠近冷源和风口处，薄而轻的胴体应远离排风口。

（四）冷却肉保鲜

肉是微生物繁殖和生存的理想环境，因此应用适当的保鲜技术来维持冷鲜肉的品质和安全是必要的。

1. 冷却低温保藏技术　主要是使胴体温度降至 7 ℃以下，并使胴体表面干燥，从而有效阻止微生物的繁殖。

2. 辐射保鲜技术　辐照保鲜技术是利用电离辐射（γ 射线、电子束或 X 射线）与物质相互作用所产生的物理、化学和生物效应对食品进行加工处理的保藏技术。辐照对存在于肉类食品中的微生物，如细菌、酵母、霉菌等均有一定的破坏作用。在一般情况下，辐照处理可以减少或清除那些导致新鲜肉类食品腐败变质的微生物和病菌，极大地延长肉类的货架期。此技术具有应用范围广、节约能源、高效、可连续操作和易实现自动化等特点。

3. 超高压保鲜技术　主要通过将被包装食品放在包装容器中经 100 ~ 1000 MPa 的高压下，破坏微生物的细胞壁、细胞膜及细胞间隙的结构，使蛋白质等成分发生变性，使酶活性降低来达到杀菌保鲜的目的。该技术可替代热巴氏灭菌技术，保证食物原有营养和感官特性，使产品中的微生物和酶失活，是目前最有前途的非热加工技术之一。

4. 保鲜剂的应用　保鲜剂的作用是对冷鲜肉中微生物繁殖、蛋白质氧化等腐化过程进行控制，从而延长冷鲜肉的货架期。目前，国内外关于冷鲜肉研究中用到的保鲜剂，主要是有机酸及其盐类、二氧化碳和臭氧、香辛料及中药提取物、溶菌酶、Nisin（乳酸链球菌素）、壳聚糖、丙酸钙等。

5. 栅栏技术　也称结合工艺、结合保鲜技术，它是将现有的技术与新的保鲜技术相结合而建立的一系列防腐因子，以提高微生物稳定性、食品感官品质以及营养价值。

（五）包装

1. 真空包装（VP）　通过抽真空，降低氧分压，使包装紧贴肉品，组织水分渗出，减缓微生物的生长与繁殖，限制了或减少了肉内高铁肌红蛋白的形成，使肉的肌红蛋白保持在还原状态，打开包装后能像新鲜肉一样在表面形成氧合肌红蛋白，呈鲜红色。

2. 气调包装（MAP/CAP）　通过调节包装袋里的气体（二氧化碳、氧气、氮气）以不同比例混合替换原有的空气，从而抑制微生物的生长与繁殖，以减缓包装食品的生化变质，达到防腐保鲜、延长货架期的目的。

（六）运输

冷鲜肉最重要的是保证肉品经济、安全、按时保鲜的从公司抵达消费者处，技术关键是使加工运输、中转储藏、销售、展示各个环节具有一致的冷环境。冷鲜肉的运输设备主要是铁路冷藏（或保温）车、公路冷藏车、冷藏船（舱）、航空冷藏运输，以及相适应的转运、贮藏、换装等设备。在技术上，应满足以下要求。

1. 具有良好的制冷、通风及必要的加热设备，以保证食品运输条件。

2. 运输设备要有良好的隔热能力，以减少外界环境的干扰。

3. 要有良好的装载环境和卸载工具。

4. 对于运输过程要能很好地进行检测、记录，以及进行事故的排查和预警。

5. 运输设备应具有成重大、有效容积大、自重小的特点，即有良好的适应性，冷鲜肉因其自身性质，其主要采用短时便捷的公路冷藏车进行运输。

二、设备及材料

1. 设备 屠宰用刀具、分割用刀具、真空预冷机、片冰机、冷库、冷却间等。

2. 材料 检疫合格的健康无病的畜禽活体。

三、工作过程

以猪肉冷鲜肉为例，介绍冷鲜肉加工技术。

1. 工艺流程 活猪的选择与宰前处理→生猪屠宰与分割→分割肉冷却→冷藏→包装→成品。

2. 加工工艺

（1）活猪的选择与宰前处理 ①活猪的选择。以优质瘦肉型猪为好，品种猪因胴体瘦肉多，肥膘少，便于加工为冷鲜白条肉、红条肉，也可减少分割中肥膘类加工的工作量，提高产品出品率与加工效率。②宰前处理。在生猪上、下车及进圈停食待宰、送宰中严禁踢打生猪，停食待宰时间应在12～24小时，并保证猪的饮水（屠宰前3小时停止），待宰猪圈内每头猪占面积应在0.5 m^2 以上。宰前生猪需用水温20 ℃喷淋畜体2～3分钟，使得加工过程中少受菌体污染。

（2）生猪屠宰与分割 应在卫生条件合格的0～4 ℃的冷却间进行。按照猪的屠宰加工技术即致晕、放血、煺毛或手工去皮、开膛解体、胴体修整、检验等工序对猪体进行屠宰。需要注意的是，猪放血后应对胴体体表清洗；浸烫前，应用海绵块塞住肛门，以减少粪便流出，产生污染；烫猪的水温为60～80 ℃，时间为3～8分钟，同时要注意用水卫生；从击晕开始至胴体修整，整个屠宰过程应控制在45分钟内，从放血开始到内脏取出应在30分钟内完成。屠宰后的半胴体经检验合格后，按照我国猪分割技术对猪胴体进行分割处理。

（3）分割肉冷却 保证冷鲜肉品质量，现代冷鲜肉的生产多采用两段急速冷却法。①第一阶段冷却。是将分割肉放置在冷却间，冷却间条件为冷却温度－8～－10 ℃，冷风风速2.0米/秒，相对湿度92%～95%，冷却时间为3～4小时，使分割肉中心温度控制在12 ℃以下。②第二阶段冷却。即将冷却间的冷却温度调整为0～4 ℃，冷风风速为1.5～2.0米/秒，相对湿度为90%～92%，冷却时间控制在12～14小时，使分割肉温度控制在2～4 ℃以下。

在冷却过程中，使猪肉完成排酸处理，pH由偏碱性变为中性或微酸性，达到肉质鲜美，水分适宜，品质上佳的要求。冷却过程中尽量减少人员进出冷却间，保持冷却条件稳定，减少微生物污染。

（4）冷藏 冷却后的肉品迅速放入冷藏间贮藏，冷藏温度为0～4 ℃，相对湿度为85%～90%。

（5）包装 包装袋净重5 kg左右分割产品，用尼龙袋或聚乙烯袋抽真空包装，真空度大于0.095MPa。包装后的冷鲜肉即可进行保鲜、运输与销售。

3. 产品质量标准 猪瘦肉质量标准系引用中华人民共和国国家标准《分割鲜、冻猪瘦肉》（GB/T 9959.2—2008）。

（1）分割冷鲜猪瘦肉感官指标见表3－1。

表 3－1 分割冷鲜猪瘦肉感官指标

项目	指标
色泽	肌肉色泽鲜红，有光泽；脂肪呈乳白色
组织状态	肉质紧密，有坚实感
气味	具有猪肉固有的气味，无异味

（2）分割冷鲜猪瘦肉理化指标见表 3－2。

表 3－2 分割冷鲜猪瘦肉理化指标

项目	指标
水分(%)	≤77
挥发性盐基氮(mg/100 g)	≤15
总汞(以 Hg 计)(mg/kg)	≤0.05
镉(Cd)(mg/kg)	≤0.1
铅(以 Pb 计)(mg/kg)	≤0.2
无机砷(以 As 计)(mg/kg)	≤0.05
六六六(mg/kg)	≤0.2
滴滴涕(mg/kg)	≤0.2
敌敌畏	不得检出
金霉素(mg/kg)	≤0.1
四环素(mg/kg)	≤0.1
土霉素(mg/kg)	≤0.1
磺胺类(以磺胺类总量计)(mg/kg)	≤0.1
氯霉素	不得检出
克伦特罗	不得检出

（3）分割冷鲜猪瘦肉微生物指标见表 3－3。

表 3－3 分割冷鲜猪瘦肉微生物指标

项目	指标
菌落总数/(CFU/g)	$\leq 1\times10^6$
大肠菌群/(MPN/100 g)	$\leq 1\times10^4$
沙门菌	不得检出

考核要点

1. 冷鲜肉的概念。
2. 冷鲜肉加工工艺及操作要点。
3. 冷鲜肉冷却的方法及特点。

扫码“学一学”

第二节 酱卤肉制品加工技术

酱卤制品是我国传统的肉制品之一，是在水中加入食盐和酱油等调味料和香辛料经煮制工艺加工而成的一种熟肉类制品。由于各地消费习惯和加工过程用的辅料和加工方法的差别，形成了很多具有地方特色的酱卤肉类制品，并将其可分为白煮肉类、酱卤肉类、糟肉类等。

1. 白煮肉类 是指将原料肉经（或未经）腌制，在水（或盐水）中煮制而成的熟制品。白煮肉类是酱卤制品中一个未经过酱制或卤制的特例，它的主要特点是最大限度地保持原料肉本身固有的色泽和风味，食用时根据喜好适当调味。常见代表品种有白斩鸡、盐水鸭、白切肉、白切猪肚等。

2. 酱卤肉类 指将在水（或盐水）中加食盐或酱油等调味料和香辛料对原料肉煮制而成的熟肉制品。有的酱卤制品原料需要先用清水预煮再酱制或卤制，有的产品经酱卤后还需要烟熏等加工工序。其主要特点是色泽鲜艳、滋味鲜美、肉质润嫩，具有独特的风味。酱卤肉类根据使用的调味料的种类和数量不同，还可分为很多品种，如五香或红烧制品、蜜汁制品、糖醋制品、糟制品、卤制品、白烧制品等。常见的品种有苏州酱汁肉、德州扒鸡、无锡酱排骨、道口烧鸡等。

3. 糟肉类 是指将原料肉白煮后，再用“香糟”糟制的冷食熟肉制品。其主要特点是保持了原料肉本身固有的色泽和酒糟的香气，主要有糟肉、糟鸡、糟鹅等。

一、工作要点

（一）调味

调味时根据地区消费习惯和调味料、香辛料常用品种不同，加入不同种类和数量的辅助材料，加工而成的具有特定风味的产品。如北方人喜食味咸料浓的产品，南方人喜食味甜料清淡的产品，也有喜食麻辣风味产品。

调味的方法根据加入调味料的时间大致分为基本调味、定性调味和辅助调味三种。在加工原料整理之后，须经腌制，加盐、酱油或其他配料，奠定产品的咸味，该过程即叫基本调味。在加热煮制或红烧时，原料下锅后加入主要配料如盐、酱油、酒、香料等决定产品的基本口味，称定性调味。在加热煮熟之后或即将出锅时加入糖、味精等以增进产品的色泽、鲜味，则称为辅助调味。

此外，酱煮肉制品所用香料可装入料袋中使用。料袋是用二层纱布制成的，可根据锅的大小，缝制大小不同的料袋，将各种香料装入料袋，用线绳将袋口扎紧。一般可在原料投入锅中之前，将料袋投入锅中煮沸，一段时间后再投入原料煮制。

（二）煮制

煮制是酱卤制品加工中的主要工艺环节，各地经典的酱卤制品都有各自独特的操作方法。煮制的目的是改善制品的感官性质，使肉凝固，产生与生肉和其他加工制品不同的口感和状态；使制品的形态固定，易于切成片状；使制品产生特有的色、香、味，同时达到熟制的目的；稳定制品的色泽，杀死微生物和寄生虫，提高制品的保存性。

1. 清煮（也称白烧）和红烧 煮制主要包括清煮（也称白烧）和红烧，二者对产品的色、香、味、形以及各种化学成分变化都有决定性影响。清煮是汤中不加任何调料，只用清水煮制，也称紧水、出水、白锅。它主要作为辅助性煮制，其作用是去除原料肉的腥、膻及异味。同时，通过撇沫、除油，将血污、浮油除去，保证产品风味纯正。红烧是在加

入各种调料的汤中煮制，是决定产品风味和质量的重要工序，其加热时间和火候主要依据产品的要求而定。

2. 宽汤和紧汤 制过程中，汤量的多少对产品的风味也有一定的影响，根据汤与肉的比例和煮制中汤量的变化，可分为宽汤和紧汤。宽汤是将汤添加到汤面与肉面相平或淹没肉面，适用于块大、肉厚的产品，如卤猪蹄等；紧汤是将汤添加到汤面低于肉面的1/3～1/2处，适用于色深、味浓的产品，如酱汁肉等。

3. 老汤和卤汁

（1）老汤 生产酱、卤产品时，老汤十分重要，其中含有大量的蛋白质和脂肪的降解产物，并积累了丰富的风味物质，老汤时间越长，酱、卤产品的风味越好。第一次酱、卤产品时，如果没有老汤，则要对配料进行相应的调整。老汤在存放过程中易变质，故老汤使用前须进行煮制。

（2）卤汁 卤汁是由老汤加水和调味料进行煮制而成，其制备是酱卤肉制品生产的关键环节。卤汁的质量受老汤与水的比例、食盐和调味料的用量、煮制方法及煮制过程中水分蒸发量等因素的影响。特别是老汤与水的比例及煮制过程中水分蒸发量，直接影响卤汁的浓度和咸度，对产品质量影响很大，必须进行严格控制和调整。

4. 火候 控制火候是加工酱卤肉制品的重要环节，应根据品种和产品体积大小确定加热的时间、火力，并根据情况随时进行调整。火候的控制包括火力和加热时间的控制。

二、设备及材料

1. 设备 夹层蒸煮锅、油炸锅、腌制容器等，个别品种还需要畜禽屠宰设备等。

2. 材料 主料主要为畜禽肉类，个别品种可用水产肉类等；辅料为食盐、糖、酱油、料酒等调味品，食用油、蜂蜜、醪糟以及各种香辛料等；辅助材料，如纱布袋、竹棍等。

三、工作过程

（一）白煮肉类

以广东白切鸡为例，介绍白煮肉类的加工工作过程。白切鸡又名白斩鸡，产品色泽清新，鸡肉鲜嫩，是广东省最著名的小型优质肉用鸡种，其特征为三黄、二细、一麻（即脚黄、嘴黄、皮黄；头细、骨细；毛色麻黄），素以皮色金黄、肉质嫩滑、皮爽、骨软、肉鲜红味美、风味独特而驰名中外。

1. 工艺流程 选择整理→烫漂→浸卤→冷却→干燥→斩件→成品。

2. 原料辅料

（1）白切鸡浸卤原辅料 生姜250 g，草果10 g，沙姜25 g，陈皮15 g，桂皮20 g，香叶5 g，盐250 g，味精150 g，水17.5 kg。

（2）白切鸡蘸料 姜茸500 g，葱白茸（红葱茸）250 g，盐80 g。白糖30 g，味精100 g，鸡精50 g，胡椒粉3 g，沙姜粉5 g，芝麻油约20 g，花生油约500 g。（每只鸡用蘸料约200 g）

（3）主料 肥嫩光鸡1只（约1250 g）。

3. 加工工艺

（1）原料选择整理　把光鸡去内腔洗干净并去除黄色的杂质，去除所有内脏，清洗干净，把脚自然弯曲进鸡肚内，把鸡的嘴巴从翅膀下穿过去，在清理鸡的内脏时，注意将鸡肺彻底清洗干净。①制作白切鸡浸卤。在水中加入生姜（洗净拍扁），放入盐、味精，将草果、沙姜、陈皮、桂皮、香叶用汤袋装好放入锅中（这里的香料较少，也不会弄脏卤水，可不装汤袋），烧开后煮30分钟即成白切鸡浸卤。②制作白切鸡蘸料。将花生油放在锅里烧开，烧至185 ℃（以出现青烟为准），然后把油倒入其余原料中，充分搅拌均匀即成特制白切鸡蘸料。

（2）烫漂　煮锅放到火上，加入清水，大火烧开，用手提起鸡头，将鸡身放入水中浸烫，3秒后提起，将鸡翅和鸡腿用手整理一下，再次放入水中浸烫，如此反复浸烫三次，使鸡的腹腔内外温度保持一致，注意每次浸烫的时间不要太长。

（3）浸卤　手拿住鸡头与脖子连接处，把鸡放入烧开的白切鸡浸卤中。让白切鸡浸卤自然浸没整只光鸡，调文火，盖上盖子浸卤35分钟。

（4）冷却　取下盖子，将鸡捞出后放入早已准备好的冰水中静置10分钟左右。（注意一定要凉透，可以多浸泡一会儿）

（5）干燥　将鸡从冰水中取出，将鸡身控干，用毛巾擦干鸡身上的水分，即成成品的白切鸡。

（6）斩件　把鸡切成大小均匀的切件，如果想让鸡的品相更好一点，也可以捞出控干后，在鸡身外面涂抹一层芝麻油，这样整只鸡看上去更加润泽、颜色也更黄嫩。斩件的时候要选择较重的道具，一刀斩断，不可藕断丝连，而且在操作时要尽量保持每块鸡肉的鸡皮的完整性，上碟后才会美观。斩件程序：①将制作好的鸡沥干水分，放在砧板上，砍下鸡脖子→砍下鸡翼→刀近鸡身→砍下鸡腿。②从鸡身的侧部下刀将鸡身一分为二→小心剥下鸡肚子部位那一块鸡肉的骨头→将上一步砍下来鸡的背部那一块肉再一分为二。③将鸡头砍下，放在盘首，将鸡脖子砍段，放在鸡头的后面（碟子中央），将鸡背部那2块肉斩块后按原样摆好入碟，摆在鸡脖子的周围，再将鸡肚子部位那一块肉斩块，按原样铺在盘子的正中间（鸡脖子的上边）。④将鸡翼斩件，按原形摆在碟头的两端，保持对称，将鸡腿斩件，按照原形摆在碟尾的两端，保持对称。⑤稍微装饰，摆上蘸酱，即可上桌。

4. 产品质量标准　白切鸡质量标准系引用中华人民共和国国家标准《酱卤肉制品》（GB/T 23586—2009）。

（1）白切鸡感官指标见表3－4。

表3－4　白切鸡感官指标

项目	指标
外观形态	外形整齐，无异物
色泽	酱制品表面为酱色或褐色，卤制品为该品种应有的正常色泽
口感风味	咸淡适中，具有酱卤制品特有的风味
组织形态	组织紧密
杂质	无肉眼可见的外来杂质

（2）白切鸡理化指标见表3－5。

表3－5　白切鸡理化指标

项目	指标		
	畜肉类	禽肉类	畜禽内脏、杂类[a]
蛋白质(g/100 g)	≥20.0	≥15.0	≥8.0
水分(g/100 g)	≤70		≤75
食盐(以 NaCl 计)(g/100 g)	≤4.0		
亚硝酸盐(以 $NaNO_2$ 计)(mg/kg)	应符合 GB 2726 规定		
铅(Pb)(mg/kg)			
无机砷(mg/kg)			
镉(mg/kg)			
总汞(以 Hg 计)(mg/kg)			
食品添加剂	应符合 GB 2760 规定		

[a]包括畜、禽类头颈、爪、蹄、尾等部分的制成品。

（3）白切鸡微生物指标应符合 GB 2726 的规定。罐头工艺生产的酱卤肉制品应符合罐头食品商业无菌的要求。

（二）酱卤肉类

以道口烧鸡为例，介绍酱卤肉类的加工工作过程。道口烧鸡产于河南滑县道口镇，始创于清朝顺治年间，其与德州扒鸡、符离集烧鸡、沟帮子熏鸡齐名，被尊为“中国四大名鸡”之一。身形如元宝、色泽鲜艳、咸淡适口，不需刀切，用手一抖，骨肉即自行分离，无论凉热，食之余香满口。

1. 工艺流程　原料选择→宰杀→整形→晾干→上色油炸→盘锅卤煮→出锅→成品。

2. 原料辅料　道口红鸡或道口红鸡与其他品种杂交选育的道口烧鸡适用鸡100只（每只重1～1.25 kg），蜂蜜水（蜂蜜与水的比例为1∶100）适量，油炸用油（菜油、豆油或花生油等）适量，食盐4 kg。卤煮料包（100只鸡用量）：肉桂150 g、良姜150 g、砂仁100 g、香砂100 g、荜拨100 g、陈皮50 g、草果150 g、白蔻50 g、白芷150 g、丁香20 g。

3. 加工工艺

（1）原料选择整理　原料鸡品种以选用道口红鸡或道口红鸡与其他品种杂交选育的道口烧鸡适用鸡为佳，同时要求原料鸡必须为来自非疫区、健康良好，经检验合格的活鸡或冷膛白条鸡，鸡龄在半年以上、两年之内，重量在1～1.25 kg，禁止使用精神萎靡、没有活力的病鸡、死鸡或身体有伤残的鸡。

（2）宰杀　选择好的鸡运送到车间后要禁食一天后再进行宰杀。宰杀，可在专用流水生产线上完成，包括倒挂、溺鸡、宰鸡、烫鸡（约30秒）、褪毛、开膛等工序，其中开膛要求在两条鸡大腿的内侧分别向鸡尾方向割拉一道7～8 cm长的口子，两条口子在鸡脯间处交接，之后用快刀将两只鸡爪子自大小腿关节处削掉，用尖刀在鸡素子对应的鸡背上，划一道5 cm长的口子，并在此掏取鸡素子，不会影响整形后鸡身的美观，再将处理好的鸡进一步筛选，将因机械操作或其他原因造成的鸡皮发黑、破损等不符合要求的鸡挑出，最后将符合要求的鸡放入水池，取内脏、鸡素子，取内脏时，要将气管、食管一并拉出，最后清洗干净。

（3）整形　整形是道口烧鸡从外形上区别于其他烧鸡的主要标志之一，整形前需先准备好长约15 cm两头削尖的小竹棍，用刀将鸡大腿与腹部连接的皮及肋骨切断，用手抓握住两条鸡腿，用力将鸡肋骨及部分椎骨折断，将竹棍一头刺入鸡尾部，另一头刺入鸡脯间处，使其撑在鸡腹内，将鸡身撑成扁的半圆形，在鸡的脯间处割一个2厘米长的小口，将两条鸡腿一齐插入小口中，然后让鸡背部向上、尾部朝前，将鸡的两个翅膀在背部交叉后拉到鸡脖子前，再将两个翅膀尖从宰杀时割的小口中穿进鸡嘴中。经过整形的鸡，形态一致，样如元宝，线条弧度优美。鸡整形好后要将鸡晾上一段时间，将鸡身晾干。

（4）上色油炸　油炸可以使烧鸡上色，使烧鸡皮色微红，肉质白嫩，还增加了浓郁的炸香味。油炸前，先预热油炸用油至150～160 ℃，并准备好蜂蜜水，蜂蜜与水的比例为1∶100，之后将晾好的鸡身均匀涂上一层蜂蜜水，再将鸡放入油锅约半分钟，使其出锅时鸡身呈金黄色，有浓郁的炸香味。

（5）盘锅卤煮　①料包准备。道口烧鸡的独特风味主要就取决于其卤汁配方，将配方中的香料称量好后装入料包袋中，以备卤煮时使用，每个调味包可反复使用2～3次。②老汤准备。道口烧鸡使用的老汤要求为浅酱红色、无泡沫、具有浓郁的鸡肉和香辛料滋味，无异味、无肉眼可见外来杂质，无变质现象。③盘锅准备。准备好圆底大锅，将油炸好的鸡盘锅放置，盘锅完成后再在最上面均匀撒上食盐，食盐的具体用量可根据老汤的咸度、原料的不同及制作经验等进行调整，然后需要再在上面压上篦子和重物，以防止卤煮过程中，鸡身膨大浮动而不能卤煮均匀且鸡身散碎影响造型。④卤煮。向锅中缓缓加入老汤，直至浸没住最上面一层鸡，而后用大火将锅烧开，再用文火焖煮三个半小时，即可完成卤煮。

（6）出锅　烧鸡出锅前，要先将表面浮油撇去，将篦子拿掉，一只手拿住鸡脖处，另一只手用筷子托住烧鸡内的竹棍，将鸡小心从锅中取出，取放的手法至关重要，稍有不慎就会破坏鸡的品相。取出后的鸡要晾1～2个小时，将多余的油脂、水汽晾干，晾干时鸡与鸡之间不要挤压、堆积，以保持产品外形完整美观。

4. 产品质量标准　道口烧鸡质量标准系引河南省地方标准《道口烧鸡》（DB41/T 373—2004）。

（1）道口烧鸡感官指标见表3－6。

表3－6　道口烧鸡感官指标

项目	分类要求	
	道口烧鸡	软包装道口烧鸡
色泽	柿红色、微带嫩黄，肉丝粉白	柿红色、微带嫩黄，肉丝粉白
气味滋味	有经特定配方作料烧煮而成的独特风味，无异味	有经特定配方作料烧煮而成的独特风味，无异味
组织形态	肉质软硬适度，鸡体完整，无破损，鸡体两端皆尖，呈元宝形，鸡肉一咬齐茬	肉质软硬适度，600 g和600 g以上的鸡体完整，无破损，鸡体两端皆尖，呈元宝形，鸡肉一咬齐茬，600 g以下的鸡体基本完整，允许局部破损、脱骨和少量搭配，破损或搭配不得超过净含量的20%，每袋不得有两个鸡头，不得缺少鸡头或缺少两个鸡腿
杂质及其他	无羽毛、气管、鸡血、鸡爪、内脏及其他添加物，无肉眼可见外来杂质。	无羽毛、气管、鸡血、鸡爪、内脏及其他添加物，无肉眼可见外来杂质。

注：道口烧鸡鸡腿、鸡爪、鸡翅分部位小袋产品不受形态限制。使用乌鸡等特种鸡加工的道口烧鸡不受色泽限制。

（2）道口烧鸡理化指标见表3－7。

表3－7 道口烧鸡理化指标

指标分类	道口烧鸡	软包装道口烧鸡
砷（以As计）（mg/kg）	≤0.5	≤0.5
铅（以Pb计）（mg/kg）	≤1	≤1
铜（以Cu计）（mg/kg）	—	≤5
锡（以Sn计）（mg/kg）	—	≤200
亚硝酸盐（以$NaNO_2$计）（mg/kg）	≤30	≤30
氯化钠含量（%）	1.5～3.0	1.5～3.0
固形物（%）	—	道口烧鸡适用鸡≥90，其他鸡种≥95

（3）道口烧鸡微生物指标见表3－8。

表3－8 道口烧鸡微生物指标

指标分类	道口烧鸡		软包装道口烧鸡
菌落总数（cfu/g）	出厂≤3×10^4	销售≤8×10^4	应符合商业无菌要求
大肠菌群（MPN/100 g）	≤70	≤150	
沙门菌	不得检出		
志贺菌	不得检出		
葡萄球菌	不得检出		
溶血性链球菌	不得检出		

（三）糟肉类

糟肉具有色泽红亮，胶冻洁白，清凉鲜嫩爽口，糟香诱人，肥而不腻的特点。糟肉不易保存，需放在冰箱中保存，才能保持其新鲜和爽口的特色。

1. 工艺流程 原料选择处理→白煮→制糟卤→糟制→成品。

2. 原料辅料 新鲜皮薄又细腻的方肉和前后腿肉100 kg，五香粉0.03 kg，炒过的花椒3～4 kg，食盐1.7 kg，陈年香糟3 kg，味精0.1 kg，黄酒4 kg，酱油0.5 kg，高粱酒0.5 kg，绍兴酒3 kg。

3. 加工工艺

（1）原料的选择、整理 将方肉顺肋骨骨缝和肋骨垂直对半斩，斩成宽15 cm、长11 cm的长方块肉坯；前后腿肉也按此规格处理。

（2）白煮 将肉坯倒入锅内煮制，水要超过肉面，盗火煮沸，撇去脏沫；改用小火慢煮，煮至骨头易抽出即可将肉坯捞出。用筷子和铲刀将肉坯捞出，出锅后，边拆骨边在肉坯两面撒盐。

（3）制糟卤 ①准备陈年香糟。用50 kg香糟，加入1.5～2 kg炒过的花椒和盐搅拌均匀后，放入缸内密封，待第二年使用，此时即为陈年香糟。（准备陈年香糟所用原料不包含在制作糟肉所列原料辅料中）②搅拌香糟。将原料肉与陈年香糟、五香粉和500 g食盐放入搅拌器内，边搅拌边先加入少许绍兴酒，再徐徐加入黄酒和高粱酒，直到酒糟和酒完全混合没有结块为止，此时为糟酒混合物。③制糟露。在搪瓷桶上罩上白纱布，用绳将四周扎紧，纱布中间凹下，在纱布上摊表芯纸一张。将糟酒混合物倒在纱布上，加盖，使糟酒混合物通过表芯纸和纱布过滤，徐徐滴入桶内的汁液，称为糟露。过滤剩下的糟渣，待糟肉

生产结束可作为饲喂猪的上等饲料。④制糟卤。撇去白煮肉汤上的浮油，用纱布将肉汤过滤到容器中，加剩余部分的食盐、味精、绍兴酒、高粱酒、酱油，搅拌均匀并冷却。白煮肉汤量掌握在 30 kg 为宜，与糟卤拌合均匀，即为糟卤。

（4）糟制　盛有糟货的容器需事先在冰箱内冷却，将已经凉透的糟肉坯皮朝外，整齐的沿着容器壁码在盛有糟卤的容器内。将另一盛有冰的桶置于糟货中间，加速冷却，直到糟卤凝结成冻为止。

（5）保藏　糟肉需在低温而不冻结状态下保藏，需以销定产。宜宾糟肉浸于糟液中入缸，用塑料膜密封缸口，根据气温变化，确定上下翻缸时间和次数，浸泡 95 天左右即成。成品糟肉储存于缸内可存放 6 个月以上。

4. 产品质量标准　糟肉质量标准参照上海市地方标准食品安全地方标准《糟卤》（DB 31/2006—2012）。

（1）糟肉感官指标见表 3－9。

表 3－9　糟肉感官指标

项目	要求
色泽	淡褐色或淡黄色
香气	具特有的糟卤香味
滋味	咸中带鲜、醇和爽口，无异味
外观	无霉花，清澈透明

（2）糟肉理化指标见表 3－10。

表 3－10　糟肉理化指标

项目	指标
酒精度 %（V/V）	≥1.5
全氮（以氮计）g/100 mL	≥0.20

（3）糟肉污染物和真菌毒素限量指标见表 3－11。

表 3－11　污染物和真菌毒素限量指标

项目	指标
总砷（以 As 计）mg/kg	≤0.5
铅（以 Pb 计）mg/kg	≤1.0
黄曲霉毒素 B_1 μg/kg	≤5.0

（4）糟肉微生物指标见表 3－12。

表 3－12　糟肉微生物指标

项目	采样方案[a]及限量（若非指定，均以 CFU/mL 表示）			
	n	c	m	M
菌落总数	5	0	300	—
大肠菌群	5	2	10	100
沙门菌	5	0	0/25 mL	—
金黄色葡萄球菌	5	0	0/25 mL	—
霉菌	5	2	50	500

[a]样品的采样及处理按 GB 4789.1 执行。

考核要点

1. 酱卤肉制品的概念及分类。
2. 白切鸡加工工艺及操作要点。
3. 道口烧鸡加工工艺及操作要点。
4. 糟肉加工工艺及操作要点。

第三节　肠类制品加工技术

扫码“学一学”

肠类制品现泛指以鲜（冻）畜禽、鱼肉为原料，经腌制或未经腌制，切碎成丁或绞碎成颗粒，或斩拌乳化成肉糜，再混合添加各种调味料、香辛料、黏着剂、充填入天然肠衣或人造肠衣中，经烘烤、烟熏、蒸煮、冷却或发酵等工序制成的肉制品。

一、工作要点

（一）选料

供肠类制品用的原料肉，应来自健康牲畜，经兽医检验合格的，质量良好、新鲜的肉。凡热鲜肉、冷却肉或解冻肉都可用来生产。

猪肉用瘦肉作肉糜、肉块或肉丁，而肥膘则切成肥膘丁或肥膘颗粒，按照不同配方标准加入瘦肉中，组成肉馅。而牛肉则使用瘦肉，不用脂肪。因此，肠类制品中加入一定数量的牛肉，可以提高肉馅的黏着力和保水性，使肉馅色泽美观，增加弹性。

（二）腌制

一般认为，在原料中加入 2.5% 的食盐和硝酸钠 25 g，基本能满足人们的口味，并且具有一定的保水性和贮藏性。将细切后的小块瘦肉和脂肪块或膘丁摊在案板上，撒上食盐用手搅拌，务求均匀。然后，装入高边的不锈钢盘或无毒、无色的食用塑料盘内，送入 0 ℃左右的冷库内进行干腌。腌制时间一般为 2～3 天。

（三）绞肉

绞肉系指用绞肉机将肉或脂肪切碎称为绞肉。在进行绞肉操作之前，检查金属筛板和刀刃部是否吻合。检查结束后，要清洗绞肉机。在用绞肉机绞肉时肉温应不高于 10 ℃。通过绞肉工序，原料肉被绞成细肉馅。

（四）斩拌

将绞碎的原料肉置于斩拌机的料盘内，剁至糊浆状称为斩拌。绞碎的原料肉通过斩拌机斩拌，目的是为了使肉馅均匀混合或提高肉的结着性，增加肉馅的保水性和出品率，减少油腻感，提高嫩度；改善肉的结构状况，使瘦肉和肥肉充分拌匀，结合得更牢固。提高制品的弹性，烘烤时不易“起油”。在斩拌机和刀具检查清洗之后，即可进入斩拌操作。

（五）搅拌

搅拌的目的是使原料和辅料充分结合，使斩拌后的肉馅继续通过机械搅动达到最佳乳化效果。操作前要认真清洗搅拌机叶片和搅拌槽。搅拌操作程序是先投入瘦肉，接着添加调味料和香辛料。添加时，要洒到叶片的中央部位，靠叶片从内侧向外侧的旋转作用，使其在肉中分布均匀。一般搅拌5~10分钟。

（六）充填

充填主要是将制好的肉馅装入肠衣或容器内，成为定型的肠类制品。这项工作包括肠衣选择、肠类制品机械的操作、结轧串竿等。充填操作时注意肉馅装入灌筒要紧要实；手握肠衣要轻松，灵活掌握，捆绑灌制品要结紧结牢，不使松散，防止产生气泡。

（七）烘烤

烘烤的作用是使肉馅的水分再蒸发掉一部分，使肠衣干燥，紧贴肉馅，并与肉馅黏合在一起，防止或减少蒸煮时肠衣的破裂。另外，烘干的肠衣容易着色，且色调均匀。烘烤温度为65~70℃，一般烘烤40分钟即可。目前采用的有木柴火明、煤气、蒸汽、远红外线等烘烤方法。

（八）煮制

肠类制品煮制一般用方锅，锅内铺设蒸汽管，锅的大小根据产量而定。煮制时先在锅内加水至锅的容量的80%左右，随即加热至90~95℃。煮制的时间因品种而异。熟后的肠制品出锅后，用自来水喷淋掉制品上的杂物，待其冷却后再烟熏。

（九）熏制

熏制主要是赋予肠类制品以熏烟的特殊风味，增强制品的色泽，并通过脱水作用和熏烟成分的杀菌作用增强制品的保藏性。传统的烟熏方法是燃烧木头或锯木屑，烟熏时间依产品规格质量要求而定。目前，许多国家采用烟熏液处理来代替烟熏工艺。

二、设备及材料

1. 设备 绞肉机、斩拌机、搅拌机、灌肠机、灭菌锅、烟熏蒸煮箱、烘箱、制冰机等。

2. 材料 畜禽瘦肉、畜禽肥肉或鱼肉类，肠衣，盐、糖、酱油等调味品，肉类香精香料，磷酸盐、卡拉胶、硝酸盐、红曲等食品添加剂。

三、工作过程

（一）中式香肠加工工作过程

1. 工艺流程 原料肉选择与修整→切丁→拌馅、腌制→灌制→漂洗→晾晒或烘烤→成品。

2. 原料辅料 瘦肉80 kg，肥肉20 kg。猪小肠衣300 m，精盐2.2 kg，白糖7.6 kg，白酒（50°）2.5 kg，白酱油5 kg，硝酸钠0.05 kg。

3. 加工工艺

（1）原料选择与修整 原料以猪肉为主，要求新鲜。瘦肉以腿臂肉为最好，肥膘以背部硬膘为好。加工其他肉制品切割下来的碎肉亦可作原料。原料肉经过修整，去掉筋膜、骨头和皮。瘦肉用装有筛孔为0.4~1.0 cm的筛板的绞肉机绞碎，肥肉切成0.6~1.0 cm^3大小。肥肉丁切好后用温水清洗一次，以除去浮油及杂质，捞起沥干水分待用，肥瘦肉要分别存放。

（2）拌馅与腌制 按选择的配料标准，肥肉和辅料混合均匀。搅拌时可逐渐加入20%

左右的温水，以调节黏度和硬度，使肉馅更滑润、致密，在清洁室内放置 1 ~2 小时。当瘦肉变为内外一致的鲜红色，用手触摸有坚实感，不绵软，肉馅中汁液渗出，手摸有滑腻感时，即完成腌制，此时加入白酒拌匀，即可灌制。

（3）灌制　将肠衣套在灌嘴上，使肉馅均匀地灌入肠衣中。要掌握松紧程度，不能过紧或过松。

（4）排气　用排气针扎刺湿肠，排出内部空气。

（5）结扎　按品种、规格要求每隔 10 ~20 cm 米用细线结扎一道。

（6）漂洗　将湿肠用 35 ℃左右的清水漂洗一次，除去表面污物，然后依次分别挂在竹竿上，以便晾晒、烘烤。

（7）晾晒和烘烤　将悬挂好的香肠放在日光下暴晒 2 ~3 天。在日晒过程中，有胀气处应针刺排气。晚间送入烘烤房内烘烤，温度保持在 40 ~60 ℃。一般经过 3 昼夜的烘晒即完成，然后再晾挂到通风良好的场所风干 10 ~15 天即为成品。

4. 产品质量标准　中式香肠质量标准系引用中华人民共和国国家标准《中式香肠》（GB/T 23493—2009）。

（1）中式香肠感官指标见表 3 –13。

表 3 –13　中式香肠感官指标

项目	要求
色泽	瘦肉呈红色，枣红色，脂肪呈乳白色，外表有光泽
香气	腊香味纯正浓郁，具有中式香肠（腊肠）固有的风味
滋味	滋味鲜美，咸甜适中
形态	外形完整，均匀，表面干爽呈现收缩后的自然皱纹

（2）中式香肠理化指标见表 3 –14。

表 3 –14　中式香肠理化指标

项目	指标		
	特级	优级	普通级
水分(g/100 g)	≤25	≤30	≤38
氯化物（以 NaCl 计）(g/100 g)		≤8	
蛋白质(g/100 g)	≥22	≥18	≥14
脂肪(g/100 g)	≤35	≤45	≤55
总糖（以葡萄糖计）(g/100 g)		≤22	
过氧化值（以脂肪计）(g/100 g)		按照 GB 2730 的规定执行	
亚硝酸盐（以 $NaNO_2$ 计）(mg/kg)		按照 GB 2760 的规定执行	

（二）西式香肠加工工作过程

1. 工艺流程　原料肉选择和修整（低温腌制）→绞肉或斩拌→配料、制馅→灌制或填充→烘烤→蒸煮→烟熏→质量检查→贮藏。

2. 原料辅料　猪瘦肉 76 kg，肥肉丁 24 kg，淀粉 6 kg，精盐 5 ~6 kg，味精 0. 09 kg，大蒜末 0. 3 kg，胡椒粉 0. 09 kg，硝酸钠 0. 05 kg。肠衣用直径 3 ~4 cm 猪肠衣，长 20 cm。

3. 加工工艺

（1）原料肉的选择与修整　选择兽医卫生检验合格的可食动物瘦肉作原料，肥肉只能用猪的脂肪。瘦肉要除去骨、筋腱、肌膜、淋巴、血管、病变及损伤部位。

（2）腌制　将选好的肉切成一定大小的肉块，按比例添加配好的混合盐进行腌制。混合盐中通常盐占原料肉重的2% ~3%，亚硝酸钠占0.025% ~0.05%，抗坏血酸占0.03% ~0.05%。腌制温度一般在10 ℃以下，最好是4 ℃左右，腌制1 ~3 天。

（3）绞肉或斩拌　腌制好的肉可用绞肉机绞碎或用斩拌机斩拌。斩拌时肉吸水膨润，形成富有弹性的肉糜，因此斩拌时需加冰水。加入量为原料肉的30% ~40%。斩拌时投料的顺序是猪肉（先瘦后肥）→冰水→辅料等。斩拌时间不宜过长，一般以10 ~20 分钟为宜；斩拌温度最高不宜超过10 ℃。

（4）搅拌　馅在斩拌后，通常把所有辅料加入斩拌机内进行搅拌，直至均匀。

（5）灌制与填充　将斩拌好的肉馅，移入灌肠机内进行灌制和填充。灌制时必须掌握松紧均匀。过松易使空气渗入而变质；过紧则在煮制时可能发生破损。如不是真空连续灌肠机灌制，应及时针刺放气。灌好的湿肠按要求打结后，悬挂在烘烤架上，用清水冲去表面的油污，然后送入烘烤房进行烘烤。

（6）烘烤　烘烤温度65 ~80 ℃，维持1 小时左右，使肠的中心温度达55 ~65 ℃。烘好的灌肠表面干燥光滑，无油流，肠衣半透明，肉色红润。

（7）蒸煮　水煮优于汽蒸。水煮时，先将水加热到90 ~95 ℃，把烘烤后的肠下锅，保持水温78 ~80 ℃，当肉馅中心温度达到70 ~72 ℃时为止。汽蒸煮时，肠中心温度达到72 ~75 ℃时即可。

（8）烟熏　烟熏可促进肠表面干燥有光泽；形成特殊的烟熏色泽（茶褐色）；增强肠的韧性，使产品具有特殊的烟熏芳香味；提高防腐能力和耐贮藏性。一般用三用炉烟熏，温度控制在50 ~70 ℃，时间为2 ~6 小时。

（9）贮藏　未包装的灌肠吊挂存放，贮存时间依种类和条件而定。湿肠含水量高，如在8 ℃条件下，相对湿度75% ~78%时可悬挂3 天。在20 ℃条件下只能悬挂1 天。水分含量不超过30%的灌肠，当温度在12 ℃、相对湿度为72%时，可悬挂存放25 ~30 天。

4. 产品质量标准　系引用中华人民共和国国内贸易行业标准《熏煮香肠》（SB/T 10279—2017）。

（1）西式香肠感官指标见表3 –15。

表3 –15　西式香肠感官指标

项目	指标
外观	肠体均匀，不破损
色泽	具有产品固有的颜色，有光泽
组织状态	组织紧密，切片性能好，有弹性，无密集气孔
风味	滋味鲜美，有产品应有的风味，无异味
杂质	无正常视力可见杂质

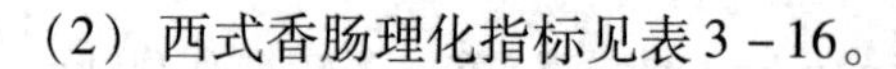

（2）西式香肠理化指标见表3 –16。

表 3-16　西式香肠理化指标

项目	指标			
	特级	优级	普通级	无淀粉级
蛋白质(g/100 g)	≥16	≥14	≥10	≥14
淀粉(g/100 g)	≤3	≤4	≤10	≤1
脂肪(g/100 g)			≤35	
水分(g/100 g)			≤75	

注：宣称无淀粉级的产品系指产品的配料中未加入任何淀粉类物质。

（三）火腿肠加工工作过程

1. 工艺流程　原料肉选择及处理→绞肉→斩拌→腌制→填充（灌制）→灭菌→冷却→成品。

2. 原料辅料　猪瘦肉 315 kg，猪肥膘 115 kg，食盐 150 g，料酒 100 g，白糖 20 g，花椒粉 10 g，胡椒粉 10 g，姜粉 10 g，味精 5 g，亚硝酸钠 015 g，抗坏血酸 215 g，复合磷酸盐 15 g，冰 90 kg，玉米淀粉 36 kg，大豆分离蛋白 22. 5 kg。

3. 加工工艺

（1）原料肉的处理　选择经兽医卫检合格的热鲜肉或冷冻肉，经修整处理去除筋、腱、碎骨与污物，用切肉机切成 5 ~7 cm 宽的长条。

（2）绞肉　将腌制好的原料肉，送入绞肉机，用筛孔直径为 3 mm 的筛板绞碎。

（3）斩拌　斩拌前先用冰水将斩拌机降温至 10 ℃左右。然后投放绞好的肉到斩拌机中斩拌 1 分钟，接着加入片冰机生产的冰片、糖及胡椒粉，斩拌 2 ~5 分钟后再加入玉米淀粉和大豆分离蛋白，继续斩拌 2 ~5 分钟。斩拌时应先慢速混合，再高速乳化，斩拌温度控制在 10 ℃左右。斩拌时间一般为 5 ~8 分钟，经斩拌后的肉馅应黏性好。

（4）腌制　斩拌将斩拌后的乳化肉馅置于 0 ~4 ℃下进行快速腌制，放置 1 天即可完成腌制。

（5）填充　将斩拌好的肉馅倒入充填机料斗，按照预定充填的重量，充入 PVDC（聚偏二氯乙烯）肠衣内，并自动打卡结扎。

（6）灭菌　灌制好的肠子要在 30 分钟内进行蒸煮杀菌，否则须加冰块降温。经蒸煮杀菌后的火腿肠，不但会产生特有的香味、风味，肉色稳定，而且还杀灭了细菌，杀死了病原菌，延长了制品的货架期。蒸煮杀菌工序分为三个阶段即升温、恒温、降温。杀菌温度和恒温时间，依灌肠的种类和规格不同而有所区别。灭菌处理后的火腿肠，经充分冷却，贴标签后，按出产日期和品种规格装箱，并入库或发货。

4. 产品质量标准　系引用中华人民共和国国家标准《火腿肠》（GB/T 20712—2006）。

（1）火腿肠感官指标见表 3-17。

表 3-17　火腿肠感官指标

项目	要求
外观	肠体均匀饱满，无损伤，表面干净、完好，结扎牢固，密封良好，肠体的结扎部位无内容物渗出
组织状态	组织致密，有弹性，切片良好，无软骨及其他杂质，无密集气孔
色泽	具有产品固有的色泽
风味	咸淡适中，鲜香可口，具有固有的风味，无异味

（2）火腿肠理化指标见表3－18。

表3－18　火腿肠理化指标

项目	指标			
	特级	优级	普通级	无淀粉产品
水分（%）	≤70	≤67	≤64	≤70
食盐（%，以NaCl计）			≤3.5	
蛋白质（%）	≥12	≥11	≥10	≥14
脂肪（%）			6～16	
淀粉（%）	≤6	≤8	≤10	≤1
亚硝酸盐（mg/kg，以$NaNO_2$计）			≤30	

考核要点

1. 斩拌的作用。
2. 西式香肠加工工艺及操作要点。
3. 火腿肠加工工艺及操作要点。

扫码"学一学"

第四节　肉干制品加工技术

肉干制品或称肉脱水干制品，是肉经过预加工后再脱水感知而成的一类熟肉制品，主要包括肉干、肉松和肉脯三大类。肉品经过干制后，水分含量低，产品耐贮藏；体积小、重量轻、便于运输和携带；蛋白质含量高，富有营养。此外，传统的肉干制品风味浓郁，回味悠长，因此肉干制品是深受大众喜爱的休闲方便食品。

一、工作要点

（一）选料

精选符合国家卫生标准畜禽或水产品瘦肉为原料，去除油污、瘀血、块状脂肪和碎骨等。

（二）影响干制速度的因素

1. 表面积　为了加速湿熟交换，食品常被分制成薄片或小片后，再行脱水干制。物料切成薄片或小颗粒后，缩短了热量向食品中心传递和水分从食品中心外移的距离，增加了食品和加热介质相互接触的表面积，为食品内水分外逸提供了更多的途径。从而加速了水分蒸发和食品脱水干制。食品的表面积越大，干燥速度越快。

2. 温度　传热介质和食品间湿差越大，热量向食品传递的速度也越大，水分外逸速度亦增加。若以空气为加热介质，则湿度就降为次要因素。原因是食品内水分以水蒸气状态从它表面外逸时，将在其周围形成饱和水蒸气层，若不及时排除掉，将阻碍食品内水分进一步外逸，从而降低水分的蒸发速度。不过温度越高，它在饱和前所能容纳的蒸汽量越多，同时若接触空气量越大，所能吸收水分蒸发量也就越多。

3. 空气流速　加速空气流动，不仅因热空气所能容纳的水蒸气量将高于冷空气而吸收较多的蒸发水分，还能及时将聚积在食品表面附近的饱和湿空气带走，以免阻止食品内水分进一步蒸发，同时还因和食品表面接触的空气量增加，而显著地加速食品中水分的蒸发。因此，空气流速愈快，食品干燥速度愈迅速。

4. 空气湿度　脱水干制时，如用空气作干燥介质，空气愈干燥，食品干燥速度也愈快，近于饱和的湿空气进一步吸收蒸发水分的能力，远比干燥空气差。

5. 真空度　在大气压力为 0.1 MPa 时，水的沸点为 100°，如大气压力下降，则水的沸点也就下降，气压愈低，沸点也降低，因此在真空室内加热干制时，就可以在较低的温度下进行。

（三）干制方法

1. 自然干燥　自然干燥法是古老的干燥方法，要求设备简单，费用低，但受自然条件的限制，温度条件很难控制，大规模的生产很少采用，只是在某些产品加工中作为辅助工序采用，如风干香肠的干制等。

2. 烘炒干制　烘炒干制法亦称传导干制，靠间壁的导热将热量传给与壁接触的物料。由于湿物料与加热的介质（载热体）不是直接接触，又称间接加热干燥。传导干燥的热源可以是水蒸气、热力、热空气等。可以在常温下干燥，亦可在真空下进行。加工肉松都是采用这种方式。

3. 烘房干燥　烘房干燥法亦称对流热风干燥。直接以高温的热空气为热源，借对流传热将热量传给物料，故称为直接加热干燥。热空气既是热载体又是湿载体。一般对流干燥多在常压下进行。因为在真空干燥情况下，气相处于低压，热容量很小，不能直接以空气为热源，必须采用其他热源。对流干燥室中的气温调节比较方便，物料不至于过热，但热空气离开干燥室时，带有相当大的热能。因此，对流干燥热能的利用率较低。

4. 微波干燥　用蒸汽、电热、红外线烘干肉制品时，耗能大，时间长，易造成外焦内湿现象。利用新型微波能技术则可有效的解决以上问题，无需热传导、辐射、对流，在短时内即可达到干燥的目的，且使肉块内外受热均匀，表面不易焦湖。但微波干燥设备有投资费用较高、干肉制品的特征性风味和色泽不明显等缺点。

5. 减压干燥　就物理现象而言，采用减压干燥，随着真空度的不同，无论是水的蒸发还是冰的升华，都可以制得干制品。①真空干燥。是指肉块在未达结冰温度的真空状态（减压）下加速水分的蒸发而进行干燥，存在着水分的内部扩散和表而蒸发。在整个干燥过程中，主要为内部扩散与内部蒸发共同进行干燥。因此，与常压干燥相比较干燥时间缩短，表面硬化现象减小。②冻结干燥。是指将肉块冻结后，在真空状态下，使肉块中的冰升华面进行干燥。这种干燥方法对色、味、香、形几乎无任何不良影响，是现代最理想的干燥方法。

二、设备及材料

1. 设备　煮锅、炒锅、烘箱、切片机，绞肉机、斩拌机等。

2. 材料　畜禽瘦肉或鱼肉类，盐、糖、酱油、料酒等调味品，八角、花椒、咖喱、桂皮、姜等香辛料。

三、工作过程

（一）咖喱猪肉干加工工作过程

肉干中含有的咖喱粉是一种混合香料，颜色为黄色，味香辣，很受人们的喜爱。

1. 工艺流程 原料选择与整理→预煮、切（丁、块）→复煮、翻炒→烘烤→成品。

2. 原料辅料 原料肉、精盐 1.5 kg，白糖 6 kg，酱油 1.5 kg，高粱酒 1 kg，味精 250 g，咖喱粉 250 g。

3. 加工工艺

（1）原料选择与整理 选用新鲜的猪后腿或大排骨的精瘦肉，剔除皮、骨、筋、膘等，切成 0.5 ~1 kg 大小的肉块。

（2）预煮和切丁 坯料倒入锅内，并放满水，用旺火煮制，煮到肉无血水时便可出锅。将煮好的肉块切成长 1.5 cm、宽 1.3 cm 的肉丁。

（3）复煮和翻炒 肉丁与辅料同时下锅，加入白汤 3.5 ~4 kg，用中火边煮边翻炒，开始时炒慢些，到卤汁快烧干时稍快一些不能焦粘锅底，一直炒至汁干后才出锅。

（4）烘烤 出锅后，将肉丁摊在铁筛子上，要求均匀，然后送入 60 ~70 ℃烤炉或烘房内烘烤 6 ~7 小时，为了均匀干燥，防止烤焦，在烘烤时应经常翻动，当产品表里均干燥时即为成品。

（二）五香牛肉干加工工作过程

牛肉干产品历史悠久，风味佳，是国内比较畅销的干制品。

1. 工艺流程 原料选择与整理→浸泡、清煮→冷却、切块→复煮→烘烤→成品。

2. 原料辅料 牛肉 50 kg，食盐 1.8 kg，白糖 280 g，酱油 3.5 kg，黄酒 750 g，味精 100 g，姜粉 50 g，八角 75 g，桂皮 75 g，辣椒面 100 g，苯甲酸钠 25 g。

3. 加工工艺

（1）原料选择与整理 选择无粗大筋腱并经过卫生检验合格的新鲜牛肉，切成 0.5 kg 左右重的肉块。

（2）浸泡、清煮 切好的肉块放入冷水浸泡 1 小时左右，让其脱出血水后，捞出沥干水分。然后把肉块投入锅内，加入食盐 1.5 kg、八角 75 g、桂皮 75 g、清水 15 kg，一起煮制，温度需保持在 90 ℃以上，不断翻动肉块，使其上下煮制均匀，并随时清除肉汤面上的浮油沫，约煮 1.5 小时，肉内部切面呈粉红色就可出锅。

（3）冷却、切块 将出锅后的肉放在竹筐中晾透，然后除去肉块上较大的筋键，切成 1 cm^3 左右肉丁。

（4）复煮 除酒和味精外，将其他剩余的辅料与清煮时的肉汤拌和，再把切好的小肉丁倒入其内，放入锅中复煮，煮制过程不断翻动，待肉汤快要熬干时，倒入酒、味精等，翻动数次，汤干出锅，出锅后盛在烤筛内摊开，摆在架子上晾凉。

（5）烘烤 将摊有肉丁的筛子放进烘房或烘炉的格架上进行烘烤，烘房或烘炉的温度保持在 50 ~60 ℃，每隔 1 小时应把烤筛上下换一次位置，同时翻动肉干，烘 7 小时左右，肉干变硬即可取出，放在通风处晾透即为成品。

（三）麻辣猪肉干加工工作过程

麻辣猪肉干，其味特殊且佳，为佐酒助餐食品。

1. 工艺流程　原料选择与整理→煮制→油炸→成品。

2. 原料辅料　猪瘦肉 50 kg，食盐 750 g，白酒 250 g，白糖 0.75～1 kg，酱油 2 kg，味精 50 g，花椒面 150 g，辣椒面 1～1.25 kg，五香粉 50 g，大葱 500 g，鲜姜 250 g，芝麻面 150 g，芝麻油 500 g，植物油适量。

3. 加工工艺

（1）原料选择与整理　选用经过卫生检验合格的新鲜猪前、后腿的瘦肉，去除皮、骨、脂肪和筋膜等，冲洗干净后切成 0.5 kg 左右的肉块。

（2）煮制　将大葱挽成结，姜拍碎，把肉块与葱、姜一起放入清水锅中煮制 1 小时左右出锅摊凉，顺肉块的肌纤维切成长约 5 cm、宽高均 1 cm 的肉条，然后加入食盐、白酒、五香粉、酱油 1.5 kg，拌和均匀，放置 30～60 分钟使之入味。

（3）油炸　将植物油倒入锅内，使用量以能腌浸肉条为原则，将油加热到 140 ℃左右，把已入味的肉条倒入锅内油炸，不停地翻动，等水响声过后，发出油炸干响声时，即用漏勺把肉条捞出锅，待热气散发后，将白糖、味精和余下的酱油搅拌均匀后倒入肉条拌和均匀，晾凉。取炸肉条后的熟植物油 2 kg，加入辣椒面拌成辣椒油，再依次把熟辣椒油、花椒面、芝麻油、芝麻面等放入晾凉后的肉条中，拌和均匀即为成品。

（四）太仓肉松加工工作过程

太仓肉松是江苏省的著名产品，创始于江苏省太仓县。历史悠久，闻名中外，曾于 1935 年在巴拿马国际展览会上获奖。

1. 工艺流程　原料选择和整理→煮制→炒制→成品。

2. 原料辅料　精瘦肉 50 kg，食盐 1.5 kg，黄酒 1 kg，酱油 17.5 kg，白糖 1 kg，味精 100～200 g，鲜姜 500 g，八角 250 g。

3. 加工工艺

（1）原料选择和整理　选用新鲜猪后腿瘦肉为原料。剔去骨、皮、脂肪、筋膜及各种结缔组织等，切成拳头大的肉块。

（2）煮制　将瘦肉块放入清水（水浸过肉面）锅内预煮，不断翻动，使肉受热均匀，并撇去上浮的油沫。约煮 4 小时，稍加压力，肉纤维可自行分离，便加入全部辅料再继续煮制，直到汤煮干为止。

（3）炒制　取出生姜和香辛料，采用小火，用锅铲一边压散肉块，一边翻炒，勤炒勤翻，操作要轻并且均匀，当肉块全部炒松散和炒干时，颜色由灰棕色变为金黄色的纤维疏松状即为成品。

（五）福建肉松加工工作过程

福建肉松为福建著名传统产品，创始者是福州市人，据传在清代已有生产，历史悠久。福建肉松的加工方法与太仓肉松的加工方法基本相同，只是在配料上有区别，另外加工方法上增加油炒工序，制成颗粒状，产品因含油量高而不耐贮藏。

1. 工艺流程　原料选择与整理→煮肉炒松→油酥→成品。

2. 原料辅料　猪瘦肉 50 kg，白糖 5 kg，白酱油 3 kg，黄酒 1 kg，味精 75 g，猪油 7.5 kg，

面粉 4 kg，桂皮 100 g，鲜姜 500 g，大葱 500 g，红曲适量。

3. 加工工艺

（1）原料选择与整理　选用新鲜猪后腿精瘦肉，剔除肉中的筋腱、脂肪及骨等，顺肌纤维切成 0.1 kg 左右的肉块，用清水洗净并沥干水。

（2）煮肉炒松　将洗净的肉块投入锅内，并放入桂皮、鲜姜、大葱等香料，加入清水进行煮制，不断翻动，舀出浮油。当煮至用铁铲稍压即可使肉块纤维散开时，再加入红曲、白糖、白酱油等。根据肉质情况决定煮制时间，一般需煮 4 ~ 6 小时，待锅内肉汤收干后出锅，放入容器晾透。然后把肉块放在另一锅内进行炒制，用小火慢炒，让水分慢慢地蒸发，炒到肉纤维不成团时，再改用小火烘烤，即成肉松坯。

（3）油酥　在炒好的肉松坯中加入黄酒、味精、面粉等，搅拌均匀后，再放到小锅中用小火烘焙，随时翻动，待大部分肉松坯都成为酥脆的粒状时，用筛子把小颗粒筛出，剩下的大颗粒肉松坯倒入加热到 200 ℃左右的猪油中，不断搅拌，使肉松坯与猪油均匀结成球形圆粒，即为成品。熟猪油加入量一般为肉坯重的 40% ~60%，夏季少些，冬季可多些。

（六）猪肉脯加工工作过程

1. 工艺流程　原料选择与整理→冷冻→切片、拌料→烘干→烤熟→成品。

2. 原料辅料　猪瘦肉 50 kg，白糖 6.75 kg，酱油 4.25 kg，味精 250 g，胡椒粉 50 g，鲜鸡蛋 1.5 kg。

3. 加工工艺

（1）原料选择与整理　选用新鲜猪后腿瘦肉为原料。剔除骨头，修净肥膘、筋膜及碎肉，顺肌肉纤维方向分割成大块肉，用温水洗去油腻杂质，沥干水分。

（2）冷冻　将沥干水的肉块送入冷库速冻至肉中心温度达到 -2 ℃即可出库。冷冻目的是便于切片。

（3）切片、拌料　把经过冷冻后的肉块装入切片机内切成 2 mm 厚的薄片。将辅料混合溶解后，加入肉片中，充分拌匀。

（4）烘干　把入味的肉片平摊于特制的筛筐上或其他容器内（不要上下堆叠），然后送入 65 ℃的烘房内烘烤 5 ~6 小时，经自然冷却后出筛即为半成品。

（5）烤熟　将半成品放入 200 ~250 ℃的烤炉内烤至出油，呈棕红色即可。烤熟后用压平机压平，再切成 12 cm ×8 cm 规格的片形即为成品。

（七）牛肉脯加工工作过程

牛肉脯以牛肉作为原料，其制作考究，质量上乘，全国各地均有制作，但辅料和加工方法略有不同。

1. 工艺流程　原料选择与整理→冷冻→切片、解冻→调味→铺盘→烘干→切形→焙烤→成品。

2. 原料辅料　牛肉 20 kg，食盐 100 g，酱油 400 g，白糖 1.2 kg，味精 200 g，八角 20 g，姜末 10 g，辣椒粉 80 g，山梨酸 10 g，抗坏血酸的钠盐 10 g。

3. 加工工艺

（1）原料选择与整理　挑选不带脂肪、筋膜的合格牛肉，以后腿肌肉为好。把牛肉切成约 25 cm^3 的肉块。

（2）冷冻　将整理后的腿肉放入冷冻室或冷冻柜中冷冻，冷冻温度在 -10 ℃左右，冷冻时间 24 小时，肉的中心温度达到 -5 ℃时为最佳。

（3）切片、解冻　将冷冻的牛肉放入切片机或进行人工切片，厚度一般控制在 1 ~ 1.5 mm，切片时必须顺着牛肉的纤维切。然后把冻肉片放入解冻间解冻，注意不能用水冲洗肉片。

（4）调味　将辅料与解冻后的肉片混合并搅拌均匀，使肉片中盐溶蛋白溶出。

（5）铺盘　一般为手工操作。先用食用油将竹盘刷一遍，然后将调味后的肉片铺平在竹盘上，肉片与肉片之间由溶出的蛋白胶相互黏住，但肉片之间不要重叠。

（6）烘干　将铺平在竹盘上的已连成一大张的肉片放入 55 ~ 60 ℃的烘房内烘干，时间需 2 ~ 3 小时。烘干至含水量为 25% 为佳。

（7）切形　烘干后的牛肉片是一大张，把大张牛肉片从竹盘上揭起，切成 6 ~ 8 cm 的正方形或其他形状。

（8）焙烤　把切形后的牛肉片送入 200 ~ 250 ℃的烤炉中烤制 6 ~ 8 分钟，烤熟即为成品，不得烤焦。

（八）重组肉脯加工工作过程

重组肉脯原料来源广泛，营养价值高，成本低，产品入口化渣，品质优良。同时也可以应用现代连续化机械生产，它是肉脯发展的重要方向。

1. 工艺流程　选料与整理→斩拌→摊盘→烤制→压平、切块→成品。

2. 原料辅料　禽瘦肉 50 kg，白糖 6.5 ~ 7.5 kg，鱼露 4 kg，白酒 250 g，味精 250 g，鸡蛋 1.5 kg，白胡椒粉 100 g，红曲米适量。

3. 加工工艺

（1）选料与整理　选用健康家禽的胸部和腿部肌肉。将选好的原料拆骨，去除皮、皮下脂肪和筋膜等，洗净后切成小肉块。

（2）斩拌　将小肉块倒入斩拌机内进行剁制、斩碎 5 ~ 8 分钟，边斩拌边加入各种辅料，并加入适量的冷水调和。斩拌结束后，静置 20 分钟，让调味料充分渗入肉中。

（3）摊盘　将烤制用的筛盘先刷一遍油，然后将斩拌后的肉泥摊在筛盘上，厚度为 2 mm 左右，厚薄均匀一致。

（4）烤制　把肉料连同筛盘放进 65 ~ 70 ℃的烘房中烘 4 ~ 5 小时，取出自然冷却。再放进 200 ~ 250 ℃的烤炉中烤制 1 ~ 2 分钟，至肉片收缩出油即可。

（5）压平、切块　用压平机将烤制表好的肉片压平，切成 8 cm × 12 cm 的长方块，即为成品。

考核要点

1. 肉干、肉松和肉脯的加工工艺。
2. 影响干燥的因素。

扫码“学一学”

第五节　肉类罐头加工技术

罐头的种类包括：①清蒸类罐头。原料经初步加工后，不经烹调而直接装罐制成的罐头。它的特点是最大限度地保持各种肉类的特有风味，如原汁猪肉、清蒸牛肉、白切鸡等罐头。②调味类罐头。原料肉经过整理、预煮或油炸、烹调后装罐，加入调味汁液而制成的罐头。它的特点是具有原料和配料特有的风味和香味，色泽较一致，块形整齐，如红烧扣肉、咖喱牛肉、茄汁兔肉罐头等。调味类罐头是肉类罐头品种中数量最多的一种。③腌制类罐头。将原料肉整理，用食盐、硝酸盐、白糖等辅料配制而成的混合盐进行腌制后，再经过加工制成的罐头。这类产品具有鲜艳的红色和较高的保水性，如午餐肉、咸牛肉、猪肉火腿等。④烟熏类罐头。处理后的原料经腌制、烟熏后制成的罐头。有鲜明的烟熏味，如西式火腿、烟熏肋条等。⑤香肠类罐头。肉腌制后再加入各种辅料，经斩拌制成肉糜，然后装入肠衣，经烟熏、预煮再装罐制成的罐头。⑥内脏类罐头。将猪、牛、羊的内脏及副产品，经处理调味或腌制加工后制成的罐头，即为内脏类罐头，如猪舌、牛舌、猪肝酱，牛尾汤、卤猪杂等罐头。

一、工作要点

（一）罐头容器的选用

1. 听装罐头　是采用金属罐为容器进行装罐和包装的罐头。金属罐中目前最常用的材料是镀锡薄钢板以及涂料铁等，其次是铝材以及镀铬弹钢板等。

2. 玻璃瓶罐头　玻璃瓶罐头是采用玻璃瓶罐为容器进行装罐和包装的罐头。玻璃瓶的优点为：①玻璃的化学稳定性较好，和一般食品不发生反应，能保持食品原有风味，而且清洁卫生；②玻璃透明，便于消费者观察内装食品，以供选择；③玻璃罐可多次重复使用，甚为经济。

3. 软罐头　软罐头是指高压杀菌复合塑料薄膜袋装罐头，是用复合塑料薄膜袋装置食品，并经杀菌后能长期贮藏的袋装食品称作软罐头。它质量轻，体积小，开启方便，耐贮藏，可供旅游、航行、登山等需要。其优点为能进行超高温 135 ℃杀菌，实现高温短时间杀菌；不透气及水蒸气，内容物几乎不发生化学作用，能较长期地保持内容物的质量；袋薄，接触面积大，传热性好，它可以缩短加热时间；密封性好，不透水、氧光；食用方便，容易开启，包装美观。

（二）原料选择与预处理

1. 原料选择　原料应选用符合卫生标准的鲜肉或冷冻肉。

2. 原料预处理　畜肉的预处理包括洗涤、剔骨、去皮（或不去骨皮）、去淋巴及切除不宜加工的部分。原料剔骨前应用清水洗涤，除尽表面污物，然后分段。分段后的肉分别剔除脊椎骨、肋骨、腿骨及全部硬骨和软骨，剔骨时应注意肉的完整，避免碎肉及碎骨渣。去皮时刀面贴皮进刀，要求皮上不带肥肉，肉上不带皮，然后按原料规格及要求割除全部淋巴、筋腱、大血管和病灶等，并除净表面油污、毛及其他杂质。

禽则先逐只将毛拔干净，然后切去头，颈可留 7 ~ 9 cm 长，割除翅尖、两爪，除去内

脏及肛门等。家禽拆骨时，将整只家禽用小刀制断颈皮，然后将胸肉划开，拆开胸骨，割断腿骨筋，再将整块肉从颈沿背部往后拆下，注意不要把肉拆碎和防止骨头折断，最后拆去腿骨。

（三）原料的预煮和油炸

预煮和油炸是调味类罐头加工的主要环节。

1. 预煮　预煮前按制品的要求，切成大小不等的块形。预煮时将原料投入沸水中煮制 20 ~ 40 分钟，要求达到原料中心无血水为此。加水量以淹没肉块为准，一般为肉重的 1.5 倍。经预煮的原料，其蛋白质受热后逐渐凝固，肌浆中蛋白质发生不可逆的变化成为不溶性物质。随着蛋白质的凝固，亲水的胶体体系遭到破坏则失去持水能力而发生脱水作用。由于蛋白质的凝固，肌肉组织紧密变硬，便于切块。同时，肌肉脱水后对成品的固形物量提供了保证。此外，预煮处理能杀灭肌肉上的部分微生物，有助于提高杀菌效果。

2. 油炸　原料肉预煮后，即可油炸。经过油炸产品可脱水上色，增加产品风味，油炸后肉类失重 28% ~38% 。油炸方法一般采用开口锅放入植物油加热，然后根据锅的容量将原料分批放入锅内进行油炸，油炸温度为 160 ~ 180 ℃。油炸时间根据原料的组织密度、形状、肉块的大小、油温和成品质量要求等有所不同，一般为 3 ~ 10 分钟。大部分产品在油炸前都要求涂上稀糖色液，经油炸后，其表面呈金黄色或酱红色。

（四）装罐

原料肉经预煮和油炸后，要迅速装罐密封。原汁、清蒸类以及生装产品，主要是控制好肥瘦、部位搭配、汤汁或猪皮粒的加量，以保证固形物的含量达到要求。装罐时，要保证规定的重量和块数。装罐前食品须经过定量后再装罐，定量必须准确。同时还必须留有适当的顶隙，顶隙的大小直接影响着罐头食品的容量、真空度的高低和杀菌后罐头的变形。顶隙标准一般在 6.4 ~9.6 mm。还要保持内容物和罐口的清法、严防混入异物，并注意排列上的整齐美观。目前，装罐多用自动或半自动式装罐机，速度快，称量准确，节省人力，但小规模生产和某些特殊品种仍需用人工装罐。

（五）排气与封罐

1. 排气　排气是指罐头在密封前或密封同时，将罐内部分空气排除掉，使罐内产生部分真空状态的措施。

（1）排气的作用　排气的作用是防止杀菌时及贮藏期间内容物氧化，避免香味及营养的损失；减少罐内压力，加热杀菌时不致压力过大使罐头膨胀或影响罐缝的严密度，便于长期贮存。

（2）排气的方法　排气方法有加热排气和机械排气两种。加热排气是把装好食品的罐头，借助蒸汽排气。机械排气在大规模生产罐头时都使用真空封罐机，抽真空与封罐同时在密闭状态下进行。

2. 封罐　封罐就是排气后的罐头用封口机将罐头密封住，使其形成真空状态，以达到长期贮藏的目的。封罐所用的机械称为封罐机。根据各种产品的要求，选择不同的封罐机，按构造和性能可分为手板封罐机、半自动封罐机、自动封罐机和真空封罐机。自动封罐机，封罐速度快，密封性能好，但结构较复杂，要有较熟练技术方能操作。

（六）杀菌

1. 杀菌的意义 罐头杀菌的目的是杀灭食品中所污染的致病菌、产毒菌、腐败菌，并灭活食物中的酶，使食品贮藏一定时间而不变质。在杀菌的同时，又要求较好地保持食品的形态、色泽、风味和营养价值。

2. 杀菌的方法 肉类罐头属于低酸性食品，常采用加压蒸汽杀菌法，杀菌温度控制在112～121 ℃。杀菌过程可划分为升温、恒温、降温三个阶段，其中包括温度、时间、反压三个影响因素，不同罐头制品杀菌工艺条件不同，湿度、时间和反压控制不一样。

目前，我国大部分工厂均采用静置间歇的立式或卧式杀菌锅，罐头在锅内静止不动，始终固定在某一位置，通入一定压力的蒸汽，排除锅内空气及冷凝水后，使杀菌器内的温度升至112～121 ℃进行杀菌。为提高杀菌效果，现常采用旋转搅拌式灭菌器。这种方法改变了过去罐头在灭菌器内静置的方式，加快罐内中心温度上升，杀菌温度也提高到121～127 ℃，缩短了杀菌时间。

（七）冷却

罐头杀菌后，罐内食品仍保持很高的温度，所以为了消除多余的加热作用，避免食品过烂和维生素的损失及制品色、香、味的恶化，应该立即进行冷却。杀菌后冷却速度越快，对于食品的质量影响越小，但要保持容器在这种温度变异中不会受到物理破坏。

冷却的方法，按冷却时的位置，可分为锅内冷却和锅外冷却；按冷媒介质，可分为水冷却和空气冷却。空气冷却速度极其缓慢，除特殊要求很少应用。水冷却法是肉类罐头生产中使用最普遍的方法，其又分为喷水冷却和浸水冷却，喷冷方式较好。对于玻璃罐或扁平面体积大的罐型，宜采用反压冷却，可防止容器变形或跳盖爆破，特别是玻璃罐。冷却速度不能过快，先用热水或温水分段冷却（每次温差不超过25 ℃），最后用冷水冷却。冷却必须充分，如未冷却立即入库，产品色泽会变深，影响风味。肉罐头冷却到39～40 ℃时，即可认为完成冷却工序，这时利用罐体散发的余热将罐外附着的少量水分自然蒸发掉，可防止生锈。

（八）检验与贮藏

罐头在杀菌冷却后，必须经过成品检查以便确定成品的质量和等级。目前我国规定肉类罐头要进行保温检查，其温度为55 ℃，保温7昼夜。罐头经检验合格后，在出厂前，一般还要涂擦、粘贴商标和装箱。罐头贮藏的适宜温度为0～10 ℃，不能高于30 ℃，也不要低于0 ℃。贮藏间相对湿度应在75%左右，并避免与吸湿的或易腐败的物质放在一起，防止罐头生锈。

二、设备及材料

1. 设备 装罐机、封口机、绞肉机、斩拌机、搅拌机、杀菌锅、制冰机等。

2. 材料 畜禽瘦肉、畜禽肥肉或鱼肉类，盐、糖、酱油等调味品，肉类香精香料，磷酸盐、卡拉胶、硝酸盐、红曲等食品添加剂。

三、工作过程

（一）原汁猪肉罐头加工工作过程

原汁猪肉罐头最大限度地保持原料肉特有的色泽和风味，产品清淡，食之不腻，深受大众喜爱。

1. 工艺流程　原料肉的处理→切块→制猪皮粒→拌料→装罐→排气和密封→杀菌和冷却→成品。

2. 原料辅料　猪肉 100 kg，食盐 0.85 kg，白胡椒粉 0.05 kg，猪皮粒 4 ~ 5 kg。

3. 加工工艺

（1）原料肉的处理　除去毛污、皮，剔去骨，控制肥膘厚度在 1 ~ 1.5 cm，保持肋条肉和腿部肉块的完整。除去颈部刀口肉、胸脯肉及粗筋腱等组织。将前腿肉、肋条肉、后腿肉分开放置。

（2）切块　将猪肉切成 3.5 ~ 5 cm 小方块，大小要均匀，每块重 50 ~ 70 g。

（3）制猪皮粒　取新鲜的猪背部皮，清洗干净后，用刀刮去皮下脂肪及皮面污垢，然后切成 5 ~ 7 cm 宽的长条，放在 -5 ~ -2 ℃条件下冻结 2 小时，取出用绞肉机绞碎，绞板孔 2 ~ 3 mm，绞碎后置冷库中备用。这种猪皮粒装罐后可完全溶化。

（4）拌料　对不同部位的肉分别与辅料拌匀，以便装罐搭配。

（5）装罐　用内径 99 mm、外高 62 mm 的铁罐装肥瘦搭配均匀的猪肉 5 ~ 7 块，约 360 g，猪皮粒 37 g。罐内肥肉和溶化油含量不要超过净重 30%，装好的罐均需过秤，以保证符合规格标准和产品质量的一致。

（6）排气和密封　采用热力排气，中心温度不低于 65 ℃。抽气密封真空度 70.65 kPa 左右。

（7）杀菌和冷却　密封后的罐头应尽快杀菌，停放时间一般不超过 40 分钟。杀菌后立即冷却至 40 ℃左右。

（二）红烧牛肉罐头加工工作过程

1. 工艺流程　原料选择及修整→预煮→配汤→装罐→排气及密封→杂菌及冷却→成品。

2. 原料辅料　牛肉 150 kg，骨汤 100 kg，食盐 4.23 kg，酱油 9.7 kg，白糖 12 kg，黄酒 12 kg，味精 240 g，琼脂 0.73 kg，桂皮 60 g，姜 120 g，八角 50 g，花椒 22 g，大葱 0.6 kg，植物油适量。

3. 加工工艺

（1）原料选择及修整　选去皮剔骨牛肉，除去淋巴结、大的筋腱及过多的脂肪，然后用清水洗净，切成 5 cm 宽的长条。

（2）预煮　将切好的肉条放入沸水中煮沸 15 分钟左右，注意撇沫和翻锅，煮到肉中心稍带血色即可，捞出后，把肉条切成厚 1 cm、宽 3 ~ 4 cm 小的肉块。

（3）配汤　先将辅料中的香辛料与清水入锅同煮，煮沸约 30 分钟，然后舀出过滤即成香料水。把琼脂与骨汤一起加热，待琼脂全部溶化，再加入其他辅料和香料水，一起煮沸，临出锅时加入黄酒及味精，舀出过滤后即成装罐用汤汁。

（4）装罐　净重 312 g/罐，内装牛肉 190 g、汤汁 112 g、植物油 10 g。

（5）排气及密封　抽气密封，真空度53.33 kPa以上。

（6）杀菌及冷却　冷却至40～45 ℃即可。

（三）红烧排骨罐头加工工作过程

1. 工艺流程　原料处理→配料及调味→装罐→排气及密封→杀菌及冷却→成品。

2. 原料辅料　猪肋排100 kg，食盐3 kg，酱油17.5 kg，白糖6.25 kg，味精315 g，黄酒1.5 kg，酱色0.5 kg，桂皮125 g，花椒1258，八角25 g，生姜375 g，骨汤100 kg。

3. 加工工艺

（1）原料处理　将洗净的肋排每隔二根排骨斩成条，然后斩成4～5 cm长的小块。放入180～220 ℃的油锅中炸3～5分钟，炸至表面金黄色时捞出。

（2）配科及调味　将香辛料加水熬煮4小时以上，得香料水2 kg，过滤备用。把除黄酒外的全部辅料与过滤后的香料水混合并加热煮沸，临出锅时加入黄酒，每锅汤汁约得125 kg，趁热装罐。

（3）装罐　用内径99 mm、外高62 mm的圆罐，净重397 g/罐，内装排骨285～295 g，汤汁112～102 g。

（4）排气及密封　抽气密封，真空度53.33～66.65kPa。

（5）杀菌及冷却　冷却至40～45 ℃即可。

（四）午餐肉罐头加工工作过程

1. 工艺流程　原料处理→腌制→绞肉斩拌→搅拌→装罐→排气及密封→杀菌及冷却→成品。

2. 原料辅料　猪肥瘦肉30 kg，净瘦肉70 kg，淀粉11.5 kg，玉果粉58 g，白胡椒粉190 g，冰屑19 kg，混合盐2.5 kg（混合盐配料为食盐98%、白糖1.7%、亚硝酸钠0.3%）。

3. 工艺流程

（1）原料处理　选用去皮剔骨猪肉，去净前后腿肥膘，只留瘦肉，肋条肉去除部分肥膘，膘厚不超过2 cm，成为肥瘦肉，经处理后净瘦肉含肥膘为8%～10%，肥瘦肉含膘不超过60%，在夏季生产午餐肉，整个处理过程要求室内温度在25 ℃以下，如肉温超过15 ℃需先行降温。

（2）腌制　净瘦肉和肥瘦肉应分开腌制，各切成了3～5 cm小块，分别加入2.5%的混合盐拌匀后，放入缸内，在0～4 ℃温度下腌制2～4小时，至肉块中心腌透呈红色，肉质有柔滑和坚实的感觉为止。

（3）绞肉斩拌　净瘦肉使用双刀双绞板进行细绞（里面一块绞板孔径为9～12 mm，外面一块绞板孔径为3 mm)，肥瘦肉使用孔径7～9 mm绞板的绞肉机进行粗绞。将全部绞碎肉倒入斩拌机中，并加入冰屑、淀粉、白胡椒粉及玉果粉进行斩拌3分钟，取出肉糜。

（4）搅拌　将上述斩拌肉一起倒入搅拌机中，先搅拌20秒左右，加盖抽真空，在真空度66.65～80.00 kPa情况下搅拌1分钟左右。

（5）装罐　用内径99 mm、外高62 mm的圆罐，装397 g肉品，不留顶隙。

（6）排气及密封　抽气密封，真空度约40.00 kPa。

（7）杀菌及冷却　杀菌温度121 ℃，杀菌时间按罐型不同，一般为50～150分钟。杀

菌后立即冷却到 40 ℃以下。

考核要点

1. 肉类罐头的种类。
2. 肉类罐头杀菌的方法。
3. 肉类罐头生产的基本工艺过程。

思考题

1. 若在制作酱卤类肉制品时没有老汤，则在配料时应注意哪些事项？
2. 火腿肠灭菌和填充时主要有哪些注意事项？
3. 肉干、肉松和肉脯在加工工艺上有何显著不同？
4. 试述肉类罐头加工技术（以午餐肉罐头为例）。

（郭志芳　赵永敢　樊金山）

第四章　水产品加工技术

知识目标

1. 掌握　腌制和烟熏食品、水产罐头、鱼糜及鱼糜制品加工工艺技术及操作要点；水产品保活运输技术。
2. 熟悉　常用保鲜方法；熏制前处理；水产罐头、鱼糜及鱼糜制品质量标准。
3. 了解　水产品的特点；水产腌制和烟熏加工原理。

能力目标

1. 能够解决实际生产中的问题，具备水产品保鲜和保活运输、腌制和烟熏食品加工的职业能力，胜任职业岗位。
2. 学会水产罐头、鱼糜及鱼糜制品的基本加工方法，并能根据加工中出现的质量问题，进行初步分析判断，并能初步提出质量控制措施。

扫码“学一学”

第一节　水产品保活保鲜技术

由于水产品从捕获、运输到销售的过程中极易腐败，失去其营养和食用价值，所以解决水产品的保鲜储运问题具有重要的意义。水产品新鲜度的下降，主要是内源酶、微生物的作用，以及氧化、水解等一系列生物化学反应的结果。水产品保鲜储存通常是指用物理或化学方法延缓或抑制水产品的腐败变质，以保证其新鲜状态与品质，同时达到延长货架期的目的。水产品的储藏保鲜方法主要包括低温保鲜、气调保鲜和冰温气调保鲜等。

一、水产品的冷却保鲜

水产品的冷却保鲜，是将水产品温度降低到接近液汁的冰点，从而抑制或减缓水产品体中酶和微生物的作用，使水产品在一定时间内保持其良好鲜度的过程。水产品的冷却保鲜一般应在渔获物捕捞之后立即进行，此时要求在渔船上进行冷却保鲜工作，以使渔获物从渔场到码头卸货这段时间内保持鲜度。渔获物的冷却方法有冰冷却法和冷海水冷却法两种，前者保冷温度在0～3 ℃，保鲜期为7～12天；后者保冷温度在－1～0 ℃，保鲜期为9～12天。另外还有空气冷却、冰盐混合冷却等方法。空气冷却法因其不能大批量处理鱼货，且冷却速度慢，在鱼的冷却中较少采用；冰盐混合冷却由于采用的温度较低，归入微冻保鲜范畴。

（一）冰冷却法

冰冷却法又称冰藏法和冰解法，是鲜水产品保藏运输中使用最普遍的方法。用冰作为冷却介质，简单易行，不需要额外的动力，也不需对渔船做改造。冰分为淡水冰和海水冰。我国传统的冰保鲜方法是渔船归港卸货后，出海时带上机制冰。由于冰是在陆地冰厂生产的，一般都是淡水冰。水产品冰冷却方法有撒冰法和水冰法两种。

1. 撒冰法　撒冰法是将碎冰直接撒到鱼体表面。它的好处是简便，融冰水又可洗净鱼体表面，除去细菌和黏液，还可以防止鱼体表面氧化干燥。

撒冰法保鲜的鱼类应是死后僵硬前或僵硬中的新鲜品，加工时必须在低温、清洁的环境中，迅速、细心地操作。具体做法是：先在容器的底部撒上碎冰，称为垫冰；容器壁上堆冰；把小型鱼整条放入，紧密地排列在冰层上，鱼背向下或向上皆可，但要略为倾斜，在鱼层上均匀地撒一层冰，称为添冰；然后再一层鱼一层冰，在最上部撒一层较厚的碎冰，称为盖冰。容器底都要开孔，让融水流出，避免鱼体在水中浸泡而造成不良影响。大型鱼类撒冰冷却时，要除去内脏和鳃，并洗净，且在腹部填装碎冰，为抱冰。整个过程用的冰要求冰粒要细小，冰量要充足，不允许发生脱冰现象。

在冰藏过程中，除了用冰量要充足外，保鲜方法对鱼货质量的好坏和保鲜期长短也有极其重要的影响。保鲜过程需注意以下事项。

（1）渔获后处理鱼要及时，迅速洗净鱼体，按品种、大小分类，把压坏、破腹、损伤的鱼选出，剔除有毒和不能食用的鱼，将易变质的鱼按顺序先做处理，避免长时间停留在高温环境中。

（2）尽快地撒冰装箱。用冰量要充足，冰粒要细，撒冰要均匀，层冰层鱼，不能脱冰。

（3）融冰水要流出。融冰水往下流，下层鱼会被污染，故每层鱼箱之间要用塑料布或硫酸纸隔开，应经常检查融冰水，融冰水应是色清无臭味的，其温度不应超过 3 ℃，若超过要及时加冰。

（4）控制好舱温，进货前，应对船舱进行预冷，保鲜时，舱底、壁应多撒几层冰。舱温应控制在 (2 ±1)℃，有制冷设备的船，切勿把舱温降到低于 0 ℃（用海水冰的，不低于 -1 ℃），否则上层的盖冰会形成一层较硬的冰盖，使鱼体与冰之间无法直接接触。

（5）把不同鲜度的鱼货分别装箱装船，以免坏鱼影响好鱼。

2. 水冰法　水冰法就是先用冰把淡水或海水的温度降下来（淡水 0 ℃，海水 -1 ℃），然后把鱼类浸泡在水冰中的冷却方法，其优点是冷却速度快，能集中处理大批量的鱼货。水冰法一般都用于迅速降温，待鱼体冷却到 0 ℃时即取出，改用撒冰法保藏。因为如果整个保鲜过程都用水冰法保鲜，鱼体会因浸泡时间长而吸水膨胀、体质发软，易腐败变质。水冰法应注意以下事项。

（1）淡水或海水要预冷（淡水 0 ℃，海水 -1 ℃）。

（2）水池要注满水以防止摇动，避免擦伤鱼体。

（3）用冰要充分，水面要被冰覆盖，若无浮冰，应及时加冰。

（4）鱼洗净后才可放入，避免污染冰水。若被污染，需及时更换。

（5）鱼体温度冷却到 0 ℃左右时即取出，改为撒冰保鲜贮藏。

（二）冷却海水冷却法

冷却海水保鲜是将渔获物浸渍在温度为 -1 ~0 ℃的冷却海水中的一种保鲜方法。冷海水保鲜装置主要由小型制冷压缩机、冷却管组、海水冷却器、海水循环管路、泵及隔热冷却海水鱼舱等组成。冷却海水鱼舱要求隔热、水密封以及耐腐蚀、不沾污、易清洗等。制冷机组采用氟利昂的较多见。

冷却海水冷却法的供冷方式有机械制冷冷却和机械制冷加碎冰结合冷却两种方式。一般认为，要在短时间内冷却大量渔获物，采用机械制冷加碎冰的冷却方式较合适，因为冰具有较大的融化潜热，借助它来把渔获物冷却到 0 ℃。在随后的保温阶段，每天用较小的冷量可以补偿外界传入鱼舱的热量。由于保温阶段所需的冷量较小，就可以选用制冷量较小的制冷机组，从而减小渔船动力和安装面积。

实际生产时，鱼与海水的比例一般为7∶3。应按此比例准备好清洁的海水，并事先用制冷机冷却备用。

冷却海水冷却法最大的优点是冷却速度快，可在短时间内处理大量鱼货，操作简单，保鲜效果好，又可用吸鱼泵装卸鱼货，减轻劳动强度。冷却海水冷却法的缺点是鱼体吸取水分和盐分，使鱼体膨胀、鱼肉略咸、体表稍有变色，同时由于船身的晃动导致鱼体损伤和存在脱鳞现象。为了克服上述缺点，在国外一般有两种方法：一种是作为预冷用，即把鱼体温度冷却到0 ℃左右后，再取出撒冰保鲜。另一种是在冷却海水里冷却贮藏，但时间只允许3~5天。

二、水产品的微冻保鲜

微冻保鲜亦称“部分冻结法”“浅度冻结法”“过冷却”“半冻结”，它是介于非冻结食品与冻结食品之间的一种冷藏法。将食品保藏在其细胞汁液冻结温度以下（-3 ℃左右）的一种轻度冷冻的保鲜方法，在该温度下食品表层水分处于冻结（微冻）状态，可以有效地抑制微生物的繁殖。优点比非冻结食品的保藏期稍长，常用于鱼类或肉类的冷藏运输或短期贮藏。微冻保鲜的基本原理是低温能抑制微生物的生长繁殖，抑制酶的活性，减缓脂肪氧化，解冻时鱼体液汁流失较少、鱼体表面色泽好。据报道，微冻保鲜期可达到一般冷却的1.5~2倍，根据鱼种的不同大致在20~27天。

（一）冰盐混合微冻

冰盐混合物是一种有效的起寒剂。当将盐掺在碎冰中时，盐就会在冰中溶解而产生吸热作用，使冰的温度降低。冰盐混合在一起，在同一时间内会发生两种吸热现象：一种是冰的融化，吸收融化热；另一种是盐的溶解，吸收溶解热。因此，在短时间内能吸收大量的热，从而使冰盐混合物温度迅速下降，它比单纯冰的温度要低得多。冰盐混合物温度的高低取决于掺入盐的量，当掺入3%的食盐时，微冻温度达到-3 ℃。在鱼箱或鱼舱的面冰上，应逐日补充适当的冰和盐。保鲜期可达12天左右，比一般碎冰冷却及冰藏保鲜期延长一倍以上。

（二）低温盐水微冻

盐水微冻船的主要装置有盐水微冻舱、保温鱼舱和制冷系统三部分。我国南海拖网渔船上对渔获物进行低温盐水微冻保鲜。

（三）吹风冷却微冻

吹风冷却微冻速度较慢，但国内外都有应用实例。一般的操作方法为：将鱼放入吹风式速冻装置中，吹风冷却的时间与空气温度、鱼体大小和品种有关，最后置于室温为 -3～-2 ℃的冷藏室内微冻保藏。

三、气调保鲜

（一）气调保鲜原理

气调保鲜是一种通过调节和控制食品所处环境中气体组成的保鲜方法。水产品的气调包装采用高阻隔性的尼龙或其他多层阻隔性塑料薄膜制成的复合软包装，并充入 CO_2、N_2 或其他惰性气体。其基本原理是在适宜的低温下，改变贮藏库或包装内气体的组成，降低氧气的含量，增加二氧化碳的含量，从而减弱鲜活品的呼吸强度，抑制微生物的生长繁殖，降低食品中化学反应的速度，达到延长保鲜期和提高保鲜效果的目的。

（二）影响气调保鲜效果的因素

1. 原料类型和新鲜程度　活杀的淡水鱼比海水鱼的气调保鲜效果要好，海水鱼中海鳗和带鱼比小黄鱼的保鲜效果要好。另外，水产品的货架期与其初始带菌数及新鲜程度直接相关。

2. 气体的配比　提高 CO_2 的浓度可使好氧菌的生长速率减慢。CO_2 对水产品中不同种类的微生物作用不同，一般来说革兰阴性细菌比革兰阳性细菌对 CO_2 更为敏感，而有些细菌在 50% CO_2 中还能生长，如乳酸菌对 CO_2 有很高的抗性，甚至在 100% 的 CO_2 中还能生长。CO_2 浓度与汁液流失率有关，其浓度增加 10%，鱼肉的渗水率约增加一倍。因此，对于富含水分的水产品来说，应避免使用高含量的 CO_2。这是由于 CO_2 溶于鲜鱼肌肉表面导致其 pH 下降，从而降低了蛋白质的持水能力，因而在储藏的过程中有大量的渗出液出现。

3. 储藏温度　由于 CO_2 在低温下溶解性提高，使食品的 pH 下降，因而 CO_2 在低温下的抑菌效果高于常温。

4. 包装材料　由高分子聚合物构成的塑料单体膜和复合膜对气体和水蒸气都有一定的透性，其透气率随分子结构、气体种类、气体浓度和温度而变化。由于透气率随温度升高而呈线性上升，换句话说，气调包装的储藏温度也应尽量降低，以减少 CO_2 逸失，从而延长保质期。对于需要保持包装材料内气体成分和浓度不变的气调包装食品来说，应该选用对气体具有高阻隔性的复合包装材料。由于在气体保鲜中 CO_2 是防止水产品变质的主要组分，故选择包装材料时一般以 CO_2 的透气率来定。

（三）气调保鲜对水产品及其制品品质的影响

1. 气调保鲜对水产品品质的影响

（1）气调包装对水产品感官品质的影响　鱼类在储藏过程中的不良腥味的产生主要与细菌的代谢作用密切相关，其体表产生污浊的黏状物，是微生物繁殖后形成的菌落。在空气包装的条件下，这些黏状物是由革兰阴性菌、乳酸菌、酵母菌等产生的；在气调包装条件下，则是由乳酸菌等产生的。水产品在收获储运的过程中颜色极易发生变化，而气调包装可以明显改善水产品在冷藏过程中的颜色变化。

（2）气调对微生物生长繁殖的影响　好氧性微生物在低氧环境下，其生长繁殖就会受到抑制，在氧气浓度为 6%～8% 的环境中，某些霉菌就会停止生长或发育受阻。气调之所以能够提高水产品的保鲜效果，除了低温之外，还因为有低氧、高二氧化碳的效果，或是

几个方面的综合作用。

(3) 气调可抑制鲜水产品的呼吸作用及新陈代谢　鲜活食品中的许多营养物质，如糖类、有机酸、蛋白质和脂肪等，在生物体呼吸代谢过程中作为呼吸底物，经一系列氧化还原反应而被逐步降解，并释放出大量的呼吸热。由于气调抑制了鲜活品的呼吸作用，减少了呼吸底物的消耗，因而可以减少生物体内营养物质的损失。这既减少了产品的重量损失和呼吸热，又提高了产品的营养价值。

(4) 气调对水产品成分变化的影响　水产品类在保鲜过程中，脂肪容易发生自动氧化作用，降解为酮和酸等低分子化合物，导致水产品发生氧化酸败。由于气调保鲜采取低氧、无氧和充氮，就可以使脂肪的氧化酸败减弱或不发生。这不仅防止水产品因β-脂肪氧化酸败所产生的异味，而且还防止了因油烧所产生的颜色变化。

氧气除了会使水产品中的脂肪发生氧化酸败，还可以使水产品中多种成分发生氧化反应，如抗坏血酸、谷胱肽和半胱氨酸等。水产品成分的氧化不仅降低了食品的营养价值，甚至产生过氧化类脂物等有毒物质，使食品的色、香、味品质变差，而采用气调保鲜可避免或减轻以上不利于食品质量的一系列变化。

2. 气调保鲜对水产品加工品（鱼丸）品质的影响　采用CO_2气调包装对鱼丸保鲜效果的影响很显著，CO_2浓度越高，保鲜效果越好。此外，采用CO_2气调包装可以明显抑制鱼丸中细菌的生长。

（四）气调保鲜的安全问题

气调保鲜能够延长许多产品的货架期已经得到了普遍的认同，但是一些权威机构与食品工业组织等对气调保鲜可能带来的安全危害性表示忧虑。例如，无蛋白分解能力的适冷性菌株（如肉毒梭状芽孢杆菌）能够在气调包装的产品中生长并可能产毒素，然而这些菌株生长和产毒素时却可能不出现明显的腐败症状，这是气调保鲜应用于水产品中存在的一个重要安全问题。已经有许多学者对鱼类保鲜中肉毒梭状芽孢杆菌的分泌毒素时间与感官腐败之间的关系进行了研究。一般认为，储存温度应该控制在0~4 ℃，且流通中的温度也必须控制在这个温度范围内，储藏温度超过4 ℃时中毒危险性会增大。

除了肉毒梭状芽孢杆菌外，水产品中原有的其他致病菌包括副溶血性弧菌、单增李斯特菌，以及其他来源的致病菌如肠出血性大肠埃希菌等，都有引起中毒的报道。

四、冰温气调保鲜

（一）冰温保鲜原理

冰温是指0 ℃以下、冰点以上的温度区域，其温度介于冷藏和微冻之间，冰温保鲜和微冻保鲜被总称为中间温度带保鲜。但冰温的概念与微冻不同，微冻是指冰点到-5 ℃之间，以-3 ℃为中心温度的区域，食品部分冻结，而冰点保鲜温度是在冰点以上，在冰温区域内的食品始终处于不冻结的鲜活状态。因此，冰温保鲜与微冻和冻藏保鲜相比，突出优势在于可以避免因冻结而导致的蛋白质变性和干耗等一系列质构劣化现象，又能保持食品的鲜活状态。

冰温保鲜机理主要包括以下两个方面：一是将食品的温度控制在冰温带内，可维持其细胞的活体状态；二是使水产品等食品的后熟过程在特定的低温环境下进行，能延缓水产

品腐败有关的挥发性氮类物质的生成，同时能逐渐积累和鲜度有关的氨基酸。

冰温保鲜具有以下四个优点：不破坏细胞；有效抑制有害微生物的活动及各种酶的活性；延长保鲜期；提高食品的品质。但冰温贮藏也有其缺点：可利用的温度范围狭小，一般为 -2.0 ~ -0.5 ℃，故温度带的设定十分困难，配套设施的投资较大。

（二）冰温保鲜对水产品品质的影响

1. 冰温保鲜对微生物生长的影响　大多数微生物体系的温度系数在 1.5 ~2.5 之间，所以在合适的温度区域内，温度每升高 10 ℃，生长速率提高 2 倍。而在 0 ~ 10 ℃的温度范围内，微生物的温度系数一般为 5。因此，冰温的储藏性是冷藏的 2.0 ~2.5 倍。冰温条件下的水分子呈有序排列，微生物可利用的自由水含量大大降低，从而有效抑制微生物的生长。新鲜水产品常带有大量的耐冷菌，而冰温储藏可显著降低耐冷菌的生长速率，同时抑制引起食物中毒的中温菌，因而冰温保鲜要比冷藏更具安全性。

2. 冰温保鲜对水产品鲜度的影响　目前，普遍以 K 值作为水产品死后至腐败之前的鲜度指标。对鲢鱼、鳙鱼和罗非鱼等 K 值增加与温度关系的研究发现，K 值变化与温度的相关性在冻结点附近不连续，在邻近冻结点的温度区域其相关性曲线有一拐点，在拐点附近的 K 值变化明显。冰温贮藏鳙鱼及罗非鱼，12 天内 K 值均在 60% 左右，处于二级鲜度水平，因而冰温保鲜可有效地抑制 K 值的增加。

3. 冰温对蛋白质的影响　鱼肉的主要成分是肌原纤维蛋白，它在冻结过程中发生变性，并伴随着蛋白质变性发生的一系列变化，使其作为食品原料的加工能力显著下降。由冰温的特点可知，冰温贮藏的鱼处于不冻结的生鲜态时，由于不改变肌肉纤维的结构，而不发生蛋白质变性引起的一系列质构变化，同时避免了干耗的产生，其口感、风味及加工性能接近鲜活鱼的状态。

4. 冰温保鲜对脂肪的影响　冰温可抑制食品内部的脂质氧化、非酶褐变等化学反应。如对鱼丸在冰温（0 ℃）和冷藏（5 ℃）两种储藏温度下脂肪氧化程度的检测结果表明，冰温可明显抑制脂肪氧化反应速度，两种条件下硫代巴比妥酸值达同一值所需时间，前者是后者的 2.5 倍。

5. 冰温贮藏对风味的影响　当环境温度接近冻结点时，动植物细胞会相应地释放出醇类、糖类、氨基酸等可溶性分子来降低冻结点以维持不冻结状态。一些研究结果表明，在冰温区内，鱼肉中有利于提高鱼肉鲜味的天冬氨酸、谷氨酸等氨基酸含量也会增加，而呈苦味的亮氨酸、异亮氨酸等氨基酸含量减少，因而冰温贮藏过的鱼肉口感和风味亦有所改善。

（三）冰温气调保鲜技术

冰温保鲜相对于冷藏保鲜来说可有效延长保鲜期，但对于水产品这类极易腐败的食品来说，保鲜期仍然不够长。而气调保鲜技术能够抑制需氧微生物的生长和脂肪的氧化，同时配合低温储藏才能发挥更好的保鲜效果。与传统的冷藏保鲜技术比较，冰温气调保鲜技术可延长水产品加工制品的货架期 3 ~4 倍。

五、水产品的保活技术

随着经济发展和人民生活水平的不断提高，人们对活水产动物的需求及品种不断增加，水产品活体批发市场不断涌现，供给数量呈直线上升趋势。从某种意义上来讲保活应看作是保鲜的一个特殊范畴，它是保持水产品鲜度最有效的方式，并且是难度更大的一种技术。就目前的科学技术条件来说，冰温无水保活运输具有运载量大、无污染、质量高等优点，是海水鱼保活运输的发展方向之一。

（一）低温保活原理

水产动物多为冷血动物。当生活环境温度降低时，新陈代谢就会明显减弱。选择适当降温法，使水温和鱼体温度缓慢降低，进而就可以降低水产动物的活动能力、新陈代谢速率和氧气的消耗，同时可以避免应激反应，以降低死亡率，即能使其在脱离原有的生存环境后仍能存活一定时间。当环境温度降到其生态冰温时，呼吸和代谢就降到了最低点，鱼处于休眠状态。因此，在其冰温区内，选择适当的降温方法和科学的贮藏运输条件，就可使水产动物在脱离原有的生活环境后，还能存活一个时期，达到保活运输的目的。海水鱼活体运输应考虑的因素有鱼体的状况、运输方式、温度、装运密度、氧气供应、代谢产物、水质、运输时间等。无水运输时还应考虑降温方式、暂养的程序、包装材料等。

（二）常用的活鱼运输方法

1. 增氧法　又称为塑料袋充氧保活，是常见的简易方法。保活运输过程中用纯氧代替空气或特设增氧系统，以解决运输过程中水产动物的氧气不足，操作时将塑料袋中注水放入鱼，然后将袋中空气挤出，然后充氧，并将塑料袋扎紧放入聚苯乙烯泡沫箱中。该法多适用于淡水鱼类。

2. 麻醉法　采用麻醉剂抑制中枢神经，使水产动物失去反射功能，从而降低呼吸和代谢强度，提高存活率。麻醉法具有存活率高、运输密度大、运输时间长、操作方便等优点，到达目的地后，放入清水中鱼即可复苏。

3. 低温法　根据水产动物的生态冰温，采用控温方式，使其处于半休眠或完全休眠状态，降低新陈代谢，减少机械损伤，延长存活时间。该法应用较广，如鱼、虾、蟹、贝等的保活运输均可使用。但低温保活法只适宜于那些广温性品种的水产动物，而且通常要和其他保活方法联合应用。

4. 无水法　一些水产品如鳗、蟹、贝等短期承受缺水能力强，运输时可以采用无水湿法运输。环境条件要保持一定的低温与湿度，以满足水产动物生存的最低要求。如果运输时间长还要注意在途中必须喷洒清水，保持水产动物体表的湿润。该方法是利用水产类属于冷血动物，有着冬眠现象，采用低温法使鱼类冬眠，可以进行无水长距离保活运输。无水保活运输的特点是不用水、运载量大、无污染，并且保活质量高，适合于长途运输。

考核要点

1. 水产品的冷却保鲜方法。
2. 水产品的微冻保鲜方法。
3. 水产品的气调保鲜方法。

扫码“学一学”

第二节　水产烟熏制品加工技术

熏制品是原料（主要原料为鲜鱼）经调理、盐渍、沥水、风干，通过与木材产生的烟气接触，获得独特风味和贮藏性的一类制品。烟熏法也是人类在远古时代就掌握的一种鱼、肉加工方法。它与腌制一样，是一种传统的食品加工和贮藏方法，而且在生产中熏制又常与腌制结合在一起使用。熏制过程是加热、烟熏、干燥共同进行的一种复杂的加工过程。在烟熏过程中利用木材的不完全燃烧而产生烟气，并控制一定温度使食品边干燥边吸收熏烟，使食品不但具有特殊的烟熏风味，而且还能改善制品色泽、食品的抗氧化性和贮藏性，对于水产食品还具有抑制鱼腥气味的效果。

熏是为了增加食品的风味和延长食品的贮藏期，具体表现在以下几个方面。①赋予制品特殊的风味，熏制时高温使制品表面焦糖化产生焦香味，另外熏烟中的许多有机化合物附着在制品上，产生特有的烟熏香味；②赋予制品良好的色泽，使其表面呈亮褐色、脂肪呈金黄色、肌肉组织呈暗红色；③由于烟熏的温度和烟气中含有抑菌物质，如有机酸、醇类、醇类等在水产制品中的沉积，可抑制微生物的繁殖；④赋予水产品抗氧化作用，因熏烟中许多成分具有抗氧化性质。

烟熏和加热往往相辅并进，在加热的作用下有利于形成稳定色泽，且色泽的形成因燃料种类、熏烟浓度、树脂成分含量、加热温度及被熏食品水分含量不同而有所差异。

一、工作要点

熏制品的生产，一般经过原料处理、盐腌、脱盐、沥水（风干）、烟熏、整理、熏干等工序。不同产品的生产工艺及关键点大致相同，可根据原料性质和产品类型选择相适应的生产工艺流程。不同烟熏方法，产品的质量和耐贮藏性有很大差别。

（一）熏制前处理

1. 原料选择　烟熏加工宜选用新鲜的鱼、贝或头足类原料，也可使用鲜度良好的冷冻、腌制和盐渍干制品。在原料鱼类的选择上，若含脂量过高，易发生油脂氧化，且不利于脱水，贮藏性差；若含脂量过低，鱼体过硬，熏烟的香气等难以吸附，风味差，成品率低。因此，一般选择原料含脂量为：冷熏7%～10%、温熏10%～15%。

2. 盐渍　在原料的熏前处理中，盐渍工序对制品的质量具有重要影响。盐渍可防止变质，并使原料在熏制时容易脱水。盐渍的工艺参数，要根据鱼体大小、脂肪含量、鱼皮存在与否、熏制方法以及产品要求而定。

3. 脱盐　为了使原料充分腌透，通常在盐渍过程中使用高于成品要求的用盐量。因此，常需对盐渍后的原料进行脱盐处理。同样，在采用腌制品和盐渍干制品作为原料时，也需进行脱盐处理。这不但可除去过量的食盐，同时还能漂去容易引起腐败的可溶性成分，对提高制品的质量具有重要意义。脱盐通常是将原料在水或淡盐水中进行浸渍、漂洗。脱盐时间视原料种类、大小、水温、水量、流水速度或水交换量而定。

4. 沥水（风干）　脱盐后的原料熏制前要进行风干，或采用人工干燥法，以使鱼体水分适合熏制。熏鱼的颜色、味道很大程度上取决于熏干前鱼体表面的水分含量。当鱼体表面水分含量很高时，熏烟中焦油成分以及酸性成分就会吸附在鱼肉上，使制品的颜色变黑，味道变酸，影响制品的质量。如果鱼体水分太低，在烟熏过程中，鱼体颜色不能达到正常要求，熏烟中一些特有的香味也不容易进入鱼体，以致达不到熏制的目的。一般控制水分在40%以内。

（二）熏制的方法

根据熏室的温度不同，可将熏制分成冷熏法、温熏法和热熏法，另外还有液熏法和电熏法。

1. 冷熏法 冷熏法是将熏室的温度控制在蛋白质不产生热凝固的温度区（15～23 ℃），进行连续长时间（2～3 周）熏干的方法。这是一种烟熏与干燥（实际上还包括腌制）相结合的方法，制品具有长期保藏性。为了防止熏制初期的变质，采用高浓度的盐溶液盐渍再脱盐，使肉质易干燥。脱盐的程度常控制在最终产品盐分含量为8%～10%，制品水分含量约40%，保藏期为数月。

2. 温熏法 这是使熏室温度控制在较高温度（30～80 ℃），进行较短时间（3～8 小时）熏干的方法。本方法制得产品肉质柔软，口感好，其风味优于冷熏法，但保存性较差，欲长时间贮藏时，则要辅之以冷藏、罐藏等手段。温熏，一般生产以调味目的为主、贮藏目的为次的产品。

3. 热熏法 也称焙熏。热熏法在德国最为盛行，采用高温（120～140 ℃）短时间（2～4 小时）烟熏处理，蛋白质凝固，食品整体受到蒸煮，是一种可以立即食用的方便食品。热熏时因蛋白质凝固，制品表面很快形成干膜，妨碍了制品内部的水分渗出，延缓了干燥过程，也阻碍了熏烟成分向制品内部渗透。因此，其内渗深度比冷熏浅，色泽较浅。制品水分含量高，通常烟熏后立即食用，贮藏性较差。热熏法所用熏材量大，温度调节困难。

4. 液熏法 将阔叶树材烧制木炭时产生的熏烟冷却，除去焦油等，其水溶性部分称为熏液（木醋液）。预先用水或稀盐水将上述熏液稀释 3 倍左右，将原料鱼放在其中浸渍10～20 小时，也可用熏液对原料色进行喷洒，然后干燥即可。为改善制品的色泽及提高干燥效果，有时也与普通的熏制法并用。液熏最大的优点是可正确调整烟熏制品的最佳香味浓度，且熏液及其香味成分容易赋予食品，香味均一。到目前为止，液熏产品的风味不如其他熏制品。

5. 电熏法 将水产品以 2 个组成一对，通过高压电流，水产品成为电极产生电晕放电，带电的熏烟即被有效地吸附于鱼体表面，达到熏制效果。由于食品的尖突部位易于沉积熏烟成分、设备运行费用过高，尚难普及应用。

二、工作过程

（一）烟熏鲑鱼加工工作过程

作为一种高级熏制品，有冷熏、温熏，全鱼、去头和背肉熏制等形式。原料主要有红大麻哈鱼、大麻哈鱼、马苏大麻哈鱼、银大麻哈鱼和大鳞大麻哈鱼等。

1. 工艺流程 原料处理→盐渍→修整→脱盐→风干→熏干→罨蒸→包装→冷藏。

2. 操作要点

（1）原料处理　选新鲜红鲑，取背肉和腹肉两块，充分洗净血液、内脏等污物。

（2）盐渍　在盐渍时先向背肉和腹肉抹上食盐，然后逐条按皮面向下、肉面向上的方式整齐地排列在木桶中，每层再撒盐盐渍，盐渍后的鱼肉注入足够食盐水。

（3）修整　盐渍后的鲑鱼肉切除腹巢即算完成。但注意切片部容易发生色变及油脂氧化，因而需要进行人工修整。

（4）脱盐　洗净鱼片后，尾部打一细结吊挂在木棒上。棒的长度一般为1.5 m，每根棒挂8条左右，置于脱盐槽内吊挂脱盐。根据盐渍时盐水的浓度和水温等调整脱盐时间。一般盐水浓度为22～23°Bé、水温44 ℃时，需脱盐120～150小时，经脱盐后，烤一片鱼肉尝试一下鱼的盐分，直到口感略淡时为止。

（5）风干　将脱盐后的鱼片悬挂在通风好的室内72小时，直至表面充分风干、出现光泽为止。风干不足，有损于制品色泽；但干燥过度，表面出现硬化干裂，不利于加工高质量的产品。

（6）熏干　熏干温度一般根据大气温度、原料情况作适当调整。常规标准如下：3.6 m×3.6 m、高度6 m、吊挂4层，气温10 ℃、熏室温度18 ℃，熏材2～7处。

（7）罨蒸　熏制结束后，拭去表面尘土，放在熏室或走廊内，堆积成1～1.3 m的高度覆盖好后罨蒸3～4天，使鱼块内外干燥一致，色泽均匀良好。

（8）包装　与贮藏用塑料袋进行真空包装。产品可常温下流通，若需长期保藏，则可采用低温贮藏。

（二）烟熏鳕鱼加工工作过程

1. 工艺流程　原料处理→盐渍→风干→烟熏→包装→贮藏。

2. 操作要点

（1）原料处理　一般选用小型鳕鱼，大型鳕鱼先要将肉剖成2～3片。先去头、开腹，去内脏及鱼卵，用稀盐水洗净并剖开成2～3片。有的切去腹肉，开片剥皮，留下尾部小部分皮，便于吊挂。开成鱼片的肉容易开裂，操作要特别小心。

（2）盐渍和风干　每3.75～4.52 kg肉片用1 L 20°Bé食盐水盐渍30～40分钟，并翻动一次，使食盐渗透均匀。然后将尾部皮的部位穿挂在木棒上，风干10～20分钟。

（3）烟熏　在23～24 ℃昼夜连续烟熏2～4天，吊挂鱼肉与火源的距离为1.8 m左右。

（4）包装与贮藏　烟熏结束后，除去尾部残留的皮，用包装纸包装后出售。如要长时间贮藏，则需冷藏。

（三）调味烟熏乌贼丝加工工作过程

1. 工艺流程　原料处理→剥皮→洗净→第一次调味→熏制→切丝→第二次调味→包装→制品。

2. 操作要点

（1）原料处理　先将新鲜或冷冻乌贼头部和内脏一起从胴体取出，除去头、足、内脏，进行背开，同时除去内骨（软骨），然后沿鳍的根部切断。只用胴体加工烟熏品，鳍、头、足部用于其他调味加工品、淡干品、鱼粉或冷冻鱼糜等。胴体需充分水洗，除净污物。

（2）剥皮　一般放在55～60 ℃的热水中浸烫，通过搅拌使鱼体相互摩擦，色素和表皮

溶到热水中。大多使用加热釜或者大木桶，也有在配备搅拌机的剥皮机上加工。剥皮所需的时间根据原料鲜度而定，鲜度良好的达到温度后保温 10 ~ 20 分钟，鲜度差的 10 分钟左右即可剥皮。温水要及时更换（每使用 2 ~ 3 次再换）。

（3）洗净、煮熟　经剥皮的胴体，特别是内部要用刷子清洗干净，然后放在 3% ~ 5% 的沸水中煮熟 2 ~ 3 分钟，待肉质完全凝固时，捞起排列在竹帘上冷却风干。

（4）第一次调味　煮熟原料大多添加食盐 3% ~ 5%、味精 0.1% ~ 1%，混合后均匀撒在鱼体上，轻压，堆积过夜。使调味料渗入肉体，肉体的水分向外浸出。

（5）熏制　第一次调味后，鳍根部钉入挂棒，排列吊挂，移入烟熏室内，最底层应离火源 1.8 ~ 2.4 m，每一挂棒之间的横向间隔距离为 6 ~ 9 cm，上下间隔为 18 ~ 24 cm。最初的烟熏温度为 20 ~ 25 ℃，经 2 小时后逐渐升高温度，至最后 2 ~ 3 小时内用 60 ~ 70 ℃温度，烟熏 7 ~ 9 小时完成。采用热熏时，初温 70 ℃烟熏 3 ~ 4 小时，然后用 100 ℃熏 33 ~ 60 分钟，一般在夏季需熏干些，使制品水分在 40% 左右；冬季熏干时间短些，水分在 45% 左右。

（6）切丝、筛选　熏干完成后，通过切丝机沿胴体垂直的方向切成宽 1 ~ 2 mm 的丝，弃去过度干燥的两端部。切丝后，通过圆筒形的回转金属网，筛去切丝不好的部分。

（7）第二次调味　乌贼丝需进行第二次调味。例如，用食盐 2% ~ 5%、味精 0.1% ~ 0.5% 以及核苷酸调味料 0.1% ~ 0.5%。鱼肉在混合机内拌和，并加入调味料。如要进行防霉处理，可喷入如山梨酸 - PG 液等。第二次调味后堆放过夜，使调味液渗透均匀。如表面过于发黏，可用红外线干燥机在 75 ~ 85 ℃干燥 10 分钟。另外，可添加乌贼肉重 1% ~ 2% 的植物油（如棉子油、大豆油）防止过分干燥。

（8）包装　制品用聚乙烯袋或硫酸纸包装，每袋 1 kg 或 2 kg，外用厚纸箱包装。也有用聚乙烯复合袋抽真空包装的，在 9 ℃、进行 30 分钟左右蒸汽杀菌后装入塑料袋（聚乙烯）即成商品。

考核要点

1. 烟熏目的。
2. 烟熏方法。
3. 典型烟熏鱼加工工艺。

扫码“学一学”

第三节　水产罐头加工技术

水产罐头是指将水产原料（主要指鱼、虾、蟹、贝类等水产动物）预处理后密封在容器或包装袋中，经适度杀菌后达到商业无菌，得以在室温下长期保藏的水产品。

根据《罐头食品分类》（GB/T 10784—2006），水产动物类罐头按加工及调味方法不同分为油浸（熏制）类水产罐头、调味类水产罐头、清蒸类水产罐头 3 类。

油浸（熏制）类水产罐头是指将处理过的原料预煮（或熏制）后装罐，再加入精炼植物油等工序制成的罐头产品。如油浸鲭鱼、油浸烟熏鳗鱼、油浸沙丁鱼、油浸金枪鱼等罐头。油浸类罐头具有独特香味与风味，存放成熟后，待色、香、味匀和之后食用，风味尤

佳；调味类水产罐头是指将处理好的原料盐渍脱水（或油炸）后装罐，加入调味料等工序制成的罐头产品。根据调味料的不同又可分为红烧、茄汁、葱烤、鲜炸、五香、豆豉、酱油等多种风味。这类产品的特点是注重调味料的配方及烹饪技术，使产品各具独特风味。日本调味罐头的调味料以酱油、豆瓣酱、砂糖为主。我国典型的调味类水产罐头有五香类和茄汁类鱼罐头；清蒸类水产罐头也叫原汁罐头，是指将处理好的原料经预煮脱水（或在柠檬水中浸渍）后装罐，再加入精盐、味精而制成的罐头产品，如清蒸对虾、清蒸蟹、原汁贻贝等罐头。这类产品的特点是保持了原料特有的风味、色泽。一般为脂肪多、水分少、新鲜肥满、肉质坚密的鱼类，如海鳗、鲐鱼、鲳鱼、马鲛鱼、金枪鱼、鲑鱼以及墨鱼、蛤蜊、牡蛎、虾、蟹等都可作为清蒸类罐头的原料。

一、工作要点

水产罐头产品的一般加工工艺要点包括原料的验收、原料预处理、装罐、排气、密封、杀菌、冷却等。由于水产品原料及罐藏品种不同，各类水产罐头的生产工艺有所不同。

（一）原料的验收

原料是食品加工中最重要的基本条件，做好原料的验收和选择是保证水产罐头品质的先决条件。鱼贝类与水产罐头食品加工采用新鲜度高、成熟度适中的原料。生产罐头时，除少数品种要求使用活鱼等加工外，一般都是将水产品进行保藏后再供加工。水产品多采用冻结冷藏或低温保藏，水产品新鲜度鉴别尤为重要。

（二）原料预处理

由于水产品多为冻结保藏，所以原料在进入车间后，必须先经过化冻和清洗。解冻后的原料根据产品要求，进行严格挑选和分级，并剔除不合格的原料，同时根据质量、新鲜度、色泽、大小等分为若干等级，以利于加工工艺条件的确定。挑选分级后的原料，需分别进行清洗，再去除头、尾、皮、鳞、骨、内脏等不可食部分，然后根据产品规格要求，分别进行切块、切条、切丝、盐渍、预热、烹调等处理。前处理工艺根据产品种类不同而不同，如熏鱼罐头需要经过烟熏、炸鱼罐头需要经过油炸等。

切片的主要目的是去除鱼骨，同时使产品具有相同的规格。对于大多数鱼来说，它们的骨头即使在杀菌后仍然很硬而无法食用，所以必须切片。切片容易破坏鱼肉的结构，使鱼在杀菌操作中破碎，尤其是油脂含量较高的鱼。所以，有时切片操作可在预脱水操作之后进行，因为经过预脱水操作后，鱼肉会变得坚硬一些。而对于沙丁鱼、鲑鱼等鱼类，由于它们的骨头在杀菌后会变软，可以食用，所以它们不需要切片操作。

水产品含有大量的水分，它们会在杀菌操作中流出来，并在溶液中形成凝乳状的蛋白质溶出物，严重影响产品的感官性质，所以应在杀菌操作前进行预脱水处理。预脱水的方法主要有蒸煮、油炸、盐腌、烟熏等。其中蒸煮方法一般较少使用，因为水产罐头在杀菌中经常会蒸煮过度。

油炸、盐腌、烟熏三种方法不但能够使蛋白质发生变性而达到脱水的目的，更能改善水产品的感官性质，赋予水产品特有的风味。

（三）装罐

1. 罐藏容器的准备　水产品装罐前，要根据水产品种类、加工方法及产品具体要求选

择适当的罐藏容器。目前，水产罐头使用的罐藏容器主要有金属罐、玻璃罐和蒸煮袋三类。由于罐藏容器中附着有微生物、油脂、污物等，因此在装罐前必须对容器进行清洗和消毒。

马口铁罐和玻璃罐通常用洗罐机进行清洗和消毒。马口铁罐先用热水冲洗空罐，然后用蒸汽喷射进行消毒；玻璃罐清洗前需用2%～5%的氢氧化钠溶液在40～50 ℃下浸泡5～10分钟，先除去污染物再进行清洗，新罐可不用碱水浸泡；蒸煮袋使用前需用紫外灯照射灭菌约30分钟。

2. 水产品装罐

（1）装罐工艺要求　经过预处理的水产品原料应尽快装罐。装罐应该注意以下几点：①称量准确，净重和固形物达到要求；②合理分级与搭配，使内容物大小、色泽、形态等基本一致，排列整齐；③装罐要迅速，趁热装罐；④严防异物混入；⑤留出合理的顶隙，一般为6～8 mm。所谓顶隙是指罐内食品的表面与罐盖内表面之间的空隙。但有些产品（如鱼糜罐头制品等），基本上不留顶隙，这是为防止罐内存在空气而引起产品表面的氧化变色。

（2）装罐的方法　根据产品的性质、形状和要求，装罐的方法可分为人工装罐和机械装罐两种。一般来说，块状的水产罐头大多采用人工装罐，是因为此类产品形状不一，大小不等，色泽和成熟度也不相同，而产品要求每罐的内容物大致均匀，质量一致，且要求产品排列整齐，机械装罐难以达到要求；颗粒状、粉末状、流体及半流体产品一般用机械装罐，如鱼糜罐头等，机械装罐速度快，分量均匀，能保证食品卫生。因此，除必须采用人工装罐的部分产品外，应尽可能采用机械装罐。

（3）注液　装罐之后，除了糊状、胶状、干装类水产品外，其他水产罐头比如清蒸类、油浸类都要加注汤汁，称为注液。注液能增进水产品风味，提高水产品初温，促进对流传热，改善加热杀菌效果，排除罐内部分空气，减小杀菌时的罐内压力，防止水产罐头在贮藏过程中的氧化。最简单的注液方法是人工注液，大多数工厂采用注液机。

（四）排气密封

排气是罐头密封前的关键步骤，罐头内真空度的大小，直接影响罐头的杀菌效果。

1. 预封　预封是水产品装罐后用封罐机的滚轮将罐盖的盖钩卷入罐身翻边下面相互勾连，勾连的松紧程度以能动但不脱落为准，还未完全密封，以使排气时气体能自由地从罐内逸出。预封的目的是防止异物掉入罐头内，防止罐头排气后封口前温度下降快，从而提高罐头的真空度。

2. 排气　排气是通过加热使原料中的空气和顶隙中含有的空气在封口前尽可能地排出罐外，从而在封口后罐内会形成一定真空度的过程。常见的罐头排气方法主要有3种：加热排气法、真空封罐排气法和蒸汽喷射排气法。

（1）加热排气法　是将装好的罐头通过蒸汽或热水加热，或将水产品在热加工后趁热装罐，利用罐内的内容物受热膨胀及水蒸气的作用，将罐内空气排出的过程。这种方法的优点是能较好地排除食品组织内部的空气，获得较好的真空度，还能起到某种程度的脱臭和杀菌作用；缺点是对食品色、香、味有不良影响，且占地大，成本高，卫生差，热量利用率较低。

（2）真空封罐排气法　是利用专门的真空封罐机，在真空室内，排气、密封瞬间同步完成的方法，这是罐头排气首选的方法。真空封罐排气法的优点是速度快、排气/密封

一步完成，便于大规模生产，不用加热，节约能源，特别适合鱼肉等固态食品；缺点是设备贵，不易排除组织内的气体，汤汁较多的罐头封罐时容易在密封室出现汁液外溅现象。

（3）蒸汽喷射排气法　是利用持续喷射蒸汽到水产罐头顶隙，赶走顶隙内的空气后立即封口，依靠顶隙内水蒸汽冷凝来获得真空度的方法，这种方法排气易带入异物。

3. 密封　密封又称封罐，即为了防止外界空气与微生物和罐内水产食品接触，采用封罐机将罐身和罐盖的边缘紧密卷合，这即为罐头的密封。密封后的水产罐头内部的水产品与外界隔绝，不再受外界微生物的影响。

（五）杀菌与冷却

1. 杀菌的目的　罐头杀菌的目的是为了将罐头中残存的微生物杀灭，使罐头能有更长的保质期。罐头的杀菌并非要求绝对无菌，而是要求达到“商业无菌”。

2. 杀菌方式　水产罐头的 pH 一般都大于 4.5，属于低酸性罐头，因而必须采用 100 ℃以上的高温高压杀菌。常用的杀菌方式主要有高压蒸汽杀菌和高压水杀菌。高压蒸汽杀菌法是用高压蒸汽作为加热介质，高压水杀菌是将罐头投入水中进行加压杀菌。

3. 冷却　罐头加热杀菌结束后应迅速进行冷却，因为热杀菌结束后的罐内食品仍处于高温状态，仍然受热的作用，如不立即冷却，罐内食品会因长时间的热作用而造成色泽、风味、质地及形态等的变化，使食品品质下降；对含酸高的水产罐头来说还会加速罐内壁的腐蚀作用；较长时间的热作用还为嗜热性微生物的生长繁殖创造了条件。冷却速度越快，对食品的品质越有利。

罐头冷却的方法根据所需压力的大小可分为常压冷却和加压冷却两种。加压冷却也就是反压冷却。杀菌结束后的罐头必须在杀菌锅内维持在一定压力的情况下冷却，此方法主要用于一些在高温高压，特别是高压蒸汽杀菌后容器易变形、损坏的罐头，蒸煮袋包装的软罐头多采取这种方式。常压冷却可在杀菌锅内冷却，也可在冷却池中冷却，可以在流动的冷却水中冷却，也可采用喷淋冷却。对于玻璃罐的冷却速度不宜太快，常采用分段冷却的方法，以免玻璃罐破裂。

罐头冷却不需冷透，最终温度一般控制在 38 ~ 40 ℃，以不烫手为宜。此时罐头尚有一定的余热，可以蒸发罐头表面的水膜，防止罐体生锈。

（六）罐头的检验、包装和贮藏

1. 罐头的检验　水产罐头在杀菌冷却后，必须经过真空度检查、保温检查、外观检查、理化和微生物检查等一系列检查，衡量其各项指标是否符合相应的标准，完全合格后才可出厂。相关的指标及检测方法参照《食品安全国家标准　罐头食品》（GB 7098—2015）、《食品安全国家标准　食品微生物学检验　商业无菌检验》（GB 4789.26—2013）等标准。

2. 包装和储藏　罐头的包装主要是贴标签、装箱等，目前大中型企业多采用机械进行包装。储藏仓库内应保持通风、防潮、防冻等，相对湿度控制在 75% 以下。

二、设备及材料

1. 设备　刀具、洗罐机、封罐机、注液机、灭菌锅、冷却池、包装机等。

2. 材料　新鲜或冷冻鱼、虾、贝类，食盐、味精、酱油、糖、香辛料、食用油等。

三、工作过程

（一）豆豉鲮鱼罐头加工工作过程

1. 工艺流程 原料选择与处理→盐腌→清洗→油炸、调味→装罐→排气密封→杀菌冷却→检验入库。

2. 原辅材料 新鲜鲮鱼、食盐、酱油、蔗糖、味精、丁香、桂皮、沙姜、甘草、八角茴香等。

3. 操作要点

（1）原料选择与处理 选择鲜活的鲮鱼，去头、去鳞、去鳍，用刀在鱼体两侧肉层厚处划 2～3 mm 深的线，按大小分成大、中、小三级；大鲮鱼可切成段。

（2）盐腌 采用干腌法腌制，用盐量约为鱼质量的 5%，夏季可适量增加，冬季适量减少。将鱼和盐充分拌搓均匀后，装于桶中，上压重石。腌制时间 6～12 小时，夏季时间短，冬季时间长。

（3）清洗 盐腌完毕的鱼，及时将鱼取出，避免鱼在盐水中浸泡。用清水逐条洗净，刮净腹腔黑膜，沥干。

（4）油炸和调味 将鲮鱼投入 170～175 ℃的油中炸至鱼体呈浅茶褐色，以炸透而不过干为宜，捞出沥油后，将鲮鱼放入 65～75 ℃预先配制好的调味汁中浸泡 40 秒，捞出沥干。香料水的配制：1.6% 丁香、1.2% 桂皮、1.2% 沙姜、1.2% 甘草、1.6% 八角茴香、93.2% 水，放入夹层锅中，微沸熬煮约 4 小时，去渣，备用。调味汁的配制：79.5% 香料水、7.9% 酱油、12.4% 蔗糖、0.2% 味精，溶解后过滤，备用。

（5）装罐 将罐头容器清洗消毒后，按要求进行装罐，将豆豉去杂质后水洗一次，沥水后装入罐底，然后装入油炸好的鲮鱼。鱼体大小要大致均匀，排列整齐，最后加入精制植物油，罐头净含量为 227 g 的加油 5 g，净含量为 300 g 的加油 7.5 g。

（6）排气、密封 采用热排气法时，罐头中心温度达 80 ℃以上，趁热密封。采用真空封罐时，真空度为 0.047～0.05 MPa。

（7）杀菌、冷却 高温高压杀菌，杀菌公式为 10 分钟—60 分钟—15 分钟/115 ℃。将杀菌后的罐头冷却至 40 ℃左右，取出擦罐入库。

4. 产品质量标准 参考《豆豉鲮鱼罐头》（GB/T 24402—2009）的质量要求。

（1）感官要求见表 4－1。

表 4－1 豆豉鲮鱼罐头感官要求

项目	要求	
	优级品	一级品
色泽	炸鱼呈黄褐色至茶褐色，油为黄褐色	炸鱼呈黄褐色至深茶褐色，油为深黄褐色
滋气味	具有豆豉鲮鱼罐头应有的滋味和气味，不得有异味	
组织形态	质地紧密，软硬及油炸适度。条装：鱼体排列整齐，每条质量 35～90 g，允许添称小块一块。段装：块形较均匀	质地紧密，软硬及油炸适度。条装：鱼体排列整齐，每条质量 20 g 以上，允许添称小块两块。段装：块形大致均匀

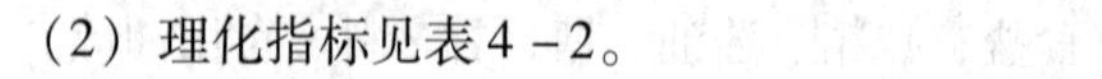

（2）理化指标见表 4－2。

表 4－2　豆豉鲮鱼罐头理化指标

项目	指标	
	优级品	一级品
净含量	应符合《定量包装商品计算监督管理办法》的规定	
固形物含量*	≥90% 其中鱼≥60%，豆豉≥15%	≥90% 其中鱼≥50%，豆豉≥15%
氯化钠含量	≤6.5%	

* 为固形物含量偏差要求：罐头固形物含量在 345 g 以下的允许偏差为 ±11%，固形物含量在 246～500 g 时的允许偏差为 8.9%，固形物含量在 1600 g 以上的允许偏差为 ±4%。

（3）微生物要求　应符合罐头食品商业无菌要求。

（二）盐水鲭鱼罐头加工工作过程

1. 工艺流程　原料验收与预处理→盐渍→装罐→脱水→复磅、加香料盐汤→排气、密封→杀菌、冷却→检验入库。

2. 原辅材料　新鲜或冰冻鲭鱼、食盐等。

3. 操作要点

（1）原料验收与预处理　选择新鲜或冰冻的鲭鱼作为原材料。鲜鱼用清水冲洗，洗去鱼体表面的污物、黏液等；冻鱼用流水解冻至半冻状态。去头尾、内脏，用流水洗净腹腔黑膜、血污，剔除新鲜度差、有机械损伤及不合格的原料。按罐头尺寸决定切块大小，块装鱼段切成 5～5.5 cm，尾部直径大于 2 cm。

（2）盐渍　将配置好的饱和盐水稀释至盐渍所规定的浓度，冻鱼块和盐水之比为 1∶1，盐水浓度和盐渍时间按原料不同而有所区别，例如，条装 50 g～100 g，16 波美度盐水盐渍 6～16 分钟；125 g～200 g，18 波美度，盐渍 18～30 分钟。原料若是鲜鱼，盐渍时间可增加 2～3 分钟。盐渍过程要求鱼块全部浸没在盐水中。

（3）装罐　空罐用 80 ℃热水清洗消毒，将前处理好的鲭鱼段按照规定的净重和固形物含量装罐。例如，156 g 灌装 140～150 g，200 g 罐装 180～190 g，425 g 罐装 385～400 g，以上是冻鱼块的装罐量，若是鲜鱼则增加 5～10 g。装罐时加入鱼肉重量 1% 的食盐，根据要求可适当加入汤汁。

（4）脱水　采用 98～100 ℃蒸汽蒸煮脱水，脱水时间为 156 g 罐 7～14 分钟，200 g 罐 7～14 分钟，425 g 罐 16～22 分钟，以鱼体基本蒸熟、肉骨分离为准。脱水后将罐头取出后倒置控尽水。

（5）复磅、加香料盐汤　净含量 156 g 者要求鱼块 125 g，加盐汤 35 g；净含量 200 g 者复磅要求鱼块 160 g，加盐汤 45 g；净含量 425 g 者要求鱼块重 355 g，加盐汤 75 g。

（6）排气、密封　可使用热力排气法排除罐内空气，也可使用真空封罐排气法。

（7）杀菌、冷却　盐水鲭鱼罐头杀菌公式为：156 g、200 g 罐 10 分钟—50 分钟—10 分钟/118 ℃，425 g 罐 10 分钟—55 分钟—10 分钟/118 ℃。杀菌后及时冷却至 40 ℃左右，取出擦罐入库。

4. 产品质量标准　盐水鲭鱼罐头应符合《国家食品安全标准　罐头食品》（GB 7089—2015）的质量要求，具体质量标准可参考中国罐头工业协会制定的《盐水鲭鱼罐头》（GT 001—2016）的质量要求。

（1）感官要求见表4－3。

表4－3 盐水鲭鱼罐头感官要求

项目	优级品	合格品
色泽	鱼皮色泽较鲜明	鱼皮色泽正常
滋味、气味	具有盐水鲭鱼罐头应有的滋味和气味，无异味	
组织形态	质地紧密，肚肠、鱼鳞不得检出，鱼皮无损伤，杀菌后鱼骨在拇指按压下柔软	质地紧密，肚肠不得检出，鱼鳞不得超过5%，鱼皮损伤不超过10%，杀菌后鱼骨在拇指按压下柔软
pH	5.4～6.2	
弯曲与变形	不应有弯曲或变形	
破碎	鱼肉不应出现破碎，鱼体无断裂和断开	
杂质	无外来杂质	
真空	≥－17 kPa	
顶隙度	155 g：≤5 mm（有顶隙度）；425 g：3～5 mm。	

（2）理化指标见表4－4。

表4－4 盐水鲭鱼罐头理化指标

净重	固形物	
标明重量	含量	标明重量
155 g	60%	93 g
425 g	55%	235 g
425 g	60%	255 g
425 g	65%	280 g
425 g	70%	300 g

氯化钠含量为0.8%～2.2%。

（3）微生物要求　应符合罐头食品商业无菌要求。

考核要点

1. 水产罐头的分类。
2. 水产罐头加工的工作要点。
3. 豆豉鲮鱼罐头的加工工艺及操作要点。
4. 盐水鲭鱼罐头的加工工艺及操作要点。

扫码“学一学”

第四节　鱼糜制品加工技术

鱼糜即鱼肉泥，是将原料鱼经采肉、漂洗、精滤、脱水等工序加工而成的糜状制品。刚加工出来的鱼糜称为新鲜鱼糜，其保存期短。鱼糜制品是以鱼糜为主要原料，添加淀粉、调味料等加工成一定形状后，进行水煮、油炸、烘焙、烘干等一系列处理而制成的具有一定弹性的水产食品。它包括鱼丸、鱼面、鱼糕、烤鱼卷、鱼肉香肠、模拟虾蟹肉等。传统的鱼糜制品主要是熟制品，保质期短，手工制造效率低、规模小，一般在当地生产和销售。

一、工作要点

（一）冷冻鱼糜加工要点

冷冻鱼糜加工主要有原料鱼选择、前处理、采肉、漂洗、精滤、脱水和添加抗冻剂等要点。

1. 原料鱼选择　原则上所有可食鱼类都可以作为生产鱼糜食品的原料，但考虑到产品价格、味道、色泽和制品弹性等问题，原料鱼的品种就会受到限制。鱼类中的白肉鱼类在白度和弹性方面比红肉鱼类更适合加工鱼糜，但红肉鱼类如鲐鱼和沙丁鱼等鱼类的资源比较丰富，使用红肉鱼类制作鱼糜时在工艺上需要稍作改进以提高鱼糜制品的弹性和色泽。鱼类的鲜度也是选择原料时必须考虑的重要因素之一。原料鱼鲜度越好，鱼糜的凝胶形成能力越强，生产的鱼糜制品的弹性就越好。尽可能使用处于僵硬期鲜度的原料鱼，处理前必须用冰或冰水冷却保鲜。

2. 前处理　原料前处理包括鱼体洗涤、三去（去头、去内脏、去鳞和皮）和第二次洗涤等工序。原料鱼按鱼种分类并按鲜度区分开，再用洗鱼机或人工方法冲洗，剖割、去头和内脏，内脏黑膜务必除尽，否则将影响冷冻鱼糜的品质。最后，进行第二次洗涤除去腹腔内的残余内脏、血液和黑膜等。鱼内脏残留物含有高活力蛋白酶和脂酶，在冻结中也能作用，能造成鱼糜品质下降。所以在生产冷冻鱼糜的过程中，已剖割的鱼体在机械采肉前一般要洗 2 ~ 3 遍，以去除内脏残留物，水温在 10 ℃以下，必须加入碎冰以降温。

3. 采肉　采肉是将鱼体皮骨除掉而把鱼肉分离出来。目前在国内，采肉多使用滚筒式采肉机。滚筒式采肉机的工作原理是：采肉时，将洗净的鱼体送入带网眼的滚筒与滚筒一起转动的宽平大橡胶皮带圈之间，靠滚筒转动和与橡胶皮带圈之间的挤压作用，鱼肉穿过滚筒的网状孔眼进入滚筒内部，而骨刺和与皮在滚筒表面从而达到鱼肉与骨刺鱼皮分离的目的。采肉机滚筒上网眼孔选择范围在 3 ~ 6 mm，根据实际生产需要自由选择。孔径越小，采肉率越低，但采肉中骨刺少。采肉率因鱼种而不同，一般在 35% ~ 65% 之间。若过于追求采肉率，鱼皮中的暗色肉、脂溶性色素等也会混入鱼肉中，将会影响鱼糜的弹性和色泽，降低产品的商品价值。

4. 漂洗　漂洗是指用水或水溶液对所采的鱼肉进行洗涤，以除去鱼肉中的水溶性蛋白、色素、气味、脂肪、残余的皮及内脏碎屑、血液、无机盐类等杂质，从而获得色白、无腥味、富有弹性的鱼糜，同时通过漂洗可除去鱼肉中含有的促蛋白质变性的成分，提高其抗冻性。它是生产优质冷冻鱼糜的重要工艺技术，对红肉鱼和鲜度差的鱼肉更是必不可少的技术手段，对提高冷冻鱼糜质量及其贮藏性能、拓宽生产冷冻鱼糜的原料鱼品种范围等都起到了很大的作用。漂洗方法有清水漂洗和稀盐碱水漂洗 2 种，根据鱼的肌肉性质选择。

用水量和次数视原料鱼的新鲜度及产品质量要求而定，鲜度好的原料漂洗用水量和次数可减少，甚至可不漂洗；生产质量要求不高的鱼糜制品，可减少漂洗用水量和次数。一般对鲜度极好的大型白色鱼肉可不漂洗。漂洗用水一般为自来水，水温要求控制在 10 ℃以下。

5. 精滤和脱水　精滤的目的是除去残留在鱼肉中的骨刺、鱼皮、鱼鳞等杂质。根据原料鱼种和产品质量要求的不同，生产上有 2 种不同的工艺。红肉鱼类，经过漂洗脱水后，再通过精滤机将细碎的鱼皮、鱼骨等杂质去除，过滤网孔 1.5 mm。由于漂洗脱水之后鱼肉水分减少，肉质变硬，在分离过程中，鱼肉和机械之间会摩擦发热，因此，在使用精滤机

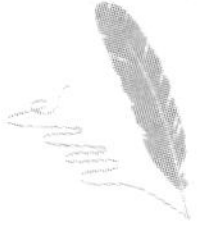

时，必须经常在冰槽中加冰，降低机身温度，使鱼肉温度保持在10 ℃以下。白肉鱼类经过漂洗后先脱水、精滤、分级再脱水。经漂洗后的鱼糜用网筛或滤布预脱水，然后用高速精滤分级机进行分级，网孔直径0.5～0.8 mm。使用分级精滤机分级过滤鱼肉，可以得到3种以上的产品质量等级。第一段分离出来的鱼肉色泽洁白，不溶性蛋白质少，质量最好，为一级肉，第二、第三、第四段分离出来的鱼肉色泽逐渐变深，不溶性蛋白质逐渐增多，过滤得到的鱼肉分别为二、三、四级。

冷冻鱼糜和鱼糜制品对水分含量有严格的标准，因此需要对漂洗鱼肉进行脱水。脱水的方式有3种：第一种是过滤式旋转筛，第二种是螺旋式压榨机，第三种是用离心机离心脱水，工业上常采用回转筛预脱水后再经螺旋压榨脱水的方法。鱼糜脱水后含水量控制在要求的范围内（76%～80%）。

6. 添加抗冻剂 为了防止和降低鱼肉蛋白质在冻结、冻藏过程中发生冷冻变性的程度，精滤脱水后的鱼肉需要添加砂糖、山梨醇、聚合磷酸盐等抗冻剂，并搅拌均匀。厂家不同、鱼种不同，抗冻剂种类及添加量不同，目前应用比较多的标准抗冻剂配方为蔗糖4%、山梨醇4%、三聚磷酸钠0.15%、焦磷酸钠0.15%、蔗糖脂肪酸酯0.5%。

经过上述工艺后，冷冻鱼糜加工还需要经过成型、包装、冻结、贮藏等一系列工艺才能得到成品的冷冻鱼糜产品。

（二）鱼糜制品加工要点

鱼糜制品加工多以冷冻鱼糜为原料，其种类多样，产品丰富，但其生产流程具有相似性。鱼糜制品也可以经熟化、冷却后以冷藏的方式进行短途流通，或经包装、杀菌工序制成即食鱼糜制品进行流通。

1. 解冻 将冷冻鱼糜从冷库取出，放于原料车间或恒温解冻室进行解冻。为了防止鱼糜蛋白质变性和抑制微生物繁殖，一般采用3～5 ℃空气解冻法，待鱼糜中心温度达到-3～0 ℃的半解冻状态后，以切割机或切片机进行切割。

2. 擂溃或斩拌 擂溃就是将鱼糜加上制作所需的各种调味品、添加剂进行搅拌、研磨，使鱼肉纤维进一步破坏。加入食盐能促进盐溶性蛋白质溶出，使鱼糜成为黏性很强的溶胶，这是鱼糜制品生产的关键工序。要求鱼糜不仅要和添加的辅料充分混合均匀，还要产生较强的黏弹性，这样才能使制成的鱼糜有很好的凝胶强度。

擂溃主要使用的机械有擂溃机、斩拌机和打浆机，目前主要使用斩拌机代替擂溃机生产鱼糜制品。擂溃工序的具体操作过程可细分为空擂、盐擂和混合擂三个阶段。

（1）空擂　将切片的冷冻鱼糜放入擂溃机进行擂溃，通过机械的高速斩拌、搅打作用，进一步破坏鱼肉组织，为后续盐溶性蛋白的充分溶出创造良好的条件。空擂的时间根据具体情况而定，一般为3～5分钟，至鱼糜无硬颗粒为宜。

（2）盐擂　空擂之后，加入鱼糜量1.5%～3%的食盐继续擂溃，使鱼糜中的盐溶性蛋白质充分溶出。实际盐擂中，以鱼浆擂溃至浆料细腻、有光泽、亮度好、几乎无小颗粒为宜，浆料温度需控制在3～5 ℃。盐擂的时间也需要根据机械参数确定，一般斩拌机的擂溃时间仅需5～10分钟。由于高速擂溃过程中，机械摩擦、环境气温等因素会使鱼浆温度升高，蛋白质发生变性，导致鱼糜制品的弹性减弱。为防止擂溃过程中鱼浆温度上升，可以使用带冷却装置的斩拌机、控制车间室温或在擂溃过程中添加冰或冰水。

（3）混合擂盐擂后，为了呈味、成型等需要，加入油脂、植物蛋白、调味料、淀粉等配料，擂溃使配料和鱼浆混合均匀，实际混合擂中，加入部分冰水保持鱼浆温度在6～10 ℃，擂溃至鱼浆均匀、黏稠、无块状或颗粒状辅料为宜。

常用的鱼糜制品辅料及添加剂有油脂、淀粉、植物蛋白、蛋清、明胶、糖类、磷酸盐、味精等。影响擂溃效果的因素包括时间、温度、食盐浓度和各种辅料的添加方法。若擂溃不充分，则鱼糜的黏度不定，加热后制品弹性差；若擂溃时间过长，因鱼糜温度升高使蛋白质变性而失去亲水性能，也会导致弹性下降。擂溃时间一般控制在20～30分钟；擂溃温度控制在0～10 ℃；食盐加入量一般在1.5%～3%，鱼肉温度在4 ℃以上时加入最佳。为提高鱼糜制品的质量，一般可使用真空擂溃机和真空斩拌机，以便把鱼糜在擂溃过程中混入的气泡驱走，使其对质量的影响减少到最低程度。

3. 成型　擂溃后的鱼糜混合物成黏稠胶着的糊状体，需立即加工成为所需的各种形状，如搁置时间过长、室温过高，会逐渐失去黏性和塑性，并形成不可逆的凝胶体，无法继续加工。

4. 凝胶化　鱼糜在成型之后加热之前，一般需在较低温度下放置一段时间，以增加鱼糜制品的弹性和保水性，这一过程称为凝胶化。凝胶化的时间因品种而异，可根据具体情况调整产品的凝胶化温度和时间。需在实践中积经验，以控制最佳时间。

5. 熟化　鱼糜凝胶化后，需要经过加热熟化处理，使产品最终定型、熟化，并起到杀菌作用、延长保质期的作用。不同的鱼糜制品，根据其不同的要求加热的方法各异，主要有水煮、蒸煮、焙烤、油炸等方式。目前常用的设备有自动蒸煮机、自动烘烤机、鱼丸鱼糕油炸机、鱼卷加热机、高温高压加热、远红外加热机和微波加热设备等。

6. 冷却　加热完毕的鱼糜制品大部分都需要在冷水中急速冷却，使其吸收加热时失去的水分，防止发生皱皮和褐变等现象，并使制品表面柔软和光滑。急速冷却后制品中心温度仍较高，要放在冷却架上让其自然冷却，也可以空调辅助冷却和通风冷却。冷却室的空气要进行净化处理并控制适当温度，最后用紫外线杀菌灯进行表面杀菌。

二、设备及材料

1. 设备　刀具、洗鱼机、采肉机、漂洗槽、精滤机、螺旋式压榨机、擂溃机（或斩拌机）、成型机、蒸箱、包装机等。

2. 材料　新鲜鱼（或冷冻鱼糜）、食盐、淀粉、植物蛋白质、蛋清、食用油脂、味精、香辛料、复合磷酸盐、蔗糖等。

三、工作过程

（一）冷冻淡水鱼糜加工工作过程

1. 工艺流程　原料选择与预处理→除鳞、清洗→采肉→漂洗→脱水、精滤→加抗冻剂→定量、包装→速冻、贮藏。

2. 原辅材料　新鲜淡水鱼、多聚磷酸盐、蔗糖、山梨醇。

3. 操作要点

（1）原料选择与预处理　选择鲜活的淡水鱼（如草鱼、鲤鱼、鲢鱼等）为原料，可

将淡水鱼在清水中暂养几天，使其禁食吐泥，以减少泥腥味。将原料鱼分级、分品种；去除不符鲜度要求的原料鱼；手工去头、去内脏；用冷水漂洗，该过程室温应控制在20 ℃以下。

（2）除鳞、清洗　将鱼胴体倒入去鳞机去鳞、水洗，要求水温10 ℃以下。

（3）采肉　用滚筒式采肉机采肉，并调节机械以保证采肉率。

（4）漂洗　用回转筛、血水分离机进行血水分离后进入连续漂洗装置，用10 ℃以下的冷水漂洗，除去水溶蛋白质、血污、油脂及其他杂质。注意将pH控制在6.8～7.2范围。连续漂洗装置可用三槽式或四槽式，漂洗时间以9分钟为宜，水与鱼肉的比例以3∶1或4∶1为宜。

（5）脱水、精滤　将洗涤物吸入预备脱水机，再进入精制过滤机去除鱼肉中的骨刺、筋皮、残余鳞片等杂质，得到的纯净鱼肉糜再进入螺旋压榨机脱水，经连续自动脱水后制成鱼糜。脱水过程中流失的鱼肉可用离心法回收。

（6）添加抗冻剂　在已精制过滤、脱水的鱼糜中加入3%～5%蔗糖和0.2%～0.3%多聚磷酸盐，还可再加入3%～5%山梨醇，在冷却型搅拌机内搅拌15分钟，注意温度控制在10～15 ℃。也可用捏和式搅拌机或斩拌机混合添加物，时间可适当缩短。

（7）定量、包装　准确称量鱼糜的重量，装入塑料袋中。可使用自动填充剂将鱼糜装入塑料袋。

（8）速冻与贮藏　将鱼糜整齐地排于急冻排架上，保持冷空气流通，在－32 ℃下急冻8～10小时后，再转入－18～－12 ℃的冷库贮存、备用。

4. 产品质量要求　冷冻鱼糜的质量可参考《冷冻鱼糜》（SC/T 3702—2014）的要求。

（1）感官要求见表4－5。

表4－5　冷冻鱼糜感官要求

项目	要求
色泽	白色、类白色
形态	解冻后呈均匀柔滑的糜状
气味及滋味	具新鲜鱼类特有的、自然的气味、无异味
杂质	无外来夹杂物

（2）理化指标见表4－6。

表4－6　冷冻鱼糜制品理化指标

<table>
<tr><th rowspan="2">项目</th><th colspan="8">指标</th></tr>
<tr><th>SSA级</th><th>SA级</th><th>FA级</th><th>AAA级</th><th>AA级</th><th>A级</th><th>AB级</th><th>B级</th></tr>
<tr><td>凝胶强度（g·cm）</td><td>≥700</td><td>≥600</td><td>≥500</td><td>≥400</td><td>≥300</td><td>≥200</td><td>≥100</td><td><100</td></tr>
<tr><td>杂点（点/5g）</td><td>≤10</td><td colspan="3">≤12</td><td colspan="3">≤15</td><td>≤20</td></tr>
<tr><td>水分（%）</td><td colspan="4">≤76.0</td><td colspan="3">≤78.0</td><td>≤80.0</td></tr>
<tr><td>pH</td><td colspan="8">6.5～7.4</td></tr>
<tr><td>产品中心温度（℃）</td><td colspan="8">≤－18.0 ℃</td></tr>
<tr><td>白度*</td><td colspan="8">符合双方约定</td></tr>
<tr><td>淀粉</td><td colspan="8">不得检出</td></tr>
</table>

*根据双方对产品白度约定的要求进行。

（3）安全指标　①污染物指标：应符合 GB 2762 的规定。②兽药残留指标：以养殖鱼为原料的产品中兽药残留应符合农业部 235 号公告规定。③净含量：应符合 JJF 1070 的规定。

（二）鱼丸加工工作过程

1. 工艺流程　冷冻鱼糜→解冻→空擂→盐擂→混合擂→成型→凝胶→熟化→冷却→速冻→包装→冻藏。

2. 原辅材料　冷冻鱼糜 100 kg，淀粉 10～20 kg，猪肥膘 5～10 kg，蛋清 5～10 kg，食盐 2 kg，复合磷酸盐 0.1～0.2 kg，白砂糖、味精等调味料适量，冰水适量。

3. 操作要点

（1）鱼糜解冻　冷冻鱼糜需自然解冻至半解冻状态，切片备用。

（2）空擂　加入复合磷酸盐，以斩拌机对鱼糜进行擂溃，至鱼糜无硬颗粒。

（3）盐擂　加入食盐擂溃至鱼糜颗粒完全分散、浆料黏稠、有光泽。

（4）混合擂　加入猪肥膘、蛋清、各种调味料和淀粉，擂溃混匀；混合擂过程中分次加入冰水减低浆料温度。擂溃完的浆料细腻黏稠，浆料温度分钟低于 10 ℃。

（5）成型　以鱼丸成型机进行成型，要求鱼丸个体大小相近、外形呈圆形或近似圆球形。

（6）凝胶　成型后的鱼丸置于 30～50 ℃恒温水槽中凝胶 10～30 分钟。

（7）熟化　以 90～95 ℃恒温水煮槽对鱼丸进行熟化，熟化时间 5～10 分钟。

（8）冷却　鱼丸熟化后置于冷却室内冷却。

（9）速冻、包装、冻藏　将鱼丸用速冻机冻至中心温度低于 -18 ℃，包装后入冷库冻藏，库温要求低于 -18 ℃。

4. 产品质量要求　鱼丸属于动物性水产制品，应符合《食品安全国家标准　动物性水产制品》（GB 10136—2015）要求。

（1）感官要求见表 4-7。

表 4-7　鱼丸感官要求

项目	要求	检验方法
色泽	具有该产品应有的色泽	取适量样品置于白色磁盘上，在自然光下观察色泽和状态，嗅其气味，用温水漱口，品其滋味
滋味、气味	具有该产品正常滋味、气味、无异味、无酸败味	
状态	具有该产品正常的形态和组织状态，无正常视力可见的外来杂质，无霉变、无虫蛀	

（2）理化指标见表 4-8。

表 4-8　鱼丸理化指标

项目	指标
挥发性盐基氮（g/100 g） 预制动物性水产制品（不含干制品和盐渍制品）	≤30

（3）微生物要求　熟制动物性水产制品的致病菌限量应符合 GB 29921 中熟制水产品规定。

（4）农药残留和兽药残留限量　农药残留限量应符合 GB 2763 的规定。兽药残留量应符合国家有关规定和公告。

考核要点

1. 鱼糜和鱼糜制品的定义。
2. 冷冻鱼糜的加工工艺及操作要点。
3. 鱼丸的加工工艺及操作要点。

思考题

1. 简述常用的活鱼运输方法及运输时应注意的问题。
2. 请以某种水产罐头的加工过程为例，简述在各个加工环节中如何保证产品质量。
3. 简述鱼糜制品生产中的擂溃工序，食盐在该工序中有何作用？

（于中玉　胡梦红）

第五章　乳制品加工技术

知识目标

1. **掌握**　巴氏杀菌乳、乳粉、凝固型酸乳和搅拌型酸乳、灭菌乳和奶油的加工工艺及操作要点。
2. **熟悉**　巴氏杀菌乳质量控制关键点；乳粉的品质检验方法；酵剂的种类和发酵剂的制备方法；干酪、冰淇淋及含乳饮料的生产工艺。
3. **了解**　CIP概念及其操作步骤；酸乳加工中易出现的问题及控制方法；炼乳的生产工艺。

能力目标

掌握巴氏杀菌乳、乳粉、发酵乳的基本加工方法，并能根据加工中出现的质量问题，进行初步分析判断，并能初步提出质量控制措施。

第一节　巴氏杀菌乳加工技术

扫码“学一学”

巴氏杀菌乳，是仅以生牛（羊）乳为原料，经巴氏杀菌等工序制得的液体产品。巴氏杀菌乳可分为全脂、部分脱脂和脱脂巴氏杀菌乳。巴氏杀菌乳杀菌温度较低，所以能在杀灭乳中有害菌的同时完好地保存其营养物质和纯正口感，比市售灭菌乳的营养价值高出许多，因此受到消费者的广泛欢迎。

一、工作要点

（一）原料乳验收及预处理

国标规定巴氏杀菌乳的原料是牛乳或羊乳，不得使用复原乳或再制乳。由于羊乳产量较低，市场上销售的巴氏杀菌乳的原料主要是牛乳，牛乳的验收要符合《食品安全国家标准　生乳》（GB 19301—2010）的要求。原料乳通常先在牧场进行简单的检测与评价，到达乳品厂后，再对原料乳的感官、理化和微生物等指标进行测定，以便按质论价和分级使用。

1. 牧场原料乳的微生物控制与冷却　健康母牛挤出的鲜奶是无菌的，但其离开乳房后就会受到微生物的污染，应特别注意牛场卫生。牛乳离开乳房时的温度约为 37 ℃，在此温度下微生物生长繁殖旺盛，因此，乳挤出后应迅速冷却至 4 ℃左右，在此温度下微生物活力很低。

2. 生乳验收项目　生乳进厂前各项指标必须满足国家及企业的生乳标准，因此各个检测项验收合格方能进厂加工生产，表 5－1 为某乳品厂生乳验收检测项目。

表 5-1 生乳验收检测项目

项目	取样点	检验频率	项目	取样点	检验频率
感官	奶车	每批次	抗生素	奶车	每批次
冰点	奶车	每批次	煮沸试验	奶车	每批次
密度	奶车	每批次	乙醇试验	奶车	每批次
酸度	奶车	每批次	美兰试验	奶车	每批次
杂质度	奶车	每批次	掺碱	奶车	每批次
总固形物	奶车	每批次	双氧水	奶车	每批次
非脂乳固体	奶车	每批次	尿素	奶车	每批次
蛋白质	奶车	每批次	亚硝酸盐	奶车	每批次
脂肪	奶车	每批次	硫氰酸钠	奶车	每批次
糖	奶车	每批次	三聚氰胺	奶车	每批次
盐	奶车	每批次	水解蛋白	奶车	每批次
葡萄类物质	奶车	每批次	β-内酰胺酶	奶车	每批次
甲醛	奶车	每批次	淀粉	奶车	每批次
铅	奶车	每批次	抗生素	奶车	每批次
无机砷	奶车	每批次	呋喃它酮	奶车	每月1批次
汞	奶车	每批次	阿维菌素	奶车	每月1批次
铬	奶车	每批次	氯霉素	奶车	每批次
黄曲霉毒素 M1	奶车	每批次	四环素	奶车	每批次
菌落总数	奶车	每批次	庆大霉素	奶车	每批次
六六六	奶车	每批次	红霉素	奶车	每批次
滴滴涕	奶车	每批次	链霉素	奶车	每批次
林丹	奶车	每批次	喹诺酮	奶车	每批次

3. 原料乳分级 为确保原料奶及成品的质量，目前乳品厂对原料奶按质论价、分级使用，主要根据原料奶理化指标、微生物指标、农残指标、重金属指标、感官指标等作为分级判定的依据。

4. 预处理 刚挤出的牛乳含5.5%~7%的气体，经过储存、运输和收购，一般其气体含量在10%以上，这些气体对乳制品加工过程和产品质量会产生影响。所以，在牛乳预处理阶段脱气是非常必要的。在奶槽车和工厂收乳间流量计之前均需安装脱气设备，此外，在生产过程中也需使用真空脱气罐，以除去细小的分散气泡和溶解氧。

（二）离心净乳

1. 离心净乳的作用

（1）将牛乳中的脂肪分离出去，形成稀奶油和脱脂乳。稀奶油可用来加工成奶油和冰淇淋等产品；脱脂乳可用来生产脱脂乳粉、干酪素等其他乳制品，还可以用来完成乳制品的标准化。

（2）去除一些机械杂质和微生物，如混入乳中的尘埃、细胞碎片、白细胞，特别是可以去除一些微生物（通常称为离心除菌机）。离心除菌是一种冷杀菌法，对芽孢菌的去除很有效，一般情况下，密封离心机可去除95%~98%的芽孢菌。离心除菌应用于巴氏杀菌乳时，可以降低热处理强度，提高产品风味和减少营养物质损失。

2. 牛乳离心分离的原理　乳分离原理是由于乳脂肪的密度小于脱脂乳的密度，利用重力作用或离心力作用，使密度不同的两组分分离开。离心分离机的作用原理有离心过滤和离心沉降两种。①离心过滤。悬浮液在离心力场下产生的离心压力，作用在过滤介质（滤网或滤布）上，使液体通过过滤介质成为滤液；而固体颗粒被截留在过滤介质表面，形成滤渣，定期排出滤渣，从而实现液-固分离。②离心沉降。利用悬浮液（或乳浊液）密度不同的各组分在离心力场中迅速沉降分层的原理，实现液-固（液-液）分离。

3. 影响分离效果的因素　用分离机分离牛奶时，其分离效率除了与分离机本身的结构和能力密切相关外，分离机的转速、乳的温度、乳的杂质以及牛乳的流量等都是影响分离效果的因素。

（1）分离机的转速　分离机的转速随各种分离机的机械结构而异。现代乳品厂使用密闭式奶油分离机的转速一般为6000~9000 r/min，转速越快分离效果越好。正常分离时应当保持在规定转速以上，但最大不能超过其规定转速10%~20%，过多地超过负荷，会使机器寿命大大缩短，甚至损坏。

（2）乳的温度　乳的温度越低，乳的密度越大，黏度增加，导致脂肪的上浮受到阻力，分离不完全，故在分离前需对生乳加热，加热后的乳密度大大降低，同时由于脂肪球和脱脂乳在加热时的膨胀系数不同，脂肪的密度较脱脂乳减低更多，使乳更加容易分离。但如果乳温度过高，会生产大量泡沫不易消除，最适宜温度控制在32~35 ℃。

（3）乳中杂质含量　分离机的能力与分离钵的半径成正比，如果乳中杂质度高时，分离钵的内壁间隙很容易被杂质阻塞，其作用半径就渐渐缩小，分离能力也随之降低，故分离机每使用一定时间需清洗一次。

（4）乳的流量　单位时间内流入分离机内乳的流量越小，则乳在分离机内停留的时间越长，分离效果越好。因此应对每台分离机的实际能力加以测定，对未加测定的分离机，应按其最大生产能力（标明能力）降低10%~15%来控制进乳量。

（三）标准化

标准化的目的是保证生产得到的巴氏杀菌乳中的脂肪含量符合国家质量标准的要求，我国《食品安全国家标准　巴氏杀菌乳》（GB 19645—2010）中要求全脂巴氏杀菌乳的脂肪含量≥3.1，因此，凡不符合标准的原料乳，均需要进行标准化，标准化方法如下。

1. 预标准化　是指巴氏杀菌之前把全脂乳分离成稀奶油和脱脂乳。

2. 后标准化　是在巴氏杀菌之后进行添加，方法同上，它与预标准化不同的是二次污染的可能性增大。

3. 直接标准化　又称在线标准化，牛乳经分离成为脱脂乳和稀奶油两部分，然后通过再混合过程，控制脱脂乳和稀奶油的混合比例，使混合后的牛乳脂肪符合产品要求。牛乳进入分离机之前，通常要在巴氏杀菌器中加热到55~65 ℃。在分离中，稀奶油标准化到预定的脂肪含量，通过计算，用于牛乳标准化的稀奶油的量分一支路与适量的脱脂乳再混合，多余的稀奶油会流向稀奶油巴氏杀菌机。

乳脂肪的标准化可通过添加稀奶油或脱脂乳进行调整，如将全脂乳与脱脂乳混合，将稀奶油和全脂乳混合，将稀奶油和脱脂乳混合以及将脱脂乳和无水奶油混合等。

（四）均质

均质可以使脂肪球分裂成比原来小得多的脂肪球，它可以减少脂肪上浮，减小脂肪成团或聚结的倾向。

1. 均质目的 ①可以防止脂肪上浮现象；②可以使维生素、蛋白质等均匀附着在脂肪表面，提高乳的营养价值，并使口感更细腻；③由于脂肪数目的增加，增加了光线在牛乳中的折射和反射机会，使牛乳颜色变得更白、更均匀。

2. 均质原理和设备 所谓均质就是将乳中的脂肪球在强力的机械作用下穿过极细小的缝隙，从而破碎成小的脂肪球，使之均匀一致地分散的过程。

3. 均质条件和方法 均质效果与温度有关，原料乳进行均质的温度宜控制在60～65 ℃,以提高均质效果。均质方法可采用二段式，即第一段均质使用较高压力（16.5～20.5 MPa），目的是破碎脂肪球。第二段使用低压（3.4～5.0 MPa），目的是分散已破碎的小脂肪球，防止粘连。

4. 影响均质效果的因素

（1）含脂率 含脂率过高会使均质后的小脂肪球粘连。因为含脂率越高，脂肪球破碎后形成的小脂肪球之间的间隙小，在新的保护膜形成之前脂肪球碰撞会产生粘连。这种情况一般可以采用二级均质来避免。

（2）均质压力 一般均质压力越大，均质之后脂肪球的直径越小，但在实际操作中压力一般不能太高，否则会使酪蛋白受到影响，在杀菌时产生沉淀。

（3）温度 均质温度升高，黏度会变小。但是温度也不能太高，一般控制在60～65 ℃均质效果最好。

（五）巴氏杀菌

1. 巴氏杀菌的目的

（1）保证产品的安全性 热处理可以杀死大部分致病菌，如金黄色葡萄球菌、大肠埃希菌、结核杆菌、沙门菌、李斯特菌等，也可以杀死进入乳中的一些潜在病原菌、腐败菌。为了避免某些病原菌产生耐高温的毒素，热处理应及时。

（2）抑制酶的活性 热处理使酶失活，避免发生脂肪水解、酶促褐变等不良现象。

2. 巴氏杀菌的方法 为了保证杀死所有的致病微生物，乳必须加热到一定的温度。巴氏杀菌的温度和时间是非常重要的因素，由于各国的法规不同，巴氏杀菌的工艺也不尽相同，常用的巴氏杀菌乳的热处理方式如表5－2所示。

表5－2 巴氏杀菌乳的主要的热处理方法

工艺	温度（℃）	时间（秒）	方式
预巴杀	63～65	62～65	—
低温长时巴氏杀菌（LTLT）	63	1800	间歇式
	72～75	15～20	连续式
高温短时巴氏杀菌（HTST）	85～90	10～15	连续式
	94～98	10～15	连续式
超巴氏杀菌	125～138	2～4	连续式

3. 杀菌设备 杀菌过程中的加热介质，一般为水或水蒸气，根据加热方式不同可分为直接加热和间接加热。在间接加热系统中，产品和加热介质由导热面隔开，没有直接接触，如板式热交换器、管式热交换器。直接加热系统中产品和加热介质（一般为水蒸气）直接

接触，加热速度快，但是产品在加热过程中混入的加热介质需要在后续操作中蒸发出来。

（1）间接加热系统　①板式换热器。板式热交换器由于面积小、传热系数高，机构紧凑、易维护、拆装方便、便于清洗等优点被广泛使用。②管式热交换器。管式热交换器分为两种类型，即列管式热交换器和套管式热交换器。管式热交换器不同于板式热交换器，它在产品通道上没有接触点，这样它就可以处理含有一定颗粒的产品，颗粒的最大直径取决于管子的直径，从热传递的观点看，管式热交换器比板式热交换器的传热效率低。

（2）直接加热系统　直接加热系统的工作原理是利用蒸汽与产品直接混合，蒸汽释放出潜热将产品快速加热至灭菌温度。这一过程产品被稀释，灭菌后产品经冷凝蒸发器去除水分并得到冷却。为了达到与加热速度相同的冷却速度，水分蒸发时吸收相同的潜热使产品瞬间被冷却。直接加热时，产品首先通过间接加热温度升至 80 ~ 85 ℃，然后直接与蒸汽混合至灭菌温度 140 ~ 150 ℃，这一过程产品被大量稀释。因此在设计保温管时必须考虑流速增加的影响，使产品在灭菌温度下保持一定的时间。

（六）冷却

乳经巴氏杀菌后，虽然致病菌被杀死，但仍有部分细菌存活，在以后的各项操作中仍有被污染的可能，因此杀菌后应立即将乳冷却至 5 ℃以下，以抑制乳中残留细菌的生长繁殖，增加产品的保存性。

（七）包装

1. 包装的目的　①便于消费者饮用；②防止污染，降低食品腐败和浪费；③保持杀菌乳的原有风味，防止吸收外界气味而产生异味；④减少维生素等成分的损失。

2. 包装容器　我国乳品厂最早使用的容器是玻璃瓶，随着行业的发展，除了玻璃瓶之外，塑料瓶、塑料袋、塑料夹层纸盒和涂覆塑料铝箔纸等材料也被广泛使用。

3. 包装过程中的注意事项

（1）灌装前灌装设备应用 95 ℃热水进行 20 分钟的消毒。

（2）灌装间应定期清洗消毒。

（3）防止灌装过程中的二次污染。

（4）尽量减少灌装过程中物料温度的升高。

（5）对包装材料进行有效的杀菌处理，如紫外线照射等。

（6）注意操作人员的个人卫生。

（八）储存、运输和销售

包装好的产品应及时分送给消费者，如不能立即分送，应储存于 2 ~ 6 ℃冷库中。巴氏杀菌乳在储存和分销过程中，必须保持冷链的连续性。我国巴氏杀菌乳在 2 ~ 6 ℃的储藏条件下保质期为 7 天，欧美国家的巴氏杀菌乳保质期稍长，为 15 天左右。

（九）清洗

牛乳含有丰富的营养物质，且在加热过程中极易形成“乳石”（磷酸钙、磷酸酶、蛋白质、脂肪等形成的沉淀物）附着在乳制品设备表面，给微生物生长提供了良好的条件，因此需要及时对乳品加工设备表面的污物清洗去除。

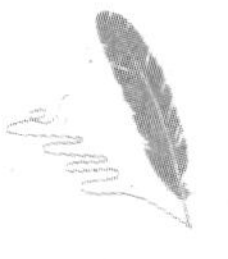

现代化大型乳品厂均采用无拆卸就地清洗（cleaning in place，CIP）技术，即在无须进

行设备拆卸的情况下，冲洗水和洗涤剂溶液循环通过罐、管道和加工线。CIP 可以被定义为设备（罐体、管道、泵等）及整个生产线在无须人工拆开和打开前提下，清洗液通过机器和其他设备形成一个清洗循环回路，高速液流通过设备表面产生一种能去除沉淀污物的机械冲击力，达到清洗目的。CIP 的清洗程序一般为“水冲→碱洗→水冲→酸洗→水冲”，不同设备的清洗程序根据实际情况设置具体的浓度、温度和时间参数。

二、设备及原料

1. 设备 板式换热器、净乳机、均质机、包装机。

2. 材料 原料乳。

三、工作过程

（一）工艺流程

原料验收→净乳→标准化→均质→杀菌→冷却→灌装→检验→冷藏。

（二）加工工艺

1. 原料验收 巴氏杀菌乳的质量取决于原料乳的质量，原料乳应符合《食品安全国家标准 生乳》（GB 19301—2010）的要求。

2. 净乳 净乳机是依靠离心力的作用，使乳中的杂质积存到转钵边缘，当沉积一定量的杂质后，排渣孔打开排出沉淀。根据乳中杂质的多少可以调节渣口开启频率，目前乳品厂一般每 15 ~ 20 分钟（小于等于 30 分钟）开启一次，现场通常采用连续排渣。

3. 标准化 标准化的目的是保证生产出的消毒乳产品符合国家质量标准的要求，同时使生产的每批次产品指标均匀一致。

4. 均质 通过均质能使脂肪球破裂成比原来小得多的脂肪球且脂肪球的分布较均匀。因此，可以减少脂肪上浮，减小脂肪成团或聚结的倾向。均质温度 65 ℃左右，均质压力为 10 ~ 20 MPa。均质可以是全部的，也可以进行部分均质，为节约能源和机械有时采用部分均质，即乳先被分成脱脂乳和稀奶油，稀奶油被均质后再与分离出的乳混合。

5. 杀菌 一般牛奶高温短时巴氏杀菌的温度通常为 72 ~ 75 ℃、持续 15 ~ 20 秒；或 85 ~ 90 ℃、10 ~ 15 秒。如果巴氏杀菌太强烈，那么该牛奶就有蒸煮味和焦糊味，稀奶油也会产生结块或聚合。

6. 冷却 乳经巴氏杀菌后，虽然绝大部分微生物都已被杀死，但是在以后各项操作中还是有被污染的可能，为了抑制牛乳中细菌的生长繁殖，延长保存性，需及时进行冷却，通常将乳冷却至 4 ℃左右。

7. 灌装 灌装的目的主要是为了便于零售，防止外界杂质混入成品中、防止微生物再污染、保存风味和防止吸收外界气味而产生异味以及防止维生素等活性成分受损失等。灌装容器主要为玻璃瓶、乙烯塑料瓶、塑料袋和涂塑复合纸袋包装。

8. 冷藏、运输 包装成箱后，置于冷库中，温度控制为 4 ~ 6 ℃，贮存期为一周。巴氏杀菌乳在储存、运输和销售过程中，必须保持冷链的持续性、平稳性。目前乳品厂采用密闭型保温箱、环保密闭型冷藏车来满足冷链要求。

（三）质量标准

巴氏杀菌乳质量标准系引用《食品安全国家标准　巴氏杀菌乳》（GB 19645—2010）。

1. 感官要求　见表 5－3。

表 5－3　巴氏杀菌乳感官要求

项目	要求	检验方法
色泽	呈乳白色或微黄色	取适量试样置于 50 mL 烧杯中，在自然光下观察色泽和组织状态、闻其气味，用温开水漱口，品尝滋味
滋味、气味	具有乳固有的香味，无异味	
组织状态	呈均匀一致液体，无凝块、无沉淀，无正常视力可见异物	

2. 理化指标　见表 5－4。

表 5－4　巴氏杀菌乳理化指标

项目	指标
脂肪（g/100g）	≥3.1
蛋白质（g/100 g）	
牛乳	≥2.9
羊乳	≥2.8
非脂乳固体（g/100 g）	≥8.1
酸度（°T）	
牛乳	12～18
羊乳	6～13

注：脂肪含量标准仅适用于全脂巴氏杀菌乳。

3. 微生物限量　见表 5－5。

表 5－5　巴氏杀菌乳微生物限量

项目	采样方案及限量（若非指定，均以 CFU/g 或 CFU/mL 表示）			
	n	c	m	M
菌落总数	5	2	50000	100000
大肠菌群	5	2	1	5
金黄色葡萄球菌	5	0	0/25（g/mL）	—
沙门菌	5	0	0/25（g/mL）	—

注：样品的分析及处理按 GB 4789.1 及 GB 4789.18 执行。

考核要点

1. 巴氏杀菌乳的加工工艺流程。
2. 巴氏杀菌乳的加工工作要点。
3. CIP 的流程。

扫码“学一学”

第二节　乳粉加工技术

乳粉是以新鲜牛乳为原料，或以新鲜牛乳为主要原料，添加一定数量的植物或动物蛋白质、脂肪、维生素、矿物质等配料，除去其中几乎全部水分而制成的粉末状乳制品。乳粉中水分含量很低，重量减轻、体积变小为贮藏和运输带来方便；同时微生物在其中不能发育繁殖，有的甚至死亡，所以可延长贮藏期。

一、工作要点

（一）配料

乳粉生产过程中，除了少数几个品种（如全脂乳粉、脱脂乳粉）外，都要经过配料工序，各配料比例按产品配方要求进行配制。配料时所用的设备主要有配料缸、真空混料机和加热器。牛乳或水通过加热器后得以升温，其他配料加入到真空混料机上方的料斗中，物料不断地被吸入并在混料机内与牛乳或水相混合，然后又回流到配料缸内，周而复始，直到所有的配料溶解完毕并混合均匀为止。

（二）均质

生产全脂乳粉、全脂甜乳粉以及脱脂乳粉时，一般不必经过均质操作，但若乳粉的配料中加入了植物油或其他不易混匀的物料时，就需要进行均质操作。均质时的压力一般控制在 14～21 MPa，温度控制在 60 ℃为宜。二级均质时，第一级均质压力为 14～21 MPa，第二级均质压力为 3.5 MPa 左右。均质后脂肪球变小，从而可以有效地防止脂肪上浮，并易于消化吸收。

（三）杀菌

牛乳常用的杀菌方法见下表（表 5－6）。具体应用时，不同的产品可根据本身的特性选择合适的杀菌方法。低温长时间杀菌法的杀菌效果不理想，所以已经很少应用。目前最常见的是采用高温短时灭菌法，因为该方法可使牛乳的营养成分损失较小，乳粉的理化特性较好。

表 5－6　牛乳常见的杀菌方法表

杀菌方法	杀菌温度/时间	杀菌效果	所用设备
低温长时间杀菌法 LTLT	60～65 ℃/30 分 70～72 ℃/15～20 分	可杀死全部病原菌，杀菌效果一般	容器式杀菌缸
高温短时灭菌法 HTST	85～87 ℃/15 秒 94 ℃/24 秒	杀菌效果好	板式、列管式杀菌器
超高温瞬时灭菌法 UHT	120～140 ℃/2～4 秒	杀菌效果最好	板式、列管式杀菌器

（四）真空浓缩

所谓浓缩，就是用加热的方法，使牛乳中的一部分水分汽化，并不断的除去，从而使牛乳中的干物质含量提高。为了减少牛乳中营养物质的损失，现在工厂一般都采用真空浓缩的方式。

1. 真空浓缩设备　真空浓缩设备种类繁多，按加热部分的结构可分为列管式、板式和盘管式三种；按其二次蒸汽利用与否，可分为单效和多效浓缩设备。生产中最常用的是列管降膜式。列管式真空浓缩设备的浓缩原理为：设备由多根垂直管组成的加热室和一个蒸发分离室组成，料液由加热器顶部的分配盘均匀分布于蒸发器列管内，液体在重力作用下，沿管壁呈液膜状向下流动，管外围绕着高温蒸汽，真空下料液沸腾，部分水汽化，蒸发产

生的二次蒸汽与物料同时降至底部，一起以切线方向进入分离器，由于离心力的作用，密度较大的牛乳液滴立即与二次蒸汽分离，二次蒸汽被分离后立即被水力喷射器由顶部排出，浓缩液由底部抽出。

2. 真空浓缩的优点

（1）真空条件下牛乳的沸点降低，这样牛乳可以避免受到高温作用，对产品的色泽、风味、溶解度等都大有好处。

（2）蒸发过程（多效蒸发器）利用二次蒸汽可节省蒸汽消耗，提高干燥设备能力，降低成本。

（3）使喷雾后的粉粒粗大，有良好分散性和冲调性，其速溶性大大提高。

（4）由于真空浓缩排出了乳中的空气及氧气，使粉粒气泡减少，降低了乳粉中脂肪的氧化作用，改善了奶粉的保存性。

（5）经浓缩后进行喷雾干燥的乳粉颗粒致密、坚实，相对密度大，利于包装。

3. 真空浓缩的条件　一般真空度为 21 ~ 8 KPa，温度为 50 ~ 60 ℃。单效蒸发时间约为 40 分钟，多效是连续进行的。

4. 影响浓缩的因素

（1）加热器总加热面积　加热面积越大，乳受热面积就越大，在相同时间内乳所接受的热量亦越大，浓缩速度就越快。

（2）蒸汽的温度与物料间的温差　温差越大，蒸发速度越快。

（3）乳的翻动速度　乳翻动速度越大，乳的对流越好，加热器传给乳的热量也越多，乳既受热均匀又不易发生焦管现象。另外，由于乳翻动速度大，在加热器表面不易形成液膜，而液膜能阻碍乳的热交换。乳的翻动速度还受乳与加热器之间的温差、乳的黏度等因素的影响。

（4）乳的浓度与黏度　随着浓缩的进行，浓度提高，比重增加，乳逐渐变得黏稠，流动性变差。

5. 浓缩终点的确定　牛乳浓缩的程度如何将直接影响到乳粉的质量。连续式蒸发器在稳定的操作条件下，可以正常连续出料，其浓度可通过检测而加以控制；间歇式浓缩锅需要逐锅测定浓缩终点。在浓缩到接近要求浓度时，浓缩乳黏度升高，沸腾状态滞缓，微细的气泡集中在中心，表面稍呈光泽，根据经验观察即可判定浓缩的终点。但为准确起见，可迅速取样，测定其比重、黏度或折射率来确定浓缩终点。一般要求原料乳浓缩至原体积的 1/4，乳干物质达到 45% 左右。浓缩后的乳温一般 47 ~ 50 ℃，不同产品的浓缩程度：全脂乳粉为 11.5 ~ 13°Bé，相应乳固体含量为 38% ~ 42%；脱脂乳粉为 20 ~ 22°Bé，相应乳固体含量为 35% ~ 40%；全脂甜乳粉为 15 ~ 20°Bé，相应乳固体含量为 45% ~ 50%；大颗粒奶粉可相应提高浓度。

（五）喷雾干燥

浓缩后的乳打入浓乳罐内之后应立即进行干燥。乳粉加工中所用的干燥方法有冷冻干燥、滚筒干燥和喷雾干燥。现在国内外普遍采用喷雾干燥法，其包括离心喷雾法和压力喷雾法。

1. 喷雾干燥的原理　浓乳在高压或离心力的作用下，经过雾化器在干燥室内喷出，形成雾状。压力喷雾干燥浓乳的雾化是通过高压泵和喷嘴来完成的，浓乳在高压泵的作用下

通过一狭小的喷嘴后，瞬间得以雾化成无数微细的小液滴。离心喷雾干燥浓乳的雾化是通过高速旋转的圆盘来完成，乳被高速旋转的转盘（转速在5000～20000 r/min）甩向四周，形成雾滴达到雾化的目的。雾化后的浓乳变成了无数微细的乳滴（直径为10～200 μm），大大增加了浓乳表面积。微细乳滴经与鼓入的热风接触，其水分便在0.01～0.04秒内瞬间蒸发完毕，雾滴被干燥成细小的球形颗粒，单个或数个粘连飘落到干燥室底部，而水蒸汽被热风带走，从干燥室的排风口抽出。整个干燥过程仅需15～30秒。

2. 喷雾干燥条件 压力式喷雾干燥法生产乳粉和离心式喷雾干燥法生产乳粉时，工艺条件通常分别控制在表（表5－7、表5－8）中所列出的范围。

表5－7 压力喷雾干燥法生产乳粉的工艺条件表

项目	全脂乳粉	全脂加糖粉
浓缩乳浓度（°Bé）	11.5～13	15～20
乳固体含量（%）	38～42	45～50
浓缩乳温度（℃）	45～60	45～50
高压泵工作压力（kpa）	10000～20000	10000～20000
喷嘴孔径（mm）	2.0～3.5	2.0～3.5
喷嘴数量（个）	3～6	3～6
喷嘴角度（rad）	1.047～1.571	1.222～1.394
进风温度（℃）	140～180	140～180
排风温度（℃）	75～85	75～85
排风相对湿度（%）	10～13	10～13
干燥室负压（Pa）	98～196	98～196

表5－8 离心喷雾干燥法生产乳粉的工艺条件表

项目	全脂乳粉	全脂加糖乳粉
浓乳干物质含量（%）	45～50	45～50
浓乳温度（℃）	45～55	45～55
转盘转速（rpm）	5000～20000	5000～20000
转盘数量（只）	1	1
进风温度（℃）	约200	约200
干燥温度（℃）	约90	约90
排风温度（℃）	约85	约85
浓乳浓度（°Bé）	13～15	14～16

3. 喷雾干燥阶段 喷雾干燥是一个较为复杂的包括浓乳微粒表面水分汽化及微粒内部水分不断地向其表面扩散的过程。只有浓乳的水分含量超过其平衡水分，微粒表面的蒸气压超过干燥介质的蒸气压时，干燥过程才能进行。喷雾干燥一般经过预热、恒速干燥和降速干燥三个阶段。在干燥室内，整个干燥过程用时25～30秒。由于微小液滴中水分不断蒸发，使乳粉的温度不超过75 ℃。干燥的乳粉含水分2.5%左右，从塔底排出，而热空气经旋风分离器或袋滤器分离所携带的乳粉颗粒而净化，或排入大气或进入空气加热室再利用。

4. 二次干燥 为了提高喷雾干燥的热效率，可采用二次干燥法：①二段干燥能降低干燥塔的排风温度，使含水分较高（6%～7%）的乳粉颗粒再在流化床或干燥塔中二次干燥

至含水量2.5% ~5%；②在塔底设置固定流化床，使奶粉颗粒在塔底低温条件下沸腾干燥。因为可以提高喷雾干燥塔中空气进风温度，使粉末的停顿时间缩短（仅几秒钟）；而在流床干燥中空气进风温度相对较低（130 ℃），粉末停留时间较长（几分钟），可以生产出较优质的乳粉，另外，热空气消耗也很少。

传统干燥和两段式干燥将干物质含量48%的脱脂浓缩奶干燥到含水量3.5%所需条件见表5 -9。

表5 -9 传统干燥和两段式干燥条件表

方式	传统干燥	二段式干燥
进风温度（℃）	200	250
出风温度（℃）	94	87
空气室出口（Aw）	0.09	0.17
总消耗热（kJ/kg 水）	4330	3610
能力（kg 粉/h）	1300	2040

由此可见，两段式干燥能耗低（20%），生产能力更大（57%），附加干燥仅耗5%的热能，乳粉质量通常更好，但需要增加流化床。

5. 喷雾干燥的特点 与其他干燥方法相比，喷雾干燥方法有许多优点，因而获得广泛采用与迅速发展。

（1）干燥速度快，物料受热时间短 由于浓乳被液化成微细乳滴，具有很大的表面积。若按雾滴平均直径为50 μm计算，则每升浓乳可分散成146亿个微小雾滴，其总表面积为54000 m^2。这些雾滴在150 ~200 ℃的热风中强烈而迅速地汽化，所以干燥速度快。

（2）干燥温度低，乳粉质量好 在喷雾干燥过程中，雾滴从周围热空气中吸收大量热，使周围温度迅速下降，同时也保证了被干燥的雾滴本身的温度大大低于周围热空气的温度，所以，尽管干燥室内温度很高，但物料受热时间短、温度低、营养成分损失少。

（3）工艺参数可调，容易控制质量 选择适当的雾化器、调节工艺条件可以控制乳粉颗粒状态、大小，并使含水量均匀，成品冲调后具有良好的流动性、分散相和溶解性。

（4）产品不易污染，卫生质量好 喷雾干燥过程是在密闭状态下进行的，干燥室内保持100 ~400 Pa的负压，能有效避免粉尘的外溢，减少浪费，保证产品安全卫生。

（5）产品呈松散状态，不必再粉碎 喷雾干燥后，乳粉呈粉末状态，只要过筛团块粉即可分散。

（6）操作调节方便，机械化、自动化程度高 有利于连续化和自动化生产操作人员少，劳动强度低，具有较高的生产效率。

同时，喷雾干燥也有以下缺点：①干燥塔体积庞大，占用面积大、空间大，而且造价高、投资大。②耗能、耗电多。为了保证乳粉中含水量符合要求，一般将排风湿度控制到10% ~13%，故需耗用较多的热风，热效率低，热风温度在150 ~170 ℃时，热效率仅为30% ~50%；热风温度在200 ℃时，热效率可达55%，即每蒸发1 kg水分需要加热蒸汽3.0 ~3.3 kg，能耗大大高于浓缩。③粉尘黏壁现象严重，清扫、收粉工作量大。

（六）冷却、筛粉

喷雾干燥结束后，应立即将乳粉送至干燥室外并及时冷却，避免乳粉受热时间过长，特别是全脂乳粉，受热时间长会导致乳粉游离脂肪酸增加，严重影响乳粉的品质，使之在保存中容易引起脂肪氧化酸败，乳粉的色泽、滋味、气味也会受到影响。出粉冷却的方法一般有以下三种：气流出粉冷却、流化床出粉冷却和人工出粉自然冷却。

乳粉过筛的目的是将粗粉和细粉混合均匀，并除去乳粉团块、粉渣，使乳粉均匀、松散，便于晾粉冷却。

（七）计量包装

乳粉冷却完成后即可进行包装，包装规格、容器及材质依乳粉的用途不同而异。工业用粉采用25 kg的大袋包装，家庭采用1 kg以下小包装。包装要求称量准确、排气彻底、封口严密、装箱整齐、打包牢固。包装间在工作前必须经紫外线照射30分钟灭菌后方可使用，室温保持在20～25 ℃，相对湿度不大于75%。

二、设备及材料

1. 设备　杀菌机、净乳机、混料机、高压泵、喷雾干燥塔、流化床、包装机等；

2. 材料　原料乳、配料（按配方）。

三、工作过程

（一）全脂加糖乳粉加工工作过程

1. 工艺流程

白砂糖溶解→过滤→杀菌→糖液
↓
原料乳验收→标准化→预热、均质→杀菌→真空浓缩→加糖→喷雾干燥→冷却筛粉→检验→包装→成品

2. 加工工艺

（1）原料乳验收　原料乳进入工厂后立即进行验收，原料乳必须符合《食品安全国家标准　生乳》（GB 19301—2010）规定的各项要求。

（2）原料乳标准化　一般乳脂肪的标准化是与离心净乳同时进行的。调整原料乳的脂肪含量使成品中含有25%～30%的脂肪，由于这个范围比较大，所以生产全脂乳粉时一般不用对脂肪进行调整，但要经常检查原料乳的含脂率，便于适当调整。

（3）预热、均质　乳粉加工的过程中，原料乳在离心净乳和喷雾干燥时，不同程度地受到离心机和高压泵的机械挤压和冲击，有一定的均质效果，所以加工全脂乳粉时一般不用均质。但如果进行标准化的过程中加入了稀奶油或脱脂乳，则应进行均质，使混合原料乳形成一个均匀的分散体系。

（4）杀菌　原料乳的杀菌方法根据成品的特性进行选择，生产全脂乳粉时杀菌温度和保持时间对乳粉的品质，特别是溶解性和保藏性有很大的影响。一般认为高温杀菌可以防止或推迟脂肪的氧化，但高温长时加热会严重影响乳粉的溶解性，最好采用高温短时杀菌方法。

（5）加糖　根据配方要求计算加糖量，加糖的方法有：①杀菌之前加糖；②将杀菌过滤的糖浆加入浓缩乳中；③包装前将处理过的蔗糖细粉加到奶粉中；④杀菌前加一部分，包装前再加一部分。

（6）真空浓缩　牛乳经杀菌后立即泵入真空蒸发器进行减压（真空）浓缩，以除去乳中大部分水分（70%～80%）。

（7）喷雾干燥　浓缩乳中仍然含有较多的水分，必须经喷雾干燥后才能得到乳粉，生产中将浓缩乳借用压力、离心力等机械力，通过喷雾器将其分散为雾状乳滴，通入热风与其接触，水分瞬间蒸发，雾滴干燥成球形颗粒落入干燥室底部，水蒸汽被热风带走，排风口排出，整个过程15～30秒。

（8）冷却筛粉　乳粉从塔底出来温度为60 ℃以上，需要冷却以防脂肪分离。冷却是在粉箱中室温下过夜，然后过筛（20～30目）后即可包装；在设有二次干燥的设备中，乳粉经二次干燥后进入冷却床被冷却到40 ℃以下，再经过粉筛送入奶粉仓，待包装。

（9）包装　工业用粉采用25 kg的大袋包装，多用衬聚乙烯多层复合纸袋包装；家庭采用1 kg以下小包装，小包装一般为马口铁罐或塑料袋包装，保质期为3～18个月，生产中采用充N_2和CO_2包装以延长保质期。

（二）脱脂乳粉加工工作过程

1. 工艺流程

稀奶油
↑
原料验收→预处理→预热分离→脱脂乳→预热杀菌→真空浓缩→喷雾干燥→冷却过筛→包装→检验→成品

2. 加工工艺

（1）原料乳的预热与分离　原料乳验收后，加温到35～38 ℃后即可进行分离，可同时获得稀奶油和脱脂乳。控制脱脂乳的含脂率不超过0.1%。

（2）预热杀菌　脱脂乳中所含乳清蛋白（白蛋白和球蛋白）热稳定性差，在杀菌和浓缩时易引起热变性，使乳粉制品溶解性降低。脱脂乳的杀菌条件以80 ℃、15秒为最佳。

（3）真空浓缩　为了不使过多的乳清蛋白变性，脱脂乳的蒸发浓缩温度一般不超过65.5 ℃，相对密度为15～17°Bé，乳固体含量可控制在36%以上。

（4）喷雾干燥　将脱脂乳按普通方法喷雾干燥即可获得普通脱脂乳粉。普通脱脂乳粉因其乳糖为非结晶玻璃态的α－乳糖和β－乳糖的混合物，具有很强的吸湿性，为了克服这一缺点，可采用特殊的方法生产速溶脱脂乳粉。

（三）婴幼儿配方乳粉加工工作过程

1. 工艺流程

乳糖、乳清粉、热稳定维生素、植物油、矿物质等
↓
原料乳验收→预处理→标准化→配料→均质→杀菌→浓缩→喷雾干燥→冷却筛粉→混合→包装
↑
热不稳定维生素等

2. 加工工艺

（1）配料　配料时采用10 ℃左右原料乳在高速混料机内进行，注意各配料的添加顺

序。植物油先预热至55 ℃左右，在线添加。

（2）均质　均质条件55～60 ℃、15～20 Mpa。

（3）杀菌　杀菌条件85～90 ℃、16秒。

（4）浓缩　物料浓缩至18°Bé。

（5）喷雾干燥　喷雾干燥条件进风温度155～160 ℃，排风温度80～85 ℃，塔内负压196 Pa。

（四）产品质量标准

乳粉质量标准系引用《食品安全国家标准　乳粉》（GB 19644—2010），婴幼儿配方奶粉还需符合《食品安全国家标准　婴儿配方食品》（GB 10765—2010）和《较大婴儿和幼儿配方食品》（GB 10767—2010）。

1. 感官指标　见表5－10。

表5－10　乳粉感官指标

项目	要求		检验方法
	乳粉	调制乳粉	
色泽	呈均匀一致的乳黄色	具有应有的色泽	取适量试样置于50 mL烧杯中，在自然光下观察色泽和组织状态。闻其气味，用温开水漱口，品尝滋味
滋味、气味	具有纯正的乳香味	具有应有的滋味、气味	
组织状态	干燥均匀的粉末		

2. 理化指标　见表5－11。

表5－11　乳粉理化指标

项目	指标	
	乳粉	调制乳粉
蛋白质（%）	非脂乳固体的≥34%	≥16.5
脂肪（%）	≥26.0	—
复原乳酸度（°T）		
牛乳	≤18	—
羊乳	7～14	—
杂质度（mg/kg）	≤16	—
水分（%）	≤5.0	

注：非脂乳固体（%）=100%－脂肪（%）－水分（%）；脂肪指标仅适用于全脂乳粉。

3. 微生物指标　见表5－12。

表5－12　乳粉微生物指标

项目	采样方案[a]及限量（若非指定，均以CFU/g表示）			
	n	c	m	M
菌落总数[b]	5	2	50000	200000
大肠菌群	5	1	10	100
金黄色葡萄球菌	5	2	10	100
沙门菌	5	0	0/25 g	—

注：[a]样品的分析及处理按GB 4789.1和GB 4789.18执行。

[b]不适用于添加活性菌种（好氧和兼性厌氧益生菌）的产品。

四、乳粉生产和贮藏过程中的质量缺陷

1. 脂肪分解味（酸败味） 由于乳中解脂酶的作用，使乳粉中的脂肪水解而产生游离的挥发性脂肪酸。为了防止这一缺陷，必须严格控制原料乳的微生物数量，同时杀菌时将脂肪分解酶彻底灭活。

2. 氧化味（哈喇味） 不饱和脂肪酸氧化产生的。

3. 棕色化 水分在5%以上的乳粉贮藏时会发生羰氨反应产生棕色化，温度高会加速这一变化。

4. 吸潮 乳粉中的乳糖呈无水的非结晶的玻璃态，易吸潮。当乳糖吸水后使蛋白质彼此黏结而使乳粉结块，因此应保存在密封容器里。

5. 细菌引起的变质 乳粉打开包装后会逐渐吸收水分，当水分超过5%以上时，细菌开始繁殖，而使乳粉变质，所以乳粉打开包装后不应放置过久。

考核要点

1. 影响乳粉浓缩的因素。
2. 奶粉生产和贮藏过程中会发生的品质变化。
3. 喷雾干燥的原理。

第三节　发酵乳加工技术

扫码“学一学”

《食品安全国家标准　发酵乳》（GB 19302—2010）中对发酵乳的定义为：以生牛（羊）乳或乳粉为原料，经杀菌、发酵后制成的pH值降低的产品。

国际乳品联合会对发酵乳的定义为：乳或乳制品在特征菌的作用下发酵而成的酸性凝乳状产品。在保质期内，该类产品中的特征菌必须大量存在，并能继续存活和具有活性。我国市场上常见的发酵乳类型为酸乳、风味酸乳和风味发酵乳，本节内容将以酸乳为例，分别介绍凝固型酸乳和发酵型酸乳的加工方法。

酸乳是以生牛（羊）乳或乳粉为原料，经杀菌、接种嗜热链球菌和保加利亚乳杆菌（德氏乳杆菌保加利亚亚种）发酵制成的产品。酸乳按照成品状态可分为凝固型酸乳和搅拌型酸乳。

一、工作要点

（一）发酵剂制备

1. 发酵剂概念 发酵剂是制作发酵乳制品的特定微生物的培养物，内含一种或多种活性微生物。

（1）商品发酵剂　指从微生物研究单位购入的纯菌种或纯培养物。

（2）母发酵剂　指在生产厂中用纯培养菌种制备的发酵剂。它是各种发酵剂的基础。

（3）中间发酵剂　为满足工业生产对发酵剂量的要求，指中间环节生产的发酵剂。

（4）生产发酵剂　即母发酵剂的扩大培养，是直接用于实际生产的发酵剂。

（5）直投式发酵剂　指高度浓缩和标准化的冷冻或冷冻干燥发酵剂。

2. 发酵剂菌种的选择　根据生产目的不同选择适当的菌种。选择时以产品的主要技术特性，如产酸力、产香性、产黏性及蛋白水解力作为发酵剂菌种的选择依据。

（1）产酸能力　不同发酵剂的产酸能力有很大不同。判断菌种产酸能力的方法是测定产酸曲线，产酸能力强的发酵剂在发酵过程中很容易导致产酸过度和后酸化过强，所以生产中一般选择产酸能力中等或较弱的发酵剂。

（2）后酸化能力　后酸化是指酸乳生产终止发酵后，发酵剂菌种在冷却和冷藏阶段仍然继续缓慢产酸的过程。酸乳生产中应尽可能选择后酸化较弱的菌种，以便控制产品的质量。

（3）产香能力　一般酸乳发酵剂产生的芳香物质为乙醛、丁二酮、丙酮和挥发性酸。可通过感官评价、检测挥发性酸和乙醛的含量、黏性物质的产生及蛋白质的水解活性等相关指标进行评价。

3. 发酵剂的作用

（1）分解乳糖产生乳酸，产生凝固形成风味。同时解决了乳糖不耐症患者不能饮用牛乳的问题。

（2）产生挥发性的芳香物质，如丁二酮、乙醛等，从而使发酵乳具有典型的风味。

（3）具有一定的降解脂肪、蛋白质的作用，从而使发酵乳更利于消化吸收。

（4）酸化过程较低的pH抑制了致病菌的生长。

4. 发酵剂的制备过程　发酵剂在制备时，需要在厂家单独的菌种生产车间进行，发酵剂的扩大培养流程如下：商品发酵剂→母发酵剂→中间发酵剂→生产发酵剂→发酵罐生产。

（1）菌种的复活和保存　存于试管或安瓿瓶中的纯培养物，因保存寄送活力下降，使用前需反复接种，恢复活力，菌种活力恢复过程如下：试管口火焰灭菌，打开棉塞→吸取2%～3%纯培养物混于灭菌培养基中→保温培养→凝固后取2%～3%再培养→反复多次活力恢复。在0～5℃条件下保存，1～2周移植一次，用前，如上法恢复活力。

（2）母发酵剂、中间发酵剂的制备工艺

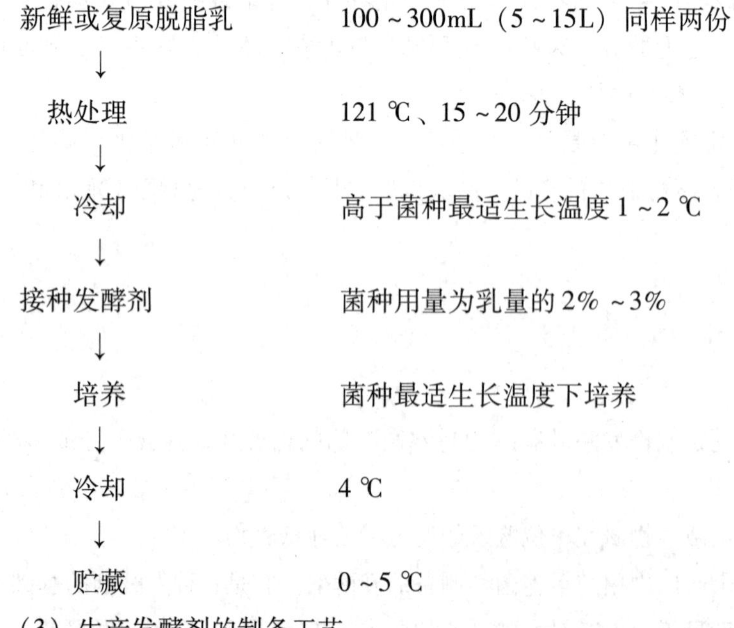

（3）生产发酵剂的制备工艺

新鲜或复原乳　　实际生产量的2%～3%

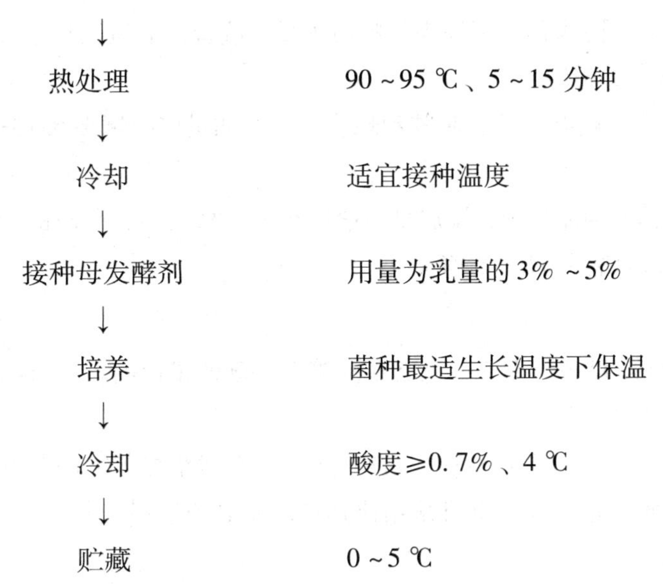

制备生产发酵剂时，一般需要两个罐循环使用，其中一个罐制备当天要使用的发酵剂，另一个用来制备第二天使用的发酵剂。发酵罐应该是无菌的，且安装有完整、固定的 pH 计；发酵罐要求良好的密封性，而且还能承受一定的负压和高压；发酵罐应该安装 HEPA 过滤器，以防止罐或罐中培养基冷却时吸入空气而污染发酵剂。

5. 发酵剂的质量控制　发酵剂在发酵乳中的作用取决于发酵剂的纯度和活力，其质量控制方法如下。

（1）感官检验　首先检查发酵剂的组织状态、色泽及有无乳清分离现象等，其次检查凝块硬度，凝块应均匀而细滑，富有弹性，组织状态均匀一致，表面光滑，无龟裂，无皱纹，未产生气泡及乳清分离等现象；具有优良的风味，不得有腐败味、苦味、饲料味和酵母味等异味。

（2）显微镜检查　用高倍光学显微镜对发酵剂中菌种的形态和比例进行检查。

（3）污染程度检查　用催化酶试验可检验发酵剂的纯度，阳性反应是污染所致；用大肠菌群试验可检测粪便污染情况；用菌落总数测定检查被污染杂菌情况；乳酸菌发酵剂中不允许检出霉菌或酵母。

（4）活力检查　使用前要对发酵剂的活力进行检查，从发酵剂的酸生产状况或色素还原进行判定，常用的测定活力的方法有酸度测定和刃天青还原试验。①酸度测定。在灭菌冷却后的脱脂乳中加入 3% 的发酵剂，并在 37.8 ℃恒温培养箱中培养 3.5 小时，测定其酸度，若滴定酸度达 0.8% 以上，认为其活力良好。②刃天青还原试验。在 9 mL 脱脂乳中加入 1 mL 发酵剂和 0.005% 的刃天青溶剂 1 mL，在 36.7 ℃恒温培养箱培养 35 分钟以上，若完全褪色则表示发酵剂活力良好。

（5）设备、容器检查　对发酵剂所用设备、容器进行定期涂抹检验以判断清洗效果和车间的卫生状况，确保不会对生产产生不利影响。

（二）选料

1. 原料乳　生产发酵乳的原料乳必须是高质量的，要求酸度在 18°T 以下，杂菌数不高于 50 万 CFU/mL，总干物质含量不得低于 11.5%。不得使用病畜乳，如乳腺炎乳和残留抗生素、杀菌剂、防腐剂的牛乳，否则会抑制乳酸菌的生长，使发酵难以进行。

2. 脱脂乳 质量高，无抗生素、防腐剂。可提高干物质含量，改善产品组织状态，促进乳酸菌产酸，一般添加量为1% ~1.5%。

3. 稳定剂 用于搅拌型酸乳，一般有果胶、明胶和琼脂，其添加量应控制在0.1% ~0.5%。

4. 糖及果料 用蔗糖或葡萄糖作为甜味剂，添加量一般以6% ~8%为宜；果料的种类很多，如各种果酱、果肉，果料添加量为6% ~10%。

（三）配料与标准化

原料乳中干物质的含量对酸乳质量颇为重要，尤其是酪蛋白和乳清蛋白的含量对提高酸乳凝乳的硬度，减少乳清析出有很大的作用。

为了增加干物质的含量，可采用减压蒸发浓缩、反渗透浓缩、超滤浓缩等方法蒸发掉牛乳中的一部分水分，使其干物质含量增加；也可采用添加浓缩牛乳或脱脂乳粉的方法，以促进发酵凝固。

在乳源有限的条件下，可以用脱脂乳粉、全脂乳粉、无水奶油为原料，根据原料乳的化学组成，用水调配复原成液态乳。

（四）均质

通过均质促使乳中成分均匀，提高酸奶的稳定性和稠度；破碎脂肪球，防止脂肪上浮；使酸乳质地细腻，口感良好；均质所采用的条件以压力16 ~18 MPa，温度60 ~70 ℃为宜。

（五）杀菌及冷却

通常原料奶经过90 ~95 ℃、5 ~10分钟，或8 ℃、30分钟的热处理杀菌效果最好。能有效杀灭原料乳中的杂菌，确保乳酸菌的正常生长和繁殖；同时钝化原料乳中的天然抑制物，防止其对发酵的影响；使乳清蛋白变性，提高发酵乳黏稠度和质地均一性。

杀菌后应将原料乳及时冷却至菌种的最适温度41 ~43 ℃，最高不大于45 ℃，否则对产酸及酸乳凝固均会产生不利影响，甚至出现严重的乳清析出。

（六）接种

接种前需对发酵剂的活力进行测定，一般生产发酵剂，其产酸活力为0.7% ~1.0%，此时接种量应为2% ~4%。加入的发酵剂应事先在无菌操作条件下搅拌成均匀细腻的状态，不应有大凝块，以免影响成品质量。制作酸乳常用的发酵剂为嗜热链球菌和保加利亚乳杆菌的混合菌种，比例1∶1或2∶1，发酵温度41 ~43 ℃，时间2.5 ~4小时。

如果使用的是直投式发酵剂，只需按比例将发酵剂撒入发酵罐中，或撒入制备生产发酵剂的乳罐中扩大培养一次，即可作为生产发酵剂。

二、设备及材料

1. 设备 净乳机、混料罐、杀菌机、均质机、发酵罐等。

2. 材料 原料乳（乳粉）、发酵剂、糖及果料等辅料、食品添加剂。

三、工作过程

（一）凝固型酸乳加工工作过程

1. 工艺流程 凝固型酸乳是在包装容器中进行发酵的，成品呈凝乳状。

商品发酵剂→母发酵剂→中间发酵剂→生产发酵剂　　容器
↓　　↓
原料验收→配料与标准化→预热→均质→杀菌→冷却→接种→灌装→发酵
→冷却、后熟→检验→成品→贮存、销售

2. 加工工艺

（1）原料验收　选取高质量的原料乳，其酸度、微生物、干物质量等均应符合要求。

（2）配料与标准化　重点是使配料后的乳液干物质的量符合要求，以提高凝乳的硬度。

（3）均质　预热后进行均质，使酸乳的稳定性和稠度提高，并使酸乳质地细腻，口感良好，均质条件为压力 16 ~ 18 MPa，温度 60 ~ 70 ℃。

（4）杀菌　均质后的物料以 90 ~ 95 ℃、5 ~ 10 分钟灭菌，以杀死病原菌及其他微生物。

（5）冷却　杀菌后的乳液应及时冷却至乳酸菌的最适温度 41 ~ 43 ℃。

（6）接种　接种前测定发酵剂的活力，一般接种量为 2% ~ 4%。

（7）灌装　可根据市场需要选择玻璃瓶或塑料杯。在装瓶前需对灌装容器进行灭菌。

（8）发酵　凝固型酸乳在发酵室进行发酵，制作酸乳常用的发酵剂为嗜热链球菌和保加利亚乳杆菌的混合菌种，比例 1∶1 或 2∶1，发酵温度 41 ~ 43 ℃，时间 2.5 ~ 4 小时。采用其他种类的生产发酵剂时，应根据发酵剂的生长特征，确定适宜的发酵温度和时间。一般发酵终点可依据以下条件来判断：①抽样测定酸乳酸度，达到 65 ~ 70°T；②pH 低于 4.6；③抽样观察，若乳样变得黏稠、流动性变差且有小颗粒出现，可终止发酵。

产品应盛放在敞口的容器内，发酵时避免震动，以免影响成品的组织状态；发酵温度应恒定，避免忽高忽低；掌握好发酵时间，防止酸度不足或过度造成乳清析出。

（9）冷却　发酵好的凝固型酸乳，应立即移入 2 ~ 7 ℃的冷库中，迅速抑制乳酸菌的生长，以免继续发酵而造成酸度升高。

（10）后熟　发酵乳凝固后须在 2 ~ 7 ℃贮藏 24 小时再出售，使风味成分含量达到最高。通常把该贮藏过程称为后成熟，一般最大冷藏期为 7 ~ 14 天。

3. 凝固型酸乳的质量缺陷及控制

（1）凝固性差　原因主要为：①原料乳。乳中含有抗生素，会抑制乳酸菌的生长；使用乳腺炎乳；原料乳掺假，特别是掺碱，使发酵所产的酸消耗于中和，而不能积累达到凝乳要求的 pH，从而使乳不凝或凝固不好。②发酵温度和时间。发酵温度低于最适温度，发酵时间短，发酵室温度不均匀。③噬菌体污染。造成发酵缓慢、凝固不完全。④发酵剂活力弱、接种量太少。⑤加糖量过大，产生较高的渗透压，抑制了乳酸菌的生长。

（2）乳清析出　主要原因为：①原料乳热处理偏低或时间不够。至少使 75% 的乳清蛋白变性，这就要求 85 ℃、20 ~ 30 分钟或 90 ℃、5 ~ 10 分钟的热处理。②发酵时间过长或过短。③其他因素。原料乳中总干物质含量低；酸乳凝胶时机械振动；乳中钙盐不足；发酵剂添加量过大。

（3）风味不良　主要表现为：①无芳香味。主要由于菌种选择及操作工艺不当所引起。正常的发酵乳生产应保证两种以上的菌混合使用并选择适宜的比例，任何一方占优势均会导致产香不足，风味变劣；高温短时发酵和固体含量不足也是造成芳香味不足的因素。芳香味主要来自发酵剂酶分解柠檬酸产生的丁二酮物质，所以原料乳中应保证足够的柠檬酸

含量。②酸乳的不洁味。主要由发酵剂或发酵过程中污染杂菌引起。污染丁酸菌可使产品带刺鼻怪味，污染酵母菌不仅产生不良风味，还会影响发酵乳的组织状态，使发酵乳产生气泡。③酸度不佳。发酵过度、冷藏温度高和加糖量低会偏酸；发酵不足或加糖过高会偏甜。④原料乳异常。牛体臭、氧化臭味及由于过度热处理或添加了风味不良的炼乳或乳粉等制造的发酵乳也是造成其风味不良的原因之一。

（4）霉菌生长　发酵乳贮藏时间过长或温度过高时，往往在表面出现霉菌。黑斑点易被察觉，而白色霉菌则不易被注意。这种发酵乳被人误食后，轻者有腹胀感觉，重者引起腹痛下泻。因此要严格保证卫生条件并根据市场情况控制好贮藏时间和贮藏温度。

（5）口感不佳　优质发酵乳柔嫩、细滑，清香可口。但有些发酵乳口感粗糙，有砂状感。这主要是由于生产发酵乳时，采用了高酸度的乳或劣质的乳粉。因此，生产发酵乳时，应采用新鲜牛乳或优质乳粉，并采取均质处理，使乳中蛋白质颗粒细微化，达到改善口感的目的。

（6）发酵不良　原料乳中含有抗生素和磺胺类药物，以及病毒感染。控制措施：用于生产发酵乳制品的原料乳，必须做抗生素和磺胺等抑制微生物生长繁殖的药物的检验。

（二）搅拌型酸乳加工工作过程

1. 工艺流程　搅拌型酸乳是将发酵后的凝乳在灌装前或灌装过程中搅碎，添加（或不添加）果料、果酱等制成的具有一定黏度的流体食品。

商品发酵剂→母发酵剂→中间发酵剂→生产发酵剂
↓
原料验收→配料与标准化→预热→均质→杀菌→冷却→接种→发酵罐发酵→搅拌冷却→加果料→灌装→后熟→检验→成品→贮存、销售

2. 加工工艺

（1）原料验收　同凝固型酸乳。

（2）配料与标准化　同凝固型酸乳。

（3）均质　同凝固型酸乳。

（4）杀菌　同凝固型酸乳。

（5）冷却　同凝固型酸乳。

（6）接种　同凝固型酸乳。

（7）发酵　在发酵罐中进行，发酵罐是通过夹层内的加热介质提供热量以保持恒温，内安装有pH计和温度计，可以测量罐中的pH和温度，发酵罐上部和下部温度差不要超过1.5 ℃。发酵罐是搅拌型酸乳生产的主要设备，设备采用内循环方式，用搅拌桨分散和打碎气泡。罐体采用SUS304或316L进口不锈钢，确保生产过程符合GMP要求。罐体设有夹层、保温层、可加热、保温、冷却，设备配备呼吸孔、CIP清洗头、人孔、采样孔等。其主体一般为用不锈钢制成的柱式圆筒。

（8）冷却　冷却的目的是快速抑制乳酸菌的生长和酶的活性，以防止发酵过程产酸过度及搅拌时脱水。搅拌型酸乳的冷却可采用片式冷却器、管式冷却器、表面刮板式热交换器、冷却罐等。

（9）搅拌　搅拌是通过机械力破坏凝胶体，使凝胶体的粒子直径达到0.01～0.04 mm，并使酸乳的硬度和黏度及组织状态发生变化，搅拌是搅拌型酸乳生产中的重要工序。

搅拌时的质量控制：①温度。开始搅拌时发酵乳的温度以15～20 ℃为宜。②pH。应在凝胶体的pH达4.7以下时进行，若在pH 4.7以上时搅拌，会因酸乳凝固不完全、黏性不足而影响成品的质量。③干物质。适当提高干物质的量对防止搅拌型酸乳出现乳清分离能起到较好的作用。④管道流速和直径。凝胶体在通过泵和管道移送及流经片式冷却板片和灌装过程中，会受到不同程度的破坏，最终影响产品黏度。所以凝胶体在经管道输送过程中应以低于0.5 m/s的层流形式出现。管道直径不应改变，尤其是不能突然变小。⑤输送设备。采用旋叶泵或空穴泵输送。

（10）加果料、灌装　在果料处理中，杀菌是十分重要的，可采用快速加热和冷却的方法，既能保证质量，又经济；果蔬、果酱和各种类型的调香物质按一定比例混入，可采用在线混拌或在发酵罐内用螺旋搅拌器搅拌混合。灌装工艺条件受包装材料、产品特征和食用方法等的限制。在灌装机的选择上，要考虑机器的通用性、可靠性、自动化程度、卫生程度等。

（11）冷却、后熟　将灌装好的酸乳于冷库中2～7 ℃冷藏24小时进行后熟，进一步促使芳香物质的产生和改善黏稠度。

3. 搅拌型酸乳的质量缺陷及控制

（1）组织砂状　即从发酵乳的外观看，出现粒状组织。主要原因为：①发酵温度不当；②原料乳受热过度；③乳粉用量过大；④较高温度下的搅拌。

（2）乳清分离　主要原因为：①搅拌速度过快，过度搅拌；②泵送过程造成空气混入产品；③酸乳发酵过度；④冷却温度不适；⑤干物质含量不足。

（3）风味不正　操作不当而混入大量空气，造成酵母和霉菌的污染。

（4）色泽异常　在生产中因加入的果蔬处理不当而引起变色、褪色。

（三）产品质量控制

发酵乳质量标准系引用《食品安全国家标准　发酵乳》（GB 19302—2010）。

1. 感官指标　见表5－13。

表5－13　发酵乳感官指标

项目	要求		检验方法
	发酵乳	风味发酵乳	
色泽	色泽均匀一致，呈乳白色或微黄色	具有与添加成分相符的色泽	取适量试样置于50 mL烧杯中，在自然光下观察组织状态。闻其气味，用温开水漱口，品尝滋味
滋味、气味	具有发酵乳特有的滋味、气味	具有与添加成分相符的滋味、气味	
组织状态	组织细腻、均匀，允许有少量的乳清析出；风味发酵乳具有添加成分特有的组织状态		

2. 理化指标　见表5－14。

表5－14　发酵乳理化指标

项目	要求	
	发酵乳	风味发酵乳
脂肪（g/100 g）	≥3.1	≥2.5
非脂乳固体（g/100 g）	≥8.1	—
蛋白质（g/100 g）	≥2.9	≥2.3
酸度（°T）	≥70.0	

注：脂肪含量的要求仅适用于全脂产品。

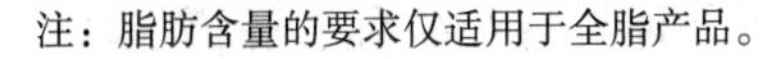

3. 微生物指标 见表5－15。

表5－15 发酵乳微生物指标

项目	采样方案及限量（若非指定，均以 CFU/g 表示）			
	n	c	m	M
大肠菌群	5	2	1	5
金黄色葡萄球菌	5	0	0/25 g	—
沙门菌	5	0	0/25 g	—
酵母	≤100			
霉菌	≤50			

注：样品的分析及处理按 GB 4789.1 和 GB 4789.18 执行。

4. 乳酸菌指标 见表5－16。

表5－16 发酵乳乳酸菌指标

项目	限量［CFU/g（mL）］
乳酸菌数	$\geqslant 1\times10^{6}$

注：发酵后经热处理的产品对乳酸菌数不作要求。

考核要点

1. 用于加工发酵乳的原料乳的质量要求。
2. 加工发酵乳的原料乳进行热处理的目的。
3. 发酵乳在加工过程中，发酵终点的判断。

扫码“学一学”

第四节 灭菌乳加工技术

灭菌乳又称长寿乳，是以牛乳（或羊乳）或复原乳为主要原料，不添加或添加辅料，经灭菌制成的液体产品。灭菌乳按灭菌方式不同分为超高温灭菌乳和保持灭菌乳。《食品安全国家标准 灭菌乳》（GB 25190—2010）对超高温灭菌乳和保持灭菌乳定义如下。

超高温灭菌乳：以生牛（羊）乳为原料，添加或不添加复原乳，在连续流动的状态下，加热到至少 132 ℃并保持很短时间的灭菌，再经无菌灌装等工序制成的液体产品。

保持灭菌乳：以生牛（羊）乳为原料，添加或不添加复原乳，无论是否经过预热处理，在灌装并密封之后经灭菌等工序制成的液体产品。

一、工作要点

（一）原料乳验收

国标规定灭菌乳生产所用的原料可以是牛乳、羊乳和复原乳。用于生产灭菌乳的牛乳必须新鲜，有极低的酸度，正常的盐类平衡及正常的乳清蛋白含量（不得含初乳）。牛乳必须至少在75%的乙醇浓度中保持稳定。用于灭菌的牛奶必须是高质量，即牛乳中的蛋白质能经高温处理而不变性。

（二）配料

1. 根据产品种类进行配料 现在市场上销售的灭菌牛乳种类有纯牛乳、高钙牛乳、低

脂牛乳、高钙低脂牛乳、低乳糖牛乳等；灭菌调制乳种类有学生奶、麦香奶、核桃牛奶、早餐奶等。

2. 配料原则

（1）各种原料使用前须经检验合格或者索要产品检验合格报告后方可进行配料。

（2）配料时要严格按照产品配方准确称量配料，每次配料应填写相应的配料记录，同时标注原料的各种信息，便于进行产品的可追溯性、召回等问题。

（3）配料结束，半成品检验合格方能进入下道生产工序。

（三）超高温灭菌

1. 直接蒸汽加热法　即乳先经过预热后，将蒸汽直接喷射入牛乳中，使乳在瞬间被加热到 140 ℃，然后进入真空室由于蒸发而立即冷却，最后在无菌条件下进行均质、冷却。

2. 间接加热法　乳在板式热交换器内被高温灭菌乳预热至 66 ℃，然后经过均质机，在 15～25 MPa 的压力下进行均质。预热均质后，进入板式热交换器的加热段，被热水系统加热至 137 ℃，137 ℃的热乳进入保温管保温 4 秒。离开保温管后，灭菌乳进入无菌冷却段被水冷却，从 137 ℃降至 76 ℃，最后进入回收段，被 5 ℃的进乳冷却至 20 ℃。

保持灭菌乳是在产品灌装后灭菌，灭菌条件为 116 ℃，保温 20 分钟。

（四）无菌平衡罐

经超高温灭菌及冷却后的灭菌乳应立即在无菌条件下被连续地从管道内送往包装机。为了平衡灭菌机及包装机生产能力的差异，并保证在灭菌机或包装机中间停车时不致互相产生影响，可在灭菌机和包装机中间设置一个无菌平衡罐，起缓冲作用。

（五）无菌灌装

灭菌乳采用无菌包装。所谓无菌包装是将杀菌后的牛乳在无菌条件下装入事先灭过菌的容器内。

1. 包装形式　消毒奶的包装类型很多，常见的灌装形式有玻璃瓶灌装、复合硬质塑料包装纸、复合挤出薄膜和聚乙烯（PE）吹塑瓶。

2. 包装材料的灭菌方法

（1）紫外线辐射灭菌　波长为 2537 nm 的紫外线具有很强的杀菌力，乳品工厂广泛采用紫外杀菌灯进行空气和包材表面的杀菌。由于很难控制辐射强度在不同形状的包材中保持均匀一致，所以其杀菌效果不稳定，生产中一般将紫外线杀菌和双氧水灭菌结合起来使用。

（2）双氧水灭菌　双氧水的强氧化作用能使微生物（包括芽孢）被破坏，而且双氧水处理后很容易排除，因此这种方法被广泛采用。双氧水灭菌系统主要有两种：一种是将双氧水加热到一定温度，然后对包装盒或包装材料进行灭菌；另一种是将双氧水均匀地涂布或喷洒于包材表面，然后通过电加热、辐射或空气加热蒸发双氧水，从而完成灭菌过程。真正的灭菌是在双氧水加热和蒸发的过程中进行的。

二、设备及材料

1. 设备　净乳机、板式换热器、混料机、均质机、平衡罐、灌装机等。

2. 材料　原料乳、辅料（按配方）。

三、工作过程

（一）超高温灭菌乳加工工作过程

1. 工艺流程 原料乳验收→标准化→配料→均质→超高温灭菌→无菌平衡罐→无菌灌装→装箱→检验→成品。

2. 加工工艺

（1）原料乳验收 生产超高温灭菌乳的原料乳应符合 GB 19301—2010 的要求，且乳中的蛋白要经高温处理而不会变性。

（2）预处理、标准化 灭菌乳加工中预处理，即原料乳的净乳、冷却、标准化等，技术要求同巴氏杀菌乳。

（3）配料 根据配方进行配料，配料前要确保各配料质量合格。

（4）超高温灭菌 可采用直接加热法或间接加热法进行灭菌，灭菌后应及时将灭菌乳冷却至 20 ℃左右。

（5）无菌平衡罐 冷却后的灭菌乳装入无菌平衡罐待进行无菌灌装。

（6）无菌灌装 超高温灭菌乳加工中的关键环节，要确保在无菌条件下将灭菌乳装入事先灭过菌的容器内。无菌罐装的灭菌乳在室温下可储藏 6 个月左右。

（7）装箱 装箱要做到数量准确，摆放整齐，封口严密，正确打印生产日期。

（二）保持灭菌乳加工工作过程

1. 工艺流程 原料乳验收→标准化→配料→均质→巴氏杀菌→冷却后包装→二次灭菌→贴标→检验→成品。

2. 加工工艺

（1）原料乳验收、预处理、配料 同超高温灭菌乳。

（2）均质、巴氏杀菌 同巴氏杀菌乳。

（3）冷却包装 将经杀菌冷却至 20 ℃左右的产品进行包装。

（4）二次灭菌 二次灭菌的方法有间歇式灭菌系统和连续式灭菌系统。①间歇式灭菌。经杀菌冷却包装好的产品放在不锈钢笼子或箱子内，然后再放入能旋转的釜内，在釜内通入蒸汽加热至 110 ~ 120 ℃，保持 15 ~ 40 分钟，随后冷却取出，再放入下一批。该方法适合小批量生产。②连续式灭菌。当加工量较大时，最好使用连续式灭菌系统。产品通过该系统，先经低温低压的条件进入高温高压区域，随后进入逐步降低压力温度的环境，最后用冰水冷却。可采用直立式（115 ~ 125 ℃、保持 20 ~ 30 分钟）或卧式（85 ~ 90 ℃、保持 25 ~ 30 分钟）灭菌隧道。

（三）产品质量标准

灭菌乳的质量标准系引用《食品安全国家标准 灭菌乳》（GB 25190—2010）。

1. 感官指标 见表 5 – 17。

表 5 – 17 灭菌乳感官指标

项目	要求	检验方法
色泽	呈乳白色或微黄色	取适量试样置于 50 mL 烧杯中，在自然光下观察色泽和组织状态、闻其气味，用温开水漱口，品尝滋味
滋味、气味	具有乳固有的香味，无异味	
组织状态	呈均匀一致液体，无凝块、无沉淀，无正常视力可见异物	

2. 理化指标　见表5－18。

表5－18　灭菌乳理化指标

项目	指标
脂肪（g/100g）	≥3.1
蛋白质（g/100 g）	
牛乳	≥2.9
羊乳	≥2.8
非脂乳固体（g/100 g）	≥8.1
酸度（°T）	
牛乳	12～18
羊乳	6～13

注：脂肪含量标准仅适用于全脂巴氏杀菌乳。

第五节　奶油加工技术

奶油是以牛、羊等动物乳为原料，分离后得到稀奶油，经杀菌、成熟、搅拌、压炼等工序制成的以乳脂肪为主要成分的乳制品。根据《食品安全国家标准　稀奶油、奶油和无水奶油》（GB 19646—2010），奶油可分为稀奶油、奶油和无水奶油。

一、工作要点

（一）原料乳及稀奶油的验收

生产奶油的原料一般为生牛乳，小部分以稀奶油作为原料。生产奶油的原料乳在色、香、味、组织状态、脂肪含量、密度、酸度等各方面应为正常的乳，原料乳的质量略差而不适于制造奶粉、炼乳时，也可用作制造奶油的原料，但其均必须满足GB 19301—2010的要求。制造奶油的稀奶油，应达到稀奶油标准的一级或二级。

（二）稀奶油的分离

现代工厂普遍采用离心法来进行分离，根据乳脂肪和乳中其他成分的密度不同，利用离心力的作用使密度不同的两部分分离出来，生产中通过奶油分离机的高速旋转产生的离心力将原料乳分离成稀奶油和脱脂乳，此时稀奶油的脂肪含量一般为35%～45%。

（三）稀奶油的杀菌

杀菌条件一般采用85～90℃、10～30秒。当稀奶油含有金属气味时，应改为75℃、10分钟杀菌，以减轻其显著程度；如有特异气味时，应将温度提高到93～95℃，以减轻其缺陷；但热处理不应过分强烈，以免引起蒸煮味之类的缺陷。

（四）稀奶油的真空脱气

真空脱气是将稀奶油输送至真空度为20kPa真空机，使稀奶油在62℃时沸腾，达到脱气的目的。

（五）稀奶油的物理成熟

物理成熟的方法有“冷－热－冷”工艺和“热－冷－冷”工艺，稀奶油的物理成熟工艺如表5－19所示。

表 5－19　稀奶油的物理成熟工艺

种类	步骤	工艺	温度（℃）	时间（小时）
"冷－热－冷"工艺	1	冷	6～8	2～3
	2	热	18～23	2～3
	3	冷	>13	≥8
"热－冷－冷"工艺	1	热	20	2～3
	2	冷	6～8	2～3
	3	冷	13～14	≥8

对于某些甜奶油，不需要微生物代谢过程，可在 6～8 ℃下保持 2～3 小时，然后直接升温至 8～11 ℃，经大约 8 小时后，即可完成物理成熟。

（六）稀奶油的微生物成熟

稀奶油的微生物发酵一般采用丁二酮链球菌、乳脂链球菌、乳酸链球菌和柠檬明串珠菌作发酵剂。发酵剂的添加量为 1%～7%，一般随碘值的增加而增加，低添加量适于低碘值稀奶油，温度为 21 ℃左右，高添加量适于高碘值稀奶油，温度为 15～16 ℃。发酵过程会产生乳酸、柠檬酸、丁二酮和醋酸等芳香物质。

（七）奶油的洗涤

奶油的洗涤水温为 3～10 ℃，洗 2～3 次，第一次洗涤水温比奶油粒低 1～2 ℃，第二次、三次各降 2～3 ℃，降温过急，色泽不均，冬季水温高些，夏季水温稍低。洗涤用水量为等量酪乳量或为稀奶油量的 50%，水质要符合饮用水标准，有效氯不得高于 0.02%。

（八）加盐

加盐量以 2% 为基准，由于压炼损失，需加 2.5%～3%，加盐之前，盐需经 120～130 ℃烘 3～5 小时后过 30 目筛处理后使用。加盐时将一半食盐均匀撒布于奶油层表面，静置 10～15 分钟，再旋转搅拌器 3～5 分钟，同样的操作加第二次、第三次，一般 2～3 次加完。

（九）压炼

新鲜奶油洗涤后立即进行压炼，要尽可能除去洗涤水，关上旋塞及制造机孔盖旋转搅拌 5～10 分钟，转速为 10r/min，使颗粒汇聚成奶油层，将表面水压出，之后稍微打开旋塞及制造机孔盖，旋转 2～3 次，使口向下排水，并在不同地方取样测定水含量，不足需补水。

二、设备及材料

1. 设备　奶油分离机、板式换热器、真空脱气罐、奶油制造机、包装机等。

2. 材料　原料乳、安那妥等色素、盐。

三、工作过程

（一）工艺流程

脱脂乳
↑
原料奶验收→预处理→分离→稀奶油→标准化→杀菌→真空脱气→冷却→
物理成熟（微生物成熟）→加色素→搅拌→奶油粒→洗涤→加盐→压炼→包装
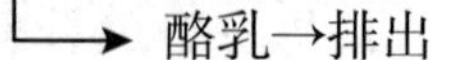酪乳→排出

（二）加工工艺

1. 原料乳验收　按照 GB 19301—2010 对生产奶油的原料乳进行感官、理化及微生物的检验，符合要求方可使用。

2. 预处理　用于生产奶油的原料乳要经过滤、净乳后冷藏，然后进行标准化后备用。

3. 奶油分离　原料乳预处理后经奶油分离机分离成稀奶油和脱脂乳，分离时，分离温度 50 ~60 ℃，分离后脂肪含量为 30% ~40%（脱脂乳脂肪含量为 0.05%）。

4. 标准化　用间歇法生产时，经标准化之后稀奶油的含脂率为 38% ~40%，以连续法生产时，稀奶油的含脂率为 40% ~45%。

5. 杀菌　杀菌能杀灭使奶油变质及危害人体健康的微生物，并破坏各种酶，增加奶油的保存性，同时除去稀奶油中特异的挥发性物质，改善奶油的香味。

6. 真空脱气　除去微生物代谢或杀菌过程产生的臭味及其他异味。

7. 冷却　脱气处理后，稀奶油冷却至 6 ~8 ℃，如稀奶油质地软，生产发酵奶油时则降至 20 ℃左右，冷却后即进入物理成熟及微生物成熟阶段。

8. 物理成熟　为了使搅拌能顺利进行，保证奶油质量（不至于过软及含水量过多），以及防止乳脂肪损失，在搅拌前要将稀奶油冷却至奶油脂肪的凝固点，以使部分脂肪变为固体结晶状态，这一过程称之为稀奶油的物理成熟。

9. 加色素　为了使奶油颜色全年保持一致，当颜色太淡时，即需添加色素，最常用的是天然色素安那妥，用量为稀奶油的 0.01% ~0.05%。

10. 奶油的搅拌　将稀奶油置于搅拌器中，利用机械的冲击力使脂肪球膜破坏而形成脂肪团粒，这一过程称为“搅拌”，搅拌时分离出来的液体称为酪乳，搅拌结束后将酪乳排出并过滤，回收小颗粒采样检测含脂率，以判断其含脂率和搅拌是否充分。

11. 洗涤　洗去残余在奶油表面的酪乳，调整硬度，提高奶油的保存性，使部分异味消失。

12. 加盐　增加奶油的风味，同时起到抑菌的作用，提高奶油的保存性。

13. 压炼　将奶油粒压成奶油层的过程称为压炼，通过压炼使奶油粒变为组织致密的奶油层，水滴分布均匀；使食盐全部溶解，并均匀分布在奶油中；调节奶油水分，多去少补。

14. 包装　小包装一般用硫酸纸、塑料夹层纸、复合薄膜、马口铁等包装材料。大包装用木桶（50.8 kg）和木箱（25.4 kg）。包装时切勿用手触及。

15. 贮存　为保持奶油的硬度和外观，奶油包装后应尽快进入冷库并冷却到 4 ℃，可存放 24 ~48 小时，一般 0 ℃可贮存 2 ~3 周，－15 ℃可贮存半年，－20 ~25 ℃可贮存一年以上。

（三）产品质量标准

奶油的质量标准系引用《食品安全国家标准　稀奶油、奶油和无水奶油》（GB 19646—2010）。

1. 感官指标　见表 5 –20。

表5-20 奶油感官指标

项目	要求	检验方法
色泽	呈均匀一致的乳白色、乳黄色或相应辅料应有的色泽	取适量试样置于50 mL烧杯中，在自然光下观察色泽和组织状态。闻其气味，用温开水漱口，品尝滋味
滋味、气味	具有奶油或相应辅料应有的滋味和气味，无异味	
组织状态	均匀一致，允许有相应辅料的沉淀物，无正常视力可见异物	

2. 理化指标 见表5-21。

表5-21 奶油的理化指标

项目	指标
水分（%）	≤16.0
脂肪（%）	≥80.0
酸度（°T）	≤20.0
非脂乳固体（%）	≤2.0

注：非脂乳固体（%）=100%－脂肪（%）－水分（%）（含盐奶油还应减去食盐含量）。

3. 微生物指标 见表5-22。

表5-22 奶油的微生物指标

项目	采样方案及限量（若非指定，均以CFU/g或CFU/mL表示）			
	n	c	m	M
菌落总数	5	2	10000	100000
大肠菌群	5	2	10	100
金黄色葡萄球菌	5	1	10	100
沙门菌	5	0	0/25 g（mL）	—
霉菌	≤90			

注：样品的分析及处理按GB 4789.1和GB 4789.18执行。

考核要点

1. 稀奶油的微生物成熟。
2. 奶油工艺流程。
3. 奶油加工中搅拌的作用。

第六节 干酪加工技术

干酪是是以乳、稀奶油、脱脂乳或部分脱脂乳、酪乳或这些原料的混合物为原料，经凝乳酶或其他凝乳剂凝乳，并排出部分乳清而制成的新鲜或经发酵成熟的产品。一般未经发酵的称为新鲜干酪，经发酵成熟而制成的产品称为成熟干酪，这两种干酪统称为天然干酪。

一、工作要点

（一）原料乳验收及处理

生产干酪的原料乳，必须经过严格的检验，70%乙醇试验为阴性，要求抗生素检验阴性等，除牛奶外也可使用羊奶。

原料乳经离心除菌机进行净乳处理，不仅可以除去乳中大量杂质，而且可以将乳中90%的细菌除去，尤其对比重较大的菌体芽孢特别有效，可避免干酪生产中杀菌温度过低对干酪的生产和成熟造成的危害。

（二）标准化

为了保证每批干酪的成分均匀一致，在加工之前要对原料乳进行标准化处理，除了对脂肪标准化外，还要对酪蛋白以及酪蛋白/脂肪的比例（C/F）进行标准化，一般要求C/F =0.7。

（三）杀菌

生产中多采用63 ~65 ℃、30分钟的保温杀菌（LTLT）或75 ℃、15秒的高温短时杀菌（HTST）；常采用的杀菌设备为保温杀菌缸或板式换热器。为了确保杀菌效果，抑制丁酸菌等产气芽孢菌，在生产中常添加适量的硝酸盐（硝酸钠或硝酸钾）或过氧化氢，硝酸盐的添加量一般为牛乳的0.02 ~0.05 g/kg，过多的硝酸盐虽能抑制发酵剂的正常发酵，但会影响干酪的成熟和成品风味及安全性。

（四）添加发酵剂和预酸化

生产干酪的发酵剂主要有乳酸链球菌、乳油链球菌、干酪乳杆菌、丁二酮链球菌、嗜酸乳杆菌、保加利亚乳杆菌、噬柠檬酸明串珠菌等，通常选取两种以上配成混合发酵剂。一般取原料乳量的1% ~2%作发酵剂，边搅拌边加入，并在30 ~32 ℃条件下充分搅拌3 ~5分钟，然后在此条件下发酵10 ~15分钟，以保证充足的乳酸菌数量和达到一定的酸度，此过程称为预酸化。

（五）酸度调整与添加剂的加入

为使干酪终产品品质一致，应在预酸化后取样测定酸度，要求乳酸度应为0.20% ~0.22%（应根据干酪种类而不同），为使干酪成品质量一致，可用1 mol/L的盐酸调整酸度。

干酪生产中的添加剂是$CaCl_2$和安那妥。在100 kg原料乳中添加5 ~20 g $CaCl_2$（预先配成10%的溶液），以调节盐类平衡，促进凝块的形成。每1000 kg原料乳中加30 ~60 g安那妥的碳酸钠抽提液使干酪颜色均匀一致。

（六）添加凝乳酶和凝乳的形成

通常按凝乳酶效价和原料乳的量计算凝乳酶的用量。用1%的食盐水将酶（干粉）配成2%溶液，并在28 ~32 ℃下保温30分钟，然后加入乳中，充分搅拌2 ~3分钟；添加凝乳酶后，在32 ℃条件静置40分钟左右，即可使乳凝固。

（七）凝块切割

当乳凝块达到适当硬度时，要进行切割以利于乳清脱出，切割时可由下列方法判定：用消毒过的温度计以45°角度插入凝块中，挑开凝块，凝乳裂口如锐刀切痕，而呈现透明乳清，即可开始切割，切割用具为干酪刀，使其切成0.7 ~1.0 cm^3的小块，应注意动作要轻、稳，防止将凝块切得过碎和不均匀，影响干酪的质量。

（八）凝块的搅拌及加温

切割后有凝聚现象，必须搅拌，可用干酪耙或干酪搅拌器轻轻搅拌，保持颗粒悬浮度，经过15分钟后，搅拌速度可稍微加快，搅拌中乳酸菌继续发酵产酸，促进乳清排出。

通过加温调节凝乳颗粒大小和酸度，促进凝块收缩和乳清排出，加温方式可直接通蒸汽入干酪槽夹层，或直接将热水加入乳清中。在整个升温过程中应不停地搅拌，以促进凝块的收缩和乳清的渗出，防止凝块沉淀和相互粘连，当凝乳粒收缩为切割时的一半，或凝乳粒内外硬度均一时即可停止搅拌，判定时可将干酪粒在手中握紧，若粒之间不粘连即可停止搅拌。

（九）成型压榨

将干酪块切成方砖形或小立方体，装入成型器中，放入压榨机上进行压榨定型，压榨的压力与时间依干酪的品种各异，一般分为预压榨和正式压榨。预压榨的一般压力为 0.2 ~ 0.3 MPa，时间为 20 ~ 30 分钟；正式压榨即将干酪反转后装入成型器内以 0.4 ~ 0.5 MPa 的压力，在 10 ~ 15 ℃（有的品种要求在 30 ℃左右）条件下压榨 12 ~ 24 小时，压榨后称为生干酪。如果制作软质干酪，则凝乳不需压榨。

（十）干酪的成熟

干酪的成熟通常在成熟库（室）内进行，成熟时温度一般为 5 ~ 15 ℃，相对湿度在一般细菌成熟硬质和半硬质干酪为 85% ~ 90%，而软质干酪及霉菌成熟干酪为 95%；当相对湿度一定时，硬质干酪在 7 ℃条件下需 8 个月以上的成熟，在 10 ℃时需 6 个月以上，而在 15 ℃时则需 4 个月左右。软质干酪或霉菌成熟干酪需 20 ~ 30 天。

二、设备及材料

1. 设备 板式换热器、干酪缸。

2. 材料 原料乳、发酵剂、凝乳酶、氯化钙、食用盐。

三、干酪加工工作过程

（一）工艺流程

原料乳→标准化→杀菌→冷却→添加发酵剂→调整酸度→加氯化钙→加色素→加凝乳酶→凝块切割→搅拌→加温→排出乳清→成型压榨→盐渍→成熟→上色挂蜡→成品

（二）加工工艺

1. 原料乳验收 按照 GB 19301—2010 对原料乳的感官、理化及微生物指标进行检验验收。

2. 标准化 为了保证每批干酪的品质都能均匀一致，需要对原料乳中脂肪和蛋白质的比率进行评价，使其符合生产要求，一般可通过离心去除脂肪、加入脱脂乳、加入稀奶油等方法来完成标准化。

3. 杀菌 杀灭原料乳中的致病菌和有害菌，让酶失活，使干酪质量稳定、安全卫生，同时使蛋白质变性，减少蛋白流失。

4. 冷却 原料乳杀菌后，直接打入干酪槽中，将干酪槽中的牛乳冷却到 30 ~ 32 ℃，然后按操作要求加入发酵剂。

5. 添加发酵剂 通过添加发酵剂，发酵乳糖产生乳酸，使乳中可溶性钙的浓度升高，促进凝乳酶的凝乳作用，缩短凝乳时间；而且酸性条件下凝乳酶的活性提高，有利于乳清排出，

发酵剂中的各种酶类可促进干酪的成熟，改进产品的组织状态，防止杂菌的繁殖。

6. 调整酸度　用 1 mol/L 的盐酸调整酸度使预酸化牛乳的酸度统一。

7. 加氯化钙　加入氯化钙可改善凝块的凝固性，提高干酪质量。

8. 加色素　通过添加色素使产品的色泽保持一致。

9. 加凝乳酶　添加凝乳酶使牛乳在其作用下形成凝块，是干酪生产中的重要工序。

10. 凝块切割　当凝块达到适当硬度时，用专用干酪刀进行切割，以便于乳清排出。

11. 搅拌加温　为了避免切割后出现凝聚现象，须进行搅拌；通过加温调节凝乳颗粒大小和酸度，促进凝块收缩和乳清排出。

12. 排出乳清　停止搅拌后，即可排出乳清，乳清排放方式有三类：捞出式、吊袋式、堆积式。

13. 成型压榨　乳清排出后，将干酪堆积在干酪缸的一端，用带孔的木板或不锈钢板压 5～10 分钟，继续排出乳清并使其成块。

14. 加盐　加盐的目的在于改进干酪的风味、组织和外观，排出内部乳清或水分，增加干酪硬度，限制乳酸菌的活力，调节乳酸生成和干酪的成熟，防止和抑制杂菌的繁殖，加盐的量应按成品的含盐量确定，一般在 1.5%～2.5% 范围内。常用的加盐方法有干腌法、湿腌法和混合法。

15. 成熟　将生鲜干酪置于一定温度（10～12 ℃）和湿度（相对湿度 85%～90%）条件下，经一定时期（3～6 个月），在乳酸菌等有益微生物和凝乳酶的作用下，使干酪发生一系列物理和生物化学变化的过程，称为干酪的成熟。成熟的主要目的是改善干酪的组织状态和营养价值，增加干酪的特有风味。

（三）产品质量标准

干酪的质量标准系引用《食品安全国家标准　干酪》（GB 5420—2010）。

1. 感官指标　见表 5－23。

表 5－23　干酪感官指标

项目	要求	检验方法
色泽	具有该类产品正常的色泽	取适量试样置于 50 mL 烧杯中，在自然光下观察色泽和组织状态。闻其气味，用温开水漱口，品尝滋味
滋味、气味	具有该类产品特有的的滋味和气味	
组织状态	组织细腻，质地均匀，具有该类产品应有的硬度	

2. 微生素指标　见表 5－24。

表 5－24　干酪的微生物指标

项目	采样方案及限量（若非指定，均以 CFU/g 表示）			
	n	c	m	M
大肠菌群	5	2	100	1000
金黄色葡萄球菌	5	2	100	1000
沙门菌	5	0	0/25 g（mL）	—
单核细胞增生李斯特菌	5	0	0/25 g（mL）	—
酵母	≤50			
霉菌	≤50			

注：样品的分析及处理按 GB 4789.1 和 GB 4789.18 执行。

考核要点

1. 干酪的成熟。
2. 干酪加工工艺流程。
3. 干酪加工中凝乳酶的作用。

第七节　含乳饮料加工技术

含乳饮料是指以乳或乳制品为原料，加入水及适量的辅料经配制或发酵而成的饮料制品。含乳饮料还可称为乳（奶）饮料、乳（奶）饮品。含乳饮料的常见种类有配制型含乳饮料、发酵型乳饮料及乳酸菌饮料，发酵型乳饮料和乳酸菌饮料按生产工艺不同可分为杀菌型和活菌型乳饮料。

一、工作要点

（一）选料

原料乳和乳粉要符合 GB 19301—2010 和 GB 19644—2010 的要求，配制型酸性乳饮料对原料的要求尤其高。

（二）生产用水

生产配制型乳饮料的水要符合《生活饮用水卫生标准》（GB5749—2006），特殊产品要符合《食品安全国家标准　包装饮用水》（GB19298—2014），要使用软质水，否则会造成蛋白质沉淀、分层，影响饮料的口感。

（三）稳定剂的使用

中性乳饮料常用的稳定剂为羧甲基纤维素钠、海藻酸钠、卡拉胶、黄原胶、瓜尔豆胶等，酸性乳饮料常用的稳定剂为果胶或果胶与上述稳定剂的混合物。稳定剂添加之前一般与白砂糖在 80 ~ 90 ℃热水中溶解均匀，或经胶体磨处理后溶解均匀，还可以在 2500 ~ 3000 r/min 高速搅拌下将稳定剂缓慢加入水中溶解。

（四）均质

使用均质机均质使料液中的粒子微细化，均质的温度为 50 ~ 75 ℃，均质压力为 15 ~ 25 MPa。

二、设备及材料

1. 设备　均质机、混料机、板式换热器、无菌灌装机、发酵罐等。

2. 材料　原料乳（乳粉）、水、稳定剂、甜味剂、酸味剂、香精、色素等。

三、工作过程

（一）配制型含乳饮料加工工作过程

根据是否有酸性物质加入，配制型乳饮料可分为中性乳饮料和酸性乳饮料。配制型乳饮料一般以原料乳或乳粉、乳酸或柠檬酸（或不加）、糖、稳定剂、香精、色素等为原料，

有时也根据产品需要加入一些维生素和矿物质，经均质和杀菌而制成。

1. 工艺流程

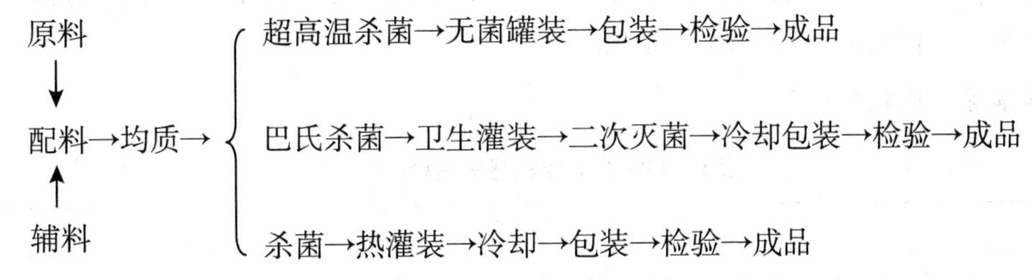

2. 加工工艺

（1）配料　按照配方将原料、甜味剂、酸味剂、香精、色素及其他辅料进行溶解混合，混料罐应配有高速搅拌器（2500～3000 r/min），以确保原辅料混合均匀。

（2）均质　均质是生产配制型乳饮料的关键步骤，按工艺要求进行均质可避免乳饮料在货架期发生沉淀或分层，影响销售。

（3）杀菌、灌装　若采用无菌灌装技术，需先对物料进行超高温杀菌，然后进行无菌罐装。若采用二次灭菌技术，需对物料先进行杀菌处理，灌装后再进行二次灭菌。

（4）冷却　灭菌和灌装后的产品应迅速冷却至 25 ℃以下，一方面保证稳定剂的作用，同时避免高温对产品品质的影响。

（5）包装　包装要做到数量准确，摆放整齐，封口严密，正确打印生产日期。

（二）发酵型含乳饮料加工工作过程

根据加工处理方法不同，发酵型乳饮料分为酸乳型和果蔬型两大类；根据终产品中乳酸菌的存活状态分为活性乳酸菌饮料和非活性乳酸菌饮料。

1. 工艺流程

蔗糖、稳定剂、水杀菌冷却
↓
原料乳→混合→杀菌→冷却→发酵→冷却搅拌→混合调配→
↑
果蔬汁、酸味剂、香精

预热→均质→杀菌→冷却→灌装成品（非活性乳酸菌饮料）
预热→均质→无菌罐装→成品（活性乳酸菌饮料）

2. 加工工艺

（1）发酵乳的制备　发酵过程应尽量提高发酵终点的滴定酸度，减少调整酸度时柠檬酸、乳酸的使用量。

（2）混合调配　发酵结束后，厂家可按照自己的配方进行调配，其中酸味剂可调整发酵时的酸度不足，用酸味剂调 pH 至 3. 9～4. 2。

（3）均质　使用均质机均质使料液中的粒子微细化，起到提高料液黏度、抑制分层、增强稳定剂效果的作用。

（4）杀菌　罐装活性乳饮料不进行杀菌，均质后直接灌装，其保质期较短；非活性乳饮料在发酵调配后进行杀菌处理，可延长其保质期，一般采用 110～115 ℃、10 分钟进行杀菌，其保质期可延长至 3～6 个月。

（三）产品质量标准

系引用中华人民共和国国家标准《含乳饮料》（GB/T 21732—2008）。活菌型发酵型含乳饮料出厂检验要求活菌数≥1×10^6 CFU/mL。

1. 感官指标 见表5-25。

表5-25 含乳饮料感官指标

项目	要求
滋味和气味	特有的乳香滋味和气味或具有与加入的辅料相符的滋味和气味；发酵产品具有特有的发酵芳香滋味和气味；无异味
色泽	均匀乳白色、乳黄色或带有添加辅料的相应色泽
组织状态	均匀细腻的乳浊液，无分层现象，允许有少量沉淀，无正常视力可见外来杂质

2. 理化指标 见表5-26。

表5-26 含乳饮料理化指标

项目	配制型含乳饮料	发酵型含乳饮料
蛋白质	≥1.0	≥1.0
苯甲酸	—	≤0.03

注：1. 含乳饮料中的蛋白质应为乳蛋白。
2. 苯甲酸为发酵过程产生；原辅料中的苯甲酸按GB 2760执行。

考核要点

1. 配制型含乳饮料加工工艺。
2. 发酵型含乳饮料加工工艺。

第八节 冰淇淋加工技术

《冷冻饮品 冰淇淋》（GB/T 31114—2014）中对冰淇淋的定义为：以饮用水、乳和（或）乳制品、蛋制品、水果制品、豆制品、食糖、食用植物油等的一种或多种为原辅料，添加或不添加食品添加剂和（或）食品营养强化剂，经混合、灭菌、均质、冷却、老化、冻结、硬化等工艺制成的体积膨胀的冷冻饮品。冰淇淋可分为全乳脂冰淇淋、半乳脂冰淇淋和植脂冰淇淋三类，每一类又可分为清型冰淇淋和组合型冰淇淋。

一、工作要点

（一）配料的计算

冰淇淋的口味、硬度、质地和成本均取决于各配料的成分及比例，配方设计时，要考虑脂肪与非脂乳固体的比例、总干物质的量、糖的种类和数量、乳化剂和稳定剂的选用等，根据生产情况具体计算每种原辅料的量，使产品满足各项指标的要求。

（二）配料的处理

主要是指乳化剂和稳定剂的处理，将乳化剂、稳定剂和其质量5~10倍的白砂糖在干燥状态下搅拌均匀，然后在 90 ~ 95 ℃的热水中边搅拌边加入至完全溶解均匀。

（三）配料顺序

一般先加入牛乳、脱脂乳等黏度小的原料和一半的水；再加入黏度稍高的原料，如糖浆、乳粉溶解液等，并进行搅拌和加热；再加入稀奶油、炼乳、果葡糖浆等黏度高的物料，最后以水或牛乳定容。混合溶解的温度通常为 40 ~ 50 ℃。

（四）均质

均质一般采用二级高压均质机进行，均质处理的最适温度为 65 ~ 70 ℃，均质压力第一级 15 ~ 20 MPa，第二级 2 ~ 5 MPa，均质压力随混合物料中的固形物和脂肪含量的增加而降低。

（五）冷却与老化

一般控制老化温度 2 ~ 4 ℃，老化时间 6 ~ 12 小时。

（六）凝冻

冰淇淋在凝冻过程会发生如下变化：①空气混入使体积膨大；②水由液体变为冰晶；③搅拌使料液更加均匀；④料液由液体状态变为半固体状态。凝冻过程由凝冻机完成，凝冻温度一般在 -6 ~ -3 ℃范围内，凝冻后的冰淇淋为半流体状，称为软质冰淇淋。

冰淇淋的膨胀率是指冰淇淋体积增加的百分率，最适的膨胀率为 80% ~ 100%，过低则冰淇淋风味过浓，在口中溶解不良，组织粗硬；过高则变成海绵状组织，气泡大，保形性和保存性不良，在口中溶解很快，风味感觉弱。

二、设备及材料

1. 设备　配料缸、均质机、老化缸、凝冻机等。

2. 材料　原料乳、饮用水、白砂糖、稀奶油、炼乳植物油、蛋制品、食品添加剂和营养强化剂。

三、工作过程

（一）冰淇淋加工工艺流程

原料预处理→配料→混合→杀菌→均质→冷却老化→凝冻→灌装成形→ 硬化→成品冷藏

（二）冰淇淋加工工艺

1. 原料验收　饮用水符合 GB 5749—2006 规定；白砂糖符合 GB/T317—2018 规定；蛋制品符合 GB 2749—2015 规定；植物油符合 GB 2716—2018 规定；乳制品应符合相应国家标准或地方标准规定；其他原辅料应符合 GB 2760—2011 和 GB 14880—2012 规定。

2. 配料　根据产品配方对原辅料用量进行计算，按照要求对各原辅材料进行处理。

3. 杀菌　可采用在配料缸中直接或间接加热蒸汽使物料温度达到 80 ℃、保持 20 分钟，或者 85 ~ 90 ℃、5 分钟；若用板式换热器，杀菌条件为 90 ~ 95 ℃、20 秒。

4. 均质　均质的目的是使脂肪球的直径降到 2 μm 以下，使脂肪处在永久均匀的悬浮状

态，另外，均质还可以提高膨胀率，缩短老化时间。

5. 冷却老化 混合物料经杀菌、均质处理后，温度在60 ℃以上，应迅速冷却至老化温度（2 ~ 4 ℃），老化可促进脂肪、蛋白质和稳定剂的水合作用，使料液黏度增加，有利于搅拌时膨胀率的提高。

6. 凝冻 凝冻是冰淇淋生产最重要的步骤之一，是冰淇淋质量、可口性、产量的决定因素。凝冻是将混合料在强制搅拌下进行冰冻，使空气以极微小的气泡状态均匀分布于混合料中，在体积膨胀的同时，由于冷冻而成为半固体状的过程。

7. 灌装 冰淇淋成型分为浇模成型、挤压成型和灌装成型。

8. 硬化 硬化是将由凝冻机出来的冰淇淋经成型后迅速进行一定时间的低温冷冻，以固定冰淇淋的组织状态，并完成在冰淇淋中形成极细小冰晶的过程，使其组织保持适当的硬度，保证冰淇淋的质量。冰淇淋的硬化一般采用速冻硬化隧道，速冻硬化隧道的温度一般为 -45 ~ -35 ℃。

9. 包装及冻藏 对硬化后的冰淇淋进行包装，送入 -20 ℃以下的低温冷冻库中冻藏。

（三）产品质量标准

系引用中华人民共和国国家标准《冷冻饮品　冰淇淋》（GB/T 31114—2014）。

1. 感官指标 见表5 - 27。

表5 - 27　冰淇淋感官指标

项目	指标					
	全乳脂		半乳脂		植脂	
	清型	组合型	清型	组合型	清型	组合型
色泽	主体色泽均匀，具有品种应有的色泽					
形态	形态完整，大小一致，不变形，不软塌，不收缩					
组织	细腻滑润，无气孔，具有该品种应有的组织特征					
滋味气味	柔和乳脂香味，无异味		柔和淡乳香味，无异味		柔和植脂香味，无异味	
杂质	无正常视力可见外来杂质					

2. 理化指标 见表5 - 28。

表5 - 28　冰淇淋理化指标

项目	指标					
	全乳脂		半乳脂		植脂	
	清型	组合型	清型	组合型	清型	组合型
非脂乳固体（g/100 g）	≥6.0					
总固形物（g/100 g）	≥30.0					
脂肪（g/100 g）	≥8.0		≥6.0	≥5.0	≥6.0	≥5.0
蛋白质（g/100 g）	≥2.5	≥2.2	≥2.5	≥2.2	≥2.5	≥2.2

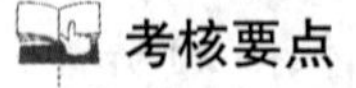

考核要点

1. 冰淇淋配料加入顺序。
2. 冰淇淋加工工艺。

思考题

1. 简述离心机的工作原理。
2. 乳粉干燥过程分为哪几个阶段？
3. 乳粉加工过程中，浓缩的终点如何判断？
4. 发酵乳出现乳清析出是哪些原因造成的？
5. 发酵型乳饮料的生产过程是什么？并列举生活中常见的发酵型乳饮料。

（郎登川　徐海祥　王　娇）

第六章　软饮料加工技术

知识目标

1. 掌握　瓶装饮用水、果蔬汁、含乳饮料和植物蛋白饮料、碳酸饮料的生产工艺流程、操作要点及质量控制方法。
2. 熟悉　瓶装饮用水的杀菌方法、国家质量标准和卫生标准；果蔬汁加工的基本工艺流程。
3. 了解　瓶装饮用水、果蔬汁、乳饮料和植物蛋白饮料的概念、分类及生产设备；碳酸饮料生产常用设备及碳酸饮料的罐装原理。

能力目标

掌握瓶装饮用水、果蔬汁、植物蛋白饮料、碳酸饮料的基本加工方法，能够独立进行操作，对加工中出现的质量问题进行分析判断，并能初步提出解决方法。

扫码“学一学”

第一节　瓶装饮用水加工技术

瓶装饮用水又称包装饮用水，是指以直接来源于地表、地下或公共供水系统的水为水源，经加工制成的密封于容器中可直接饮用的水。瓶装是泛指用于装水的包装容器，包括塑料瓶、塑料桶、玻璃瓶、易拉罐、纸包装等。

世界各国对瓶装饮用水的分类不太一致，《饮料通则》（GB/T 10789—2015）将瓶装饮用水分为饮用天然矿泉水、饮用纯净水和其他类饮用水三大类，其他类饮用水又包括饮用天然泉水、饮用天然水和其他饮用水三种。

我国国家标准（GB/T 10789—2015）对饮用天然矿泉水的定义是：从地下深处自然涌出的或经钻井采集的，含有一定量的矿物质、微量元素或其他成分，在一定区域未受污染并采取预防措施避免污染的水；在通常情况下，其化学成分、流量、水温等动态指标在天然周期波动范围内相对稳定。

饮用纯净水是以直接来源于地表、地下或公共供水系统的水为水源，经适当的水净化加工方法制成的制品。

其他饮用水是指除饮用天然泉水、饮用天然水之外的饮用水，如以直接来源于地表、地下或公共供水系统的水为水源，经适当的加工方法，为调整口感加入一定量矿物质，但不得添加糖或其他食品配料制成的制品。

一、工作要点

（一）原水的选择

饮用天然矿泉水要采用从地下深处自然涌出或经钻井采集的、在一定区域未受污染的地下矿水。

纯净水水源没有矿泉水的要求严格，但是良好的水源依然是生产优质纯净水的条件。要选用符合国家饮用水标准，而且矿化度低、硬度低、滋味甘美的水源。

其他饮用水中的人工矿物质水可以地下井、泉水或自来水为水源，采用适当的加工方法，有目的地加入一定量的矿物质，产品与天然矿泉水水质相接近。

（二）引水

引水的主要目的是在自然允许的条件下，得到最大可能的流量，同时防止水与气体的损失，防止地表水和潜水的渗入和混入，完全排除有害物质污染和生物污染，防止水由露口到利用处理这一过程中物理化学性质发生改变。

引水时需要大量的水泵、输水管，而矿泉水含盐分较高、化学腐蚀性强，因此在开采时一般选用不锈钢或耐腐蚀工程塑料等性质稳定的管材，防止由露出口到利用处水的物理化学性质发生变化。

在开采时，引水过量会对环境和地质造成严重的影响，因此应严格按照国家批准许可量进行开采。

对不同种类的矿泉水进行开采时应采取不同的工艺方法。如对于含气量较大的碳酸型矿泉水，应采取适当的工艺设备，以防止其气体的损失，方便水的涌出和使用。

（三）曝气

曝气的目的是使矿泉水原水与经过净化的空气充分接触，使它脱去其中的二氧化碳和硫化氢等气体，并将低价态的铁、锰离子氧化沉淀，过滤除去。通常脱气和氧化两个过程同时进行。

曝气主要有自动式曝气和强制式曝气两种方式。自动式曝气是将原水通过喷头从高处向下喷淋，使水与空气充分接触，达到曝气的目的。强制式曝气可采用叶轮表面强制曝气；也可在泉水喷淋时，用鼓风机的强大气流强化曝气，以增强曝气的效果。曝气的方法主要有自然曝气法、喷雾法、梯栅法、焦炭盘法和强制通风法等。

此工序主要针对 H_2S、CO_2、Fe、Mn 含量较高的原水进行，可生产不含 CO_2 的矿泉水，或曝气后可以重新充入二氧化碳气体生产含气矿泉水。

（四）粗滤

水的过滤是指当原水通过滤料层时，原水中的一些不溶性悬浮物、胶体杂质和微生物等被截留在孔隙中或介质表面中，使水质澄清、透明、清洁，从而使原水得以净化的过程。水的过滤是一系列不同过程的综合，矿泉水生产中的过滤方法一般包括粗滤和精滤。

粗滤一般先采用多介质砂滤罐进行粗滤，以去除水中的细砂、泥土、矿物盐等大颗粒杂质。用于粗滤的滤料主要有石英砂、天然锰砂及活性氧化铝等，每种滤料去除离子的功能各不相同，如石英砂具有良好的除铁效果，天然锰砂可除去水中的铁、锰离子，活性氧化铝可去除水中的氟。

（五）精滤

精滤可以采用砂滤棒过滤或微滤，也可使用超滤。

当用水量较少，原水中只含有少量有机物、细菌、和其他杂质时，可采用砂滤棒过滤。

进入过滤器的水压应控制在0.1～0.19 MPa。

微孔过滤器是新兴的膜分离技术，利用膜的筛分作用进行分离的过程。微滤是以静压差为推动力，在微孔过滤膜上存在0.16～40 μm的小孔，待处理的水在压力作用下通过微孔过滤膜空隙，水中存在的细小悬浮物、微生物、微粒等被微孔吸附和截留在微孔过滤膜组件中，滤出水可以达到国家饮用水标准。微滤具有高捕捉能力、过滤面积大、抗酸碱能力强、使用方便等优点。微滤只能在最后阶段作为精密过滤使用，滤液须先经过粗滤，否则滤芯容易堵塞。

超滤是以压力为推动力，利用超滤膜的不同孔径对液体进行分离的物理筛分过程，能有效滤除水中99.99%的胶体、细菌、悬浮物等有害物质。超滤时，应根据水质的情况选择适当孔径的滤膜，以保证水流畅通。

经精滤工序，可以滤除矿泉水中存在的有机物、细菌及微粒，使矿泉水澄清透明。

（六）去离子净化（脱盐）

生活饮用水的电导率为120～150 μS/cm，去离子净化的目的是脱除水中的盐分，使电导率降低到10 μS/cm以下，以达到饮用纯净水的要求。水的软化是指只降低水中Ca^{2+}和Mg^{2+}含量的过程；脱盐是指降低水中的全部阳离子Ca^{2+}、Mg^{2+}、Na^{+}和全部阴离子HCO_3^-、SO_4^{2-}、Cl^-等的过程。生产中常用的去离子净化（脱盐）方法有蒸馏法、反渗透法、离子交换法、电渗析法等，而且不是采用单一方法，往往采用多种方法组合使用。

（七）杀菌

原水经过一系列沉淀、过滤等工序后，水中的大部分微生物随同悬浮物、胶体物质和溶解杂质等已被除去，但是还有部分微生物存留在水中，为确保产品质量和广大消费者的安全，需要对水进行杀菌处理。

水的杀菌是指用化学或物理方法杀灭水里的病原体（病原菌、病毒和寄生虫卵），以防止疾病传染，维护人体健康。

目前常用的消毒方法有氯消毒、紫外线消毒和臭氧消毒。臭氧的瞬时杀菌效果优于紫外线杀菌，其不仅可以杀灭水中的细菌，同时也可杀灭细菌的芽孢。在使用臭氧消毒时，除了杀菌，还可以除去水臭、水色以及有机物等。

（八）充气

生产含有二氧化碳气体的矿泉水产品需要充气工序。充气的目的是指向矿泉水中充入二氧化碳气体。原水经过引水、曝气、过滤、杀菌和冷却后，再充入二氧化碳气体。充气用的二氧化碳气体可以是从原水分离得到的，也可以是市售饮料专用的。充气一般在气水混合机中完成，我国规定成品含气矿泉水中游离的二氧化碳含量≥250 mg/L。

（九）瓶、盖的清洗消毒

瓶体消毒一般采用消毒剂浸泡或喷洗，然后用无菌水洗涤喷淋的方法，常用消毒剂有高锰酸钾、双氧水、过氧乙酸等。

瓶盖消毒可采用臭氧消毒、紫外线照射、蒸汽喷射、消毒剂浸泡等方法。

（十）灌装

灌装是指将杀菌后的水装入已灭菌的包装容器内的过程。灌装分为人工灌装和机械罐装两种方式。人工灌装方便灵活，但产量低，易造成水的二次污染。机械灌装可选用冲瓶、灌装、封盖三位一体的机器，其效率高，节省能耗，避免二次污染。

目前在生产中均采用自动灌装机在无菌车间进行，灌装方式取决于瓶装饮用水产品的类型。

二、设备及材料

1. 设备　石英砂过滤器、活性炭过滤器、精密过滤器、离子交换装置、反渗透装置、高压泵、原水箱、杀菌装置、全自动洗瓶机、全自动灌装机等。

2. 材料　原水、甜味剂、乳化剂、酸味剂、增稠剂、香料和香精、二氧化碳、食用色素、酶制剂、石英砂、活性炭、阳离子交换树脂等。

三、工作过程

（一）瓶装饮用天然矿泉水工作过程

饮用天然矿泉水根据是否含有 CO_2 气体分为无气产品和含气产品。

无气产品生产时看原水是否含气，若不含气而产品又不要求含气可经引水、过滤、杀菌等处理后直接灌装，其中为保证不损失矿泉水中的有益成分，常添加少量的稳定剂。如果原水含 H_2S、CO_2 等气体，则要增加一道曝气工艺。

含气产品则是将含 CO_2 的天然矿泉水抽出，在气水分离器中把矿泉水和 CO_2 分开，矿泉水经净化处理（过滤、消毒）后，重新充入 CO_2。若原矿泉水中 CO_2 不够纯净，则需净化。这种含气产品中常添加 100 mg/L 柠檬酸、80 mg/L 抗坏血酸作稳定剂。

1. 工艺流程

（1）不含气矿泉水的生产工艺流程　原水→引水→曝气→贮存→沉淀→粗滤（砂滤、活性炭过滤）→精滤（微孔过滤等）→杀菌→无菌灌装→贴标→喷码→质检→包装→成品

（2）含气矿泉水的生产工艺流程

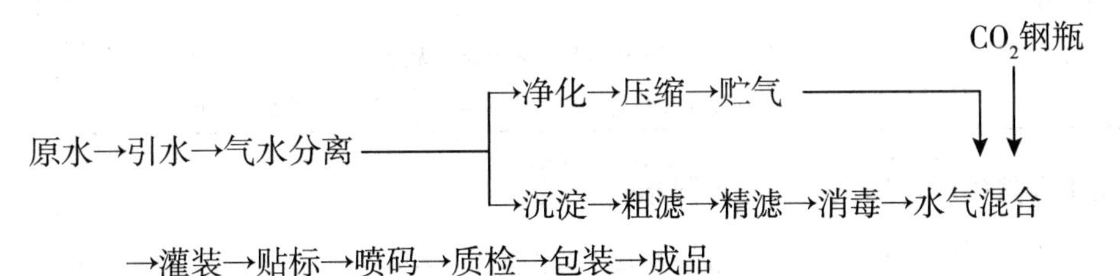

2. 原料辅料　地下矿泉水。

3. 加工工艺

（1）原水的选择　选用经钻井采集的、未受污染的地下矿水。

（2）引水　采用打井引水法，把矿泉水从最适当的深度引到最适当的地表，再进行后续加工。水泵、输水管、贮水罐要采用与矿泉水不起化学反应和耐腐蚀的材料。如生产含气矿泉水，水泵最好选用齿轮泵或活塞泵，避免游离二氧化碳损失。

（3）曝气　地下矿泉水由潜水泵引出，泵至淋水曝气盘，在地下矿泉水通往淋水曝气盘过程中，通过空气引射器与空气混合，在淋水曝气盘喷洒；待处理的水通过莲蓬头上的小孔而成为许多小水滴，借重力向下喷洒于集水池中。水在喷洒过程中充分与空气接触进

行传质，空气进入水中，水中原来溶解的 H_2S 等气体排出。

（4）贮存、沉淀　经曝气溶解空气的水进入水池中，在水池中低价态的铁锰等离子氧化后沉淀到水池底部。

（5）粗滤　引到贮水池中的矿泉水经过静置、沉淀后，除去粗大的固体颗粒，然后用泵将水泵入石英砂过滤器中进行粗滤。水通过过滤材料石英砂滤层时，其中的一些悬浮物和胶体物被截留在孔隙中或介质表面被去除，从而达到过滤的目的。

（6）精滤　使用微孔过滤器进行精滤。

（7）杀菌　采用臭氧发生器进行灭菌。

（8）充气　生产含 CO_2 气体的矿泉水产品需要充气工序。充气的操作工序主要分为两部分：①水气分离。先在分离器中将碳酸型矿泉水进行水气分离，再分别用高锰酸钾溶液洗涤和活性炭净化分离出来的气体，最后将气体导入气柜，经压缩后装入贮气罐。②充气。将过滤、灭菌处理过的水放入贮水罐。贮水罐上部放置水气混合器，混合器下方放置贮气罐，贮气罐释放出的二氧化碳气体由下方进入混合器进行水、气的混合。

（9）无菌灌装　根据国家要求，矿泉水必须在生产现场灌装。灌装选用冲瓶、灌装、封盖三位一体的机器，灌装采用重力灌装方式。灌装时，一般不含气矿泉水采用常压或负压灌装，含气矿泉水采用等压灌装。

成品瓶通过出瓶拨轮从旋盖机传送到出瓶输送链上，由输送链传送出三合一灌装机后，再进行贴标，将生产日期喷在收缩膜上，包装检验后，装箱入库。

4. 产品质量标准　质量标准系引用《食品安全国家标准　饮用天然矿泉水》（GB 8537—2018）。

（1）饮用天然矿泉水感官指标见表 6－1。

表 6－1　饮用天然矿泉水感官指标

项目	要求
色度/度	≤10（不得呈现其他异色）
浑浊度/NTU	≤1
滋味、气味	具有矿泉水特征性口味，无异味、无异嗅
状态	允许有极少量的天然矿物盐沉淀，无正常视力可见外来异物

（2）饮用天然矿泉水理化指标－界限指标见表 6－2。

表 6－2　饮用天然矿泉水理化指标－界限指标

项目	要求
锂（mg/L）	≥0.20
锶（mg/L）	≥0.20（含量在 0.20～0.40 mg/L 时，水源水水温应在 25 ℃以上）
锌（mg/L）	≥0.20
偏硅酸（mg/L）	≥25.0（含量在 25.0～30.0 mg/L 时，水源水水温应在 25 ℃以上）
硒（mg/L）	≥0.01
游离二氧化碳（mg/L）	≥250
溶解性总固体（mg/L）	≥1000

（3）饮用天然矿泉水理化指标－限量指标见表 6－3。

表 6－3　饮用天然矿泉水理化指标－限量指标

项目	指标
硒（mg/L）	0.05
锑（mg/L）	0.005
铜（mg/L）	1.0
钡（mg/L）	0.7
总铬（mg/L）	0.05
锰（mg/L）	0.4
镍（mg/L）	0.02
银（mg/L）	0.05
溴酸盐（mg/L）	0.01
硼酸盐（以 B 计）（mg/L）	5
氟化物（以 F^- 计）（mg/L）	1.5
耗氧量（以 O_2 计）（mg/L）	2.0
挥发酚（以苯酚计）（mg/L）	0.002
氰化物（以 CN^- 计）（mg/L）	0.010
矿物油（mg/L）	0.05
阴离子合成洗涤剂（mg/L）	0.3
^{226}Ra 放射性（Bq/L）	1.1
总 β 放射性（Bq/L）	1.50

（4）饮用天然矿泉水微生物限量见表 6－4。

表 6－4　饮用天然矿泉水微生物限量

项目	采样方案[a]及限量		
	n	c	m
大肠菌群（MPN/100 mL）[b]	5	0	0
粪链球菌（CFU/250 mL）	5	0	0
铜绿假单胞菌（CFU/250 mL）	5	0	0
产气荚膜梭菌（CFU/50 mL）	5	0	0

[a] 样品的采样及处理按 GB 4789.1 执行。
[b] 采用滤膜法时，则大肠菌群项目的单位为 CFU/100 mL。

（二）瓶装饮用纯净水工作过程

1. 工艺流程　原水的选择→预处理→离子交换→二级反渗透→杀菌→精滤→灌装封盖→灯检→贴标打码包装→成品入库。

2. 原料辅料　饮用水、石英砂、活性炭、阳离子交换树脂。

3. 加工工艺

（1）原水的选择　选择符合中华人民共和国国家标准《生活饮用水卫生标准》（GB 5749—2006）要求的饮用水。

（2）预处理　检查多介质过滤器、活性炭过滤器、离子软化器、反渗透装置本体及附属的各个阀门、管路、仪表和各种设备附件是否完好，是否处于正常工作状态；原水是否充足，出水管路是否畅通、电路是否接通，系统中的各个阀门都应处于正确位置，反渗透装置的产水阀、浓缩阀处于开启状态，其他与清洗有关的阀门处于关闭状态。

（3）离子交换处理　用阳离子和阴离子交换树脂，去除水中的阴阳离子。

（4）反渗透　选用二级反渗透设备，当一级进水压力达到设定压力时，缓慢调整一级纯水流量达到2.5 t/h，工作压力在1.05 MPa左右；当二级进水压力达到设定压力时，缓慢调整二级纯水流量达到2 t/h，工作压力在1.05 MPa左右。整个系统进入正常工作状态。

（5）杀菌　采用臭氧发生器进行灭菌。

（6）精滤、灌装　将杀菌后的水再次精滤后泵入灌装机，进行灌装封盖后即为成品。

4. 产品质量标准　质量标准系引用中华人民共和国国家标准《瓶（桶）装饮用纯净水卫生标准》（GB 17324—2003）。

（1）饮用纯净水感官指标见表6-5。

表6-5　饮用纯净水感官指标

项目	指标	要求
色度/度	≤5	不得有其他异色
浊度/度	≤1	—
臭和味	—	不得有异臭异味
肉眼可见物	—	不得检出

（2）饮用纯净水理化指标见表6-6。

表6-6　饮用纯净水理化指标

项目	指标
铅（以Pb计）（mg/L）	≤0.01
砷（以As计）（mg/L）	≤0.01
铜（以Cu计）（mg/L）	≤1
氰化物（以CN^-计）（mg/L）	≤0.002
挥发性酚（以苯酚计）（mg/L）	≤0.002
游离氯（以Cl^-计）（mg/L）	≤0.005
三氯甲烷（mg/L）	≤0.02
四氯化碳（mg/L）	≤0.001
亚硝酸盐（以NO_2^-计）（mg/L）	≤0.002

（3）饮用纯净水微生物指标见表6-7。

表6-7　饮用纯净水微生物指标

项目	指标
菌落总数（cfu/mL）	≤20
大肠菌群数（MPN/100 mL）	≤3
致病菌（系指肠道致病菌和致病性球菌）	不得检出
霉菌、酵母菌（cfu/mL）	不得检出

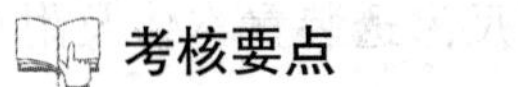

考核要点

1. 曝气的目的及方式。
2. 瓶装饮用天然矿泉水加工工艺及操作要点。
3. 瓶装饮用纯净水加工工艺及操作要点。

扫码“学一学”

第二节　果蔬汁加工技术

果蔬汁饮料是果汁、果汁饮料与蔬菜汁、蔬菜汁饮料的统称，根据《饮料通则》（GB/T 10789—2015），果蔬汁是以水果和（或）蔬菜（包括可食的根、茎、叶、花、果实）等为原料，经加工或发酵制成的液体饮料。以果蔬汁为基料，通过加糖、酸、香精、色素等调制的产品，称为果蔬汁饮料。按照制品的状态和加工工艺的不同可分为澄清果蔬汁、浑浊果蔬汁、浓缩果蔬汁及果蔬汁粉等。

果蔬汁是果蔬中最有营养的部分，易被人体吸收，有“液体果蔬”之称。因此，深受广大消费者的喜欢，具有广阔的市场前景。

一、工作要点

（一）原料的选择

加工果蔬汁的原料要求有良好的风味和香味，无异味，色泽美好而稳定，糖酸比合适，并且在加工贮藏中能保持这些优良的品质，取汁容易，出汁率高。果蔬汁加工对原料的果形大小和形状虽无严格要求，但对成熟强度要求较严，要选用新鲜度高、无霉变和腐烂的果蔬原料，成熟度要适宜，一般在九成左右成熟时采收，未成熟或过熟的果蔬均不合适。

（二）挑选与清洗

1. 挑选　为了保证果蔬汁的质量，原料加工前必须进行挑选，剔除霉变、腐烂、未成熟或受伤变质的果实。

2. 清洗　清洗可以去除果蔬表面的尘土、泥沙、微生物、农药残留以及携带的枝叶等。清洗的一般工序是先流水冲洗，然后浸泡、刷洗，最后高压喷淋。对于农药残留较多的果实，可用0.5% ~1.0%稀盐酸溶液、0.5% ~1.0%稀碱溶液或0.1% ~0.2%的洗涤剂进行处理后再用清水洗净；对于受微生物污染严重的果实，可用漂白粉、高锰酸钾等消毒剂溶液来进行消毒处理。

（三）原料取汁前的预处理

取汁是果蔬汁生产的关键环节，取汁方式可因果蔬原料而定，同一原料也可采用不同的取汁方式。含果汁丰富的果实，大都采用压榨法提取果汁；含果汁较少的果实，如山楂等可采用浸提的方法提取汁液。为了提高出汁率和果蔬汁的质量，取汁前一般都要进行破碎、加热和加酶等处理。某些果蔬原料根据要求还要进行去梗、去核、去籽或去皮等程序。

1. 破碎　果蔬的汁液都存在于果蔬的组织细胞内，只有打破细胞壁，细胞中的汁液和可溶性固形物才能出来。特别是一些果皮较厚、果肉致密的果蔬原料，为提高出汁率，必须进行破碎处理。但果实破碎程度要适当，破碎后的果块应大小均匀。果块太大出汁率低，但如果破碎过度，使肉质变成糊状，易造成压榨时外层的果蔬汁很快地被压出，形成一层厚皮，使内层的果蔬汁流出困难，造成出汁率下降，榨汁时间延长，混浊物含量增大。

破碎程度视种类品种不同而异。果蔬破碎采用破碎机、磨碎机，有辊压式、锤磨和打浆机等。不同的果蔬种类采用不同的机械。

2. 加热处理　由于果蔬在破碎过程中和破碎以后，果蔬中的酶被释放，其活性大大增

加，特别是多酚氧化酶会引起果蔬汁色泽的变化，不利于果蔬汁的加工。通过对果蔬进行加热处理，可以抑制果蔬中酶的活性，从而不使产品发生分层、变色、产生异味等不良变化；同时使果肉组织软化，使细胞原生质中的蛋白质凝固，改变细胞膜的半透性，有利于果肉细胞中可溶性物质向外扩散，从而方便提取果蔬中的可溶性固形物、色素和风味物质。适当加热可使胶体物质发生凝聚，使果胶水解，降低汁液的黏度，提高出汁率。

3. 酶处理 果实中果胶物质的含量对出汁率影响很大。果胶含量少的果实容易取汁，而果胶含量高的果实如苹果、樱桃、猕猴桃等，由于汁液黏性较大，榨汁比较困难。利用果胶酶、纤维素酶、半纤维素酶可以有效分解果肉组织中的果胶物质，有利于榨汁过滤，提高出汁率。酶处理时，要合理控制加酶量、酶解时间与温度。添加酶制剂时，要使之与果肉均匀混合，可以在果蔬破碎时，将酶液连续加入破碎机中，使酶能均匀分布在果浆中，也可用水或果汁将酶配成1%～10%的酶液，用计量泵按需加入。

（四）取汁

果蔬的取汁工序是果蔬汁加工中的一道非常重要的工序。根据原料、产品的形式不同，取汁的方式差异很大，主要有压榨法、离心法、浸提法、打浆法等，其中压榨法和浸提法比较常用。

1. 压榨法 压榨法是利用外部的机械压力，将果蔬汁从果蔬或果蔬浆中挤出，是生产中广泛应用的一种取汁方式。榨汁可以采用冷榨、热榨甚至冷冻压榨等方式。这种方式适宜苹果、梨、樱桃、葡萄等品种。

2. 浸提法 浸提法是将破碎的果蔬原料浸于水中，由于果蔬原料中的可溶性固形物含量与浸汁之间存在浓度差，果蔬细胞中的可溶性固形物就要透过细胞进入浸汁中。果蔬浸提汁不是果蔬原汁，是果蔬原汁和水的混合物，这是浸提与压榨取汁的根本区别。这种方式适用山楂、乌梅、红枣等含水量少，难以用压榨法取汁的果蔬原料。

（五）粗滤（筛滤）

粗滤又称筛滤。除打浆法之外，其他方法得到的果蔬汁液中含有较多的悬浮物和粗大颗粒，如果肉纤维、果皮、果核等，它们的存在会影响产品的外观状态和风味，需要及时去除。对于澄清果汁，粗滤以后还需精滤，或先行澄清而后过滤。粗滤可在榨汁过程中进行或单机操作，生产中通常使用筛滤机，如振动筛、水平筛、回转筛、圆筒筛等设备进行粗滤。

（六）澄清果蔬汁的澄清和精滤

生产澄清果蔬汁时必须通过物理化学或机械方法除去果蔬汁中含有的浑浊物质或易引起浑浊的各种物质。传统的澄清方法有酶法处理和澄清剂处理，并用离心后过滤的方法进一步处理。

1. 澄清

（1）酶制剂法 利用果胶酶、淀粉酶等来水解果蔬汁中的果胶和淀粉等物质，使果蔬汁中其他胶体失去果胶的保护作用而共同沉淀，以达到澄清目的的一种方法。酶制剂可在鲜果中加入，也可在果蔬汁加热杀菌冷却后加入。

（2）明胶澄清法 明胶是果蔬汁加工中广泛使用的澄清剂，能与果蔬汁中的单宁、果胶以及其他多酚物质反应生成络合物，互相凝聚并吸附果蔬汁中的其他悬浮颗粒共沉淀，

达到澄清的目的。

（3）明胶单宁沉淀法　用于处理鞣质含量很低的难以澄清的果蔬原汁。先将单宁加入到果蔬汁中，再加入明胶，通过明胶和单宁反应生成明胶单宁酸盐的络合物沉淀，夹带出混浊物。

（4）冷冻澄清法　冷冻可改变胶体的性质，而在解冻时形成沉淀，故雾状浑浊的果蔬汁经冷却后容易澄清。

2. 过滤　果蔬汁经过澄清后必须进行过滤，通过过滤把所有沉淀出来的浑浊物从果蔬汁中分离出来，使果汁澄清。常用的过滤介质有石棉、帆布、硅藻土、植物纤维、合成纤维等。

（1）压滤法　使用板框过滤机将果蔬汁一次性通过过滤层过滤的方法。

（2）真空过滤法　将真空滚筒内抽成一定真空，利用压力差使果蔬汁渗透过助滤剂，得到澄清果蔬汁的方法。

（3）离心分离法　利用离心力使得溶液分层从而使溶质滤出溶液的方法。

（4）超滤法　利用特殊的超滤膜的膜孔选择性筛分作用，在压力驱动下，把溶液中微粒、悬浮物、胶体和高分子等物质与溶剂和小分子溶质分开的方法。

（七）浑浊果蔬汁的均质和脱气

均质和脱气是浑浊果蔬汁生产中的特有工序，它是保证果蔬汁稳定性和防止果汁营养损失、色泽变差的重要措施。

1. 均质　均质可使果蔬汁中的悬浮果肉颗粒进一步破碎细化，大小更为均匀，同时促进果肉细胞壁上的果胶溶出，果胶均匀分布于果蔬汁中，增加果蔬汁与果胶的亲和力，抑制果蔬汁分层并产生沉淀，形成均一稳定的分散体系，使果蔬汁浑浊度保持稳定。如果不均质，由于果蔬汁中的悬浮果肉颗粒较大，产品不稳定，在重力作用下果肉会慢慢向容器底部下沉，放置一段时间后就会出现分层现象，而且界限分明，容器上部的果蔬汁相对清亮，下部浑浊，影响产品的外观质量。常用的乳化均质机械有高压均质机、超声波均质机和胶体磨等。

2. 脱气　果蔬组织细胞间隙中溶解有一定量的空气，果蔬原料在破碎、取汁、均质和搅拌、输送等工序中又要混入大量的空气，所以制得的果蔬汁中含有大量的氧气、二氧化碳、氮气等。这些气体的存在，尤其是氧气，不仅会破坏果蔬汁中的维生素 C，而且与果蔬汁中的某些成分反应会使香气和色泽发生变化，品质变劣，还会引起马口铁罐内壁的腐蚀，同时会出现吸附气体的悬浮颗粒上浮，影响制品外观品质。气体的存在还会造成灌装和杀菌时产生泡沫，从而影响加工效果。这些不良影响在浑浊果蔬汁中尤明显，所以在果蔬汁杀菌前需要进行脱气（尤其是氧气）处理。常用的脱气方法主要有真空脱气法、气体交换法、酶法脱气和抗氧化剂法四种。

从脱气效果来说，真空脱气法是果蔬汁饮料脱气处理中应优先选择的方法。酶法脱气和抗氧化剂法通常结合真空脱气法共同在果蔬汁饮料生产线上使用。

（八）浓缩果蔬汁的浓缩与脱水

浓缩果蔬汁是由澄清果蔬汁经脱水浓缩后制得，果汁浓缩可以减少果汁容积，便于运输贮藏，能克服果蔬采收期和品种所造成的成分上的差异，使果蔬汁的品质更加一致，并且果蔬汁浓缩后，可溶性固形物从 5% ~20% 提高到 60% ~75%，糖酸含量也同时提高，

能够增加果汁贮藏的稳定性。理想的果蔬汁浓缩工艺应保存新鲜水果的天然风味和营养价值，在稀释和复原时具备与原果蔬汁相似的品质。常用的浓缩方法有真空浓缩、冷冻浓缩及膜分离技术等。

（九）果蔬汁的糖酸调整与混合

对果蔬汁进行糖酸调整和混合，可以更好地改进果蔬汁风味，增加营养、色泽。

1. 糖酸调整 糖酸比的调整是风味调整的决定性因素。调整前先用糖度计测定糖度，再用滴定法测定总酸量，最后确定糖酸的标准含量和糖酸比。

先调糖后调酸，一般用蔗糖和柠檬酸。加入比例因不同原汁、不同风味而异。按下式计算出糖浆和酸溶液的用量。

$$X = W(B - C)/(D - B)$$

式中，X 为需加入的浓糖液（酸液）的量（kg）；D 为浓糖液（酸液）的浓度（%）；W 为调整前原果蔬汁的重量（kg）；C 为调整前原果蔬汁的含糖（酸）量（%）；B 为要求调整后果蔬汁的含糖（酸）量（%）。

2. 混合 混合的目的是为了改善风味、营养及色泽。混合后的产品需进一步均质，防止分层、褐变等现象。

（十）杀菌与包装

1. 杀菌 果蔬汁及其饮料的杀菌工艺正确与否，不仅影响到产品的保藏性，而且还会影响到产品的质量，这是非常重要的问题。加热能杀灭存在于果蔬中的细菌、霉菌、酵母菌，防止发酵；同时可以钝化酶的活性，避免各种不良的变化。通过给定的适当加热温度和加热时间，能达到杀死微生物的目的，但要尽可能降低对果蔬汁品质的影响，就必须选择合理的加热温度和时间。杀菌方法有热杀菌和冷杀菌两大类。

热杀菌方法主要有巴氏杀菌法、高温短时杀菌、超高温瞬时杀菌法。加热杀菌因简便可靠，在现代果蔬汁加工中仍是应用最普遍的杀菌方式。但随着人们生活水平的不断提高，消费者对于食品的要求将朝着绿色、健康、营养和安全的方向发展。而传统热杀菌技术会导致食品营养物质被破坏，变色加剧，挥发性成分损失。为了迎合消费者需求，研究工作者开始关注一些新型的冷杀菌技术。

冷杀菌是指在杀菌过程中食品温度不升高或升高很低的一种安全、高效的杀菌方法。杀菌条件易于控制，外界环境影响较小，由于杀菌过程中食品的温度并不升高或升高很低，既有利于保持食品功能成分的生理活性，又有利于保持其色、香、味及营养成分。目前广泛研究的技术有超高压杀菌、超高压脉冲电场杀菌、微波杀菌等。

2. 罐装 灌装方法主要有热灌装、冷灌装、无菌灌装。

二、设备及材料

1. 设备 清洗机、输送机、去皮机、破碎机、打浆机、榨汁机、均质机、脱气机、除油机、胶体磨、离心机、超滤装置、调配缸、浓缩设备、喷雾干燥设备、杀菌设备、灌装设备等。

2. 材料 水果、蔬菜、柠檬酸或苹果酸、白糖、纯净水、抗坏血酸、果胶酶、香精、

明胶、色素、CMC－Na 等。

三、工作过程

（一）浑浊果蔬汁（橙汁）饮料工作过程

1. 工艺流程　原料的选择→清洗拣选→除油→榨汁→过滤→调配→脱气→均质→杀菌→灌装→冷却→成品。

2. 原料辅料　橙子 2 kg、白砂糖 60 g、柠檬酸 3 g 左右、CMC－Na 2 g 左右、明胶 4 g 左右、色素适量。

3. 加工工艺

（1）原料的选择　选择酸甜可口、色泽橙黄、香气浓郁、汁液丰富、无病虫害、无机械损伤、成熟适当的新鲜橙子。鲜橙贮存时间不宜超过 36 小时，以免使原料质量，尤其是新鲜度下降过多。

（2）清洗、拣选　将橙子放入含有清洗剂的水中进行短暂的浸泡，然后将浸泡过的果蔬原料输送到带有毛刷滚轮的清洗机上，一边输送果蔬，一边对果蔬原料进行刷洗、冲洗。在浸泡槽用毛刷滚轮清洗前，可以在传送带的两侧设挑选台，重新拣选剔除漏除的腐烂果、病虫果、未成熟果等不合格果实。果蔬原料经刷洗后，再用含氯 10～30 mg/L 的清洗水进行高压喷淋，最后用清水冲洗，以确保果蔬原料的清洁卫生。

（3）除橙油　将清洗后的橙子送入针刺式除油机，利用除油机中旋转的有刺辊轮或有刺平板，刺破果皮，使其中的果油从细胞中逸出，同时在高压喷淋水的作用下将油冲除，使水果表面的油快速脱离，达到去油效果；再用离心分离机分离出橙油和水的乳浊液中的橙油，分离残夜经循环管道再进入除油机中做喷淋水用。

（4）榨汁　将除油后的橙子送入榨汁机进料斗中，然后逐个投入榨汁机托盘内，橙子一进入托盘内，上盖筒立即降下，进行榨汁，同时从底部打开抽出果汁的圆孔。然后带小孔的出汁管上升到滤网管中间，由于管内的果肉受到挤压，汁液就通过滤网从小孔流出，汇集到下部集液管。果皮片、橙皮、种子等从出汁管的中间空隙排出，完成榨汁。在榨汁过程中，如果白皮层和囊衣被磨碎，苦味成分就会混入果汁中，不仅会增加苦味，还容易产生加热臭，因此要防止这些物质的混入。

（5）过滤　先用滤孔大小约为 0.5 mm 的振动筛对果汁和带籽果渣进行分离，粗滤后的果汁再经过筛孔孔径约为 0.3 mm 的精滤机进行精滤，分离果汁中细小的果肉颗粒。通过调节精滤机的压力和筛筒的孔径大小，使果汁中果肉含量达到 3%～5% 的最适数量，这样可以使果汁保持良好的色泽、浊度和风味。

（6）调配　将精滤后调配好果肉浆含量的果汁流入到带搅拌器的不锈钢调配罐中，加入白砂糖、柠檬酸、CMC－Na、明胶等辅料调配果汁的糖度、酸度和其他理化指标。调和后的果汁，可溶性固形物达到 15%～17%，总酸度要达到 0.8%～1.6%（以柠檬酸计），果汁的糖酸比为（13.0～17.0）∶1。

（7）脱气　果汁脱气可以改进风味，增加色泽的稳定性，防止营养成分损失，提高灌装均匀度和杀菌效率等。对含油量很低的甜橙汁，可以在常温下进行真空脱气。对含油量较高的甜橙汁，可以在脱气的同时完成脱油，一般调节真空蒸发器温度为 50～52 ℃，压力

为0.08～0.093 MPa，在这种条件下操作，会蒸发掉果汁中3%～6%的水分，可脱除75%左右的甜橙油。

（8）均质　采用高压均质机，使用14～25 MPa的压力进行均质。橙汁被强制通过均质机，在0.002～0.003 mm的狭缝中，迫使悬浮颗粒分裂成细小的微粒，均匀而稳定地分散在橙汁中，进而达到均质的目的。

（9）杀菌　为了钝化果胶酶，抗坏血酸氧化酶，保证甜橙汁的胶体稳定性，采用管式热交换器在86～99 ℃之间进行高温短时杀菌。

（10）灌装　将经过杀菌的橙汁在不低于80 ℃的温度下趁热灌装封口，装灌过程中应防止空气混入果汁，并尽量减少包装容器的顶隙。封口后将瓶子倒置10～30秒，对瓶盖杀菌后立即冷却至室温，以免破坏果汁的营养成分，冷却后进行包装即为成品。

4. 产品质量标准　质量标准系引用中华人民共和国国家标准《橙汁及橙汁饮料》（GB/T 21731—2008）和《食品安全国家标准　饮料》（GB 7101—2015）。

（1）橙汁及橙汁饮料感官指标见表6－8。

表6－8　橙汁及橙汁饮料感官指标

项目	指标
状态	呈均匀液状，允许有果肉或囊胞沉淀
色泽	具有橙汁应有的色泽，允许有轻微褐变
气味及滋味	具有橙汁应有的香气及滋味，无异味
杂质	无可见外来杂质

（2）橙汁及橙汁饮料理化指标见表6－9。

表6－9　橙汁及橙汁饮料理化指标

<table>
<tr><th>项目</th><th>非复原橙汁</th><th>复原橙汁</th><th>橙汁饮料</th></tr>
<tr><td>可溶性固形物（20 ℃，未校正酸度）（%）</td><td>≥10.0</td><td>≥11.2</td><td></td></tr>
<tr><td>蔗糖（g/kg）</td><td colspan="2">≤50.0</td><td></td></tr>
<tr><td>葡萄糖（g/kg）</td><td colspan="2">20.0～35.0</td><td></td></tr>
<tr><td>果糖（g/kg）</td><td colspan="2">20.0～35.0</td><td></td></tr>
<tr><td>葡萄糖/果糖</td><td colspan="2">≤1.0</td><td></td></tr>
<tr><td>果汁含量（g/100 g）</td><td colspan="2">100</td><td>≥10</td></tr>
</table>

（3）橙汁及橙汁饮料微生物指标见表6－10。

表6－10　橙汁及橙汁饮料微生物指标

<table>
<tr><th>项目</th><th>低温复原果汁</th><th>其他</th></tr>
<tr><td>菌落总数（cfu/mL）</td><td>≤500</td><td>≤100</td></tr>
<tr><td>大肠菌群（MPN/100 mL）</td><td>≤30</td><td>≤3</td></tr>
<tr><td>霉菌（cfu/mL）</td><td>≤20</td><td>≤20</td></tr>
<tr><td>酵母（cfu/mL）</td><td>≤20</td><td>≤20</td></tr>
<tr><td>致病菌（沙门菌、志贺菌、金黄色葡萄球菌）</td><td colspan="2">不得检出</td></tr>
</table>

（二）浓缩果蔬汁（苹果清汁）饮料工作过程

1. 工艺流程 原料的选择→清洗分选→预处理→破碎→取汁→粗滤→灭酶→冷却→离心分离→酶法澄清（果胶酶）→过滤→浓缩→调配（糖、酸）→杀菌→灌装→密封→冷却→成品。

2. 原料辅料 红富士苹果 2.5 kg、柠檬酸 8 g、白糖 200 g、抗坏血酸 0.02 g、明胶 6 g、果胶酶制剂 0.05 g。

3. 加工工艺

（1）原料的品种选择 制作苹果汁选择香味浓郁、含糖量高、酸甜适口、果汁丰富、榨汁容易、成熟度适宜的红富士苹果。

（2）清洗、拣选 先将果实放在一条长输送带上，输送带的速度一般为 0.2 ~0.5 m/s，工作时工人站在输送带的两侧将腐烂霉变、有病虫害、有机械损伤的不合格果实剔除。榨汁前原料要充分清洗干净。先将苹果在水槽中浸泡一定时间，然后将浸泡一定时间的果实送至旋转式清洗机，果实在翻转过程中，用喷嘴向果实喷水，进行冲洗或高压喷洗。喷嘴水流量以 21 ~23 L/min 为宜，喷嘴与果实间距离为 17 ~18 cm。喷洗压力高时效果好，但强度以不能损伤苹果为宜，一般为 0.8 ~0.9 MPa。喷洗效果决定于洗涤水的压力、流量和时间。对于农药残留量较多的果实，将其放在化学混合溶液（1.0% 的氢氧化钠和 0.1% ~0.2% 的洗涤剂混合）中浸泡 10 分钟，最后再用清水喷淋，彻底冲洗干净表面的洗涤液。

（3）预处理 苹果可以用旋皮机进行机械去皮，也可人工去皮。用去心器的中央通过苹果茎刺进苹果，一路推动去心器，也可用水果刀穿过苹果沿核切开，去核。

（4）破碎 将清洗挑选后去过皮、核的苹果放入锯齿式破碎机中进行破碎。设备运转时，水果由前道工序经输送系统送入破碎机入料口，由螺旋输料器将物料推向破碎腔，在破碎腔内由于三叶破碎器的旋转作用产生的切向分力将物料抛向定子筛筒内壁。由于叶片与筛筒内安装的破碎刀的相对运动而产生的撞击及切割作用将物料破碎，可通过粒度调节装置改变排料口处排料间隙而控制所要求的破碎粒度。苹果是仁果类水果，比浆果类水果的硬度高，皮和肉质致密、坚硬，破碎后苹果果块粒度最好在 3 ~5 mm 为宜，并尽量避免物料与空气的接触，以防止果肉的褐变。定量加入酶制剂，酶解温度为 45 ℃左右，处理时间为 2 小时，以提高出汁率。同时，为防止破碎的苹果中酚类物质在多酚氧化酶的作用下发生褐变，常添加适量的抗坏血酸溶液。采用喷淋式添加方式，一边破碎一边向已破碎好的物料中喷洒护色剂。

（5）取汁 将酶解后破碎过的果蔬浆用带式榨汁机榨汁。设备工作时，经破碎待压榨的固液混合物从喂料盒中连续均匀地送入下网带和上网带之间，被两网带夹着向前移动，在下弯的楔形区域，大量汁液被缓缓压出，形成可压榨的滤饼。当进入压榨区后，由于网带的张力和带 L 形压条的压辊的作用将汁液进一步压出，汇集于汁液收集槽中，然后由于压辊的直径递减，使网带间的滤饼所受的表面压力与剪力递增，保证了最佳的榨汁效果。通过此方式控制出汁率为 70% ~85%。破碎压榨出的新鲜果蔬汁中含有较多的悬浮物和微小颗粒，这影响到果蔬汁的外观状态和风味，应立即通过筛滤器进行粗滤，分离出果肉浆。筛滤器使用不锈钢回转筛，滤网孔大小约为 0.5 mm。

（6）灭酶、冷却　为了杀死果汁中的各种微生物和钝化多酚氧化酶与果胶酶，筛滤后的果汁立即进行热处理，采用高温瞬时杀菌，在 90 ~ 95 ℃温度下保持 30 秒，然后迅速冷却到 50 ℃左右。

（7）离心分离　将制得的苹果原汁放在离心机的试管中，进行离心分离，放置试管时要遵守离心机使用规程，保持离心平衡。

（8）澄清　用柠檬酸将离心分离后的苹果原汁调整 pH 至 3.0 ~ 3.5 中，然后将果胶酶溶液按比例缓慢加入到果汁中，并不断地进行搅拌 15 ~ 30 分钟，使之混合均匀，然后升温至 50 ~ 55 ℃，保温 45 ~ 60 分钟进行酶法澄清。

（9）过滤　将澄清处理后的苹果汁使用硅藻土过滤机进行过滤处理，分离其中的沉淀物和悬浮物，使果汁饮料呈澄清透明状。

（10）浓缩　苹果汁浓缩设备的蒸发时间通常为几秒钟或几分钟，蒸发温度通常为 55 ~ 60 ℃。在这样短的时间和这样低的蒸发温度下，不会产生使产品成分和感官质量出现不利的变化。如果浓缩设备的蒸发时间过长或蒸发温度过高，苹果浓缩汁会因蔗糖焦化和其他反应产物的出现而变色和变味。羟甲基糠醛含量可以用来判断苹果浓缩汁的热处理效果。澄清果汁经真空浓缩设备浓缩到 1/5 ~ 1/7，糖度 65% ~ 68%。

（11）调配　调配主要是调整苹果汁饮料的糖酸比。苹果清汁饮料质量规格为可溶性固形物 12% ~ 15%，总酸 0.3% ~ 0.6%，原果汁的含量 40% 左右，因此，根据测定的原果汁的糖度、酸度、用量等，用砂糖和食用酸对所配置饮料的糖酸比进行调整。

在真空浓缩后的苹果汁中按配方要求加入白糖、柠檬酸、羧甲基纤维素钠溶液进行调配，糖酸调整时，先按要求用少量水或果蔬汁使糖或酸溶解，配成浓溶液并过滤，然后再加入果蔬汁中放入夹层锅内，充分搅拌调和均匀后，测定其含糖量，如不符合产品规格，可再进行适当调整，最终调整成品糖度为 12% 左右，酸度为 0.4% 左右，使糖酸比在大多数人能接受的范围内（13∶1）~（15∶1），最后可以加入微量着色剂、苹果香精调整香味和色泽。

（12）杀菌　调配好的苹果汁在温度 105 ~ 110 ℃下杀菌，保持 15 ~ 30 秒，以杀死果蔬汁中的致病菌、产毒菌、腐败菌，并破坏果蔬汁中的酶，使果汁在贮存期内不易变质。

（13）灌装　将经过杀菌的苹果清汁在不低于 80 ℃的温度下趁热灌装封口，封口后将瓶子倒置 10 ~ 30 秒，对瓶盖杀菌后立即进行降温，以免破坏果汁的营养成分，冷却后进行包装即为成品。

4. 产品质量标准　系引用中华人民共和国国家标准《浓缩苹果汁》（GB/T 18963—2012）。

（1）浓缩苹果汁感官指标见表 6 – 11。

表 6 – 11　浓缩苹果汁感官指标

项目	浓缩苹果清汁	浓缩苹果浊汁
香气及滋味	具有苹果固有的滋味和香气，无异味	
外观形态	澄清透明，无沉淀物，无悬浮物	均匀黏稠的汁液，久置允许有少许沉淀
杂质	无正常视力可见的外来杂质	

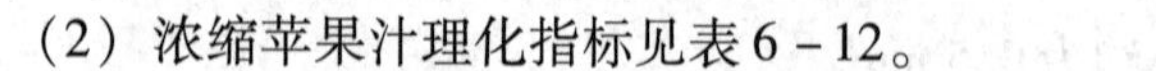

（2）浓缩苹果汁理化指标见表 6 – 12。

表 6-12　浓缩苹果汁理化指标

项目	浓缩苹果清汁	浓缩苹果浊汁
可溶性固形物（20 ℃，以折光计）（%）	≥65.0	≥20.0
可滴定酸（以苹果酸计）（%）	≥0.70	≥0.45
花萼片和焦片数（个/100 g）	—	<1.0
透光率（%）	≥95.0	≤10.0
浊度（NTU）	≤3.0	—
色值	—	≤0.08
不溶性固形物（%）	—	≤3
富巴酸（mg/L）	≤5.0	—
乳酸（mg/L）	≤500	—
羟甲基糠醛（mg/L）	≤20	—
乙醇（g/kg）	≤3.0	≤3.0
果胶试验	阴性	—
淀粉试验	阴性	—
稳定性试验（NTU）	≤1.0	—

注 1：检测项目除可溶性固形物、可滴定酸、花萼片和焦片数外，其余项目清汁和浊汁分别在可溶性固形物为 11.5% 和 10.0% 的条件下测定。

注 2：浊汁的可滴定酸含量是以可溶性固形物为 20.0% 规定的，若可溶性固形物含量提高，可滴定酸含量按比例相应提高。

考核要点

1. 澄清果蔬汁的澄清和精滤。
2. 浑浊果蔬汁的均质和脱气。
3. 浓缩果蔬汁的浓缩与脱水。
4. 果蔬汁的糖酸调整与混合。
5. 浑浊果蔬汁饮料加工工艺及操作要点。
6. 浓缩果蔬清汁饮料加工工艺及操作要点。

第三节　植物蛋白饮料加工技术

扫码“学一学”

植物蛋白饮料是指用一定蛋白质含量的植物的果实、种子或果仁等为原料，经加工制得（可经乳酸菌发酵）的浆液中加水，或加入其他食品配料制成的饮料。

根据 NY/T 433—2014《绿色食品　植物蛋白饮料》，植物蛋白饮料可分为豆乳类饮料、椰子乳（汁）饮料、杏仁乳（露）饮料、核桃乳（露）饮料、花生乳（露）饮料、其他植物蛋白饮料及复合蛋白饮料 7 类。

一、工作要点

（一）选料及原料预处理

要生产出高质量的植物蛋白饮料，原料的质量至关重要。通常生产植物蛋白饮料宜选择新鲜、子粒饱满均匀、无虫蛀、无霉烂变质、成熟度较高的植物籽仁。劣质的原料，有

的因贮藏时间过长脂肪部分氧化产生哈喇味，同时影响其乳化性能；有的部分蛋白质变性，经高温处理后易完全变性而呈豆腐花状；若有霉变的则可能产生黄曲霉毒素，影响消费者健康。

各种植物蛋白饮料的原料——植物籽仁，大部分都有外衣及外壳，需进行处理和加工。采用干法脱皮的植物籽仁，应控制含水量，才能提高脱皮效果。湿法脱皮则应使植物籽仁充分吸收水分，脱皮效果才明显提高。原料的预处理应针对不同的植物蛋白饮料采用适当的预处理措施。

（二）浸泡、磨浆

经过预处理的植物籽仁，一般都先经浸泡工序。植物籽仁通过浸泡，可软化细胞结构，疏松细胞组织，降低磨浆时的能耗与设备磨损，提高胶体分散程度和悬浮性，提高蛋白质的提取率。浸泡时，要根据季节调节浸泡温度及浸泡时间，通常夏季浸泡温度稍低，浸泡时间稍短，冬季浸泡水温稍高，浸泡时间适当延长。

浸泡好的植物籽仁在磨浆前，要清除杂质。先经磨浆机进行粗磨，加水量应一次加足，量不可太少，以免影响原料提取率。一般控制在配料水量的50% ~70%，然后送入胶体磨进行细磨，使其组织内蛋白质及油脂充分析出，以提高原料利用率。通过粗、细磨后的浆体中应有90%以上的固形物可通过150目筛孔。

（三）浆渣分离

各种原料经过粗、细磨浆后，通过三足式不锈钢离心机进行分离（转鼓内滤袋用绢丝布、帆布等过滤材料制作），其渣除了作为饲料外，还可进一步进行烘干，作为其他加工产品的原料。经过分离得到的汁液，就是生产植物蛋白饮料的主要原料。

有些植物蛋白品种的提取液，由于油脂含量较高，部分生产厂家采用高速离心分离的方法，将其中部分油脂分离，但是，许多植物蛋白饮料良好的香味主要来自其油脂，且植物籽仁的油脂中含有大量不饱和脂肪酸，并有人体不能合成的必需脂肪酸。因此，在加工工艺上，尽量将其油脂保留在饮料中，以提高产品的本色香味。合理选择具有高乳化稳定效果的乳化剂与稳定剂，可以得到品质稳定均一的优良产品。

（四）加热调制

经过分离得到的汁液，按照各种配方进行调制，将余下的30% ~50%水量，用于溶解各种乳化剂、增稠剂，还有白砂糖、甜味剂等。为了使乳化剂、增稠剂溶解均匀，可用砂糖作为分散介质，加水调匀。将乳化剂、增稠剂与分离汁液混合均匀，混合设备可采用胶体磨，以增加饮料的口感、细腻感。然后通过列管式或板式热交换器加热升温到所需的温度。

加热调制是生产各种植物蛋白饮料关键工序之一，不同的品种采用不同的乳化剂与增稠稳定剂及添加量。应严格控制加热温度、加热时间，以防止蛋白质变性。同时严格控制好饮料的pH，避开蛋白质的等电点（pH 4.0 ~5.5），以确保形成均匀、乳白的饮料。

（五）真空脱臭

植物蛋白饮料由于其原料的特性及生产特性，极易产生青草臭和加热臭等异臭。真空脱臭法是有效除去植物蛋白饮料中不良风味的方法。将加热的植物蛋白饮料于高温下喷入真空罐中，部分水分瞬间蒸发，同时带出挥发性的不良风味成分，由真空泵抽出，脱臭效果显著。一般操作控制真空度在26.6～39.9 kPa。

（六）均质

均质是生产优质植物蛋白饮料不可缺少的工序。均质过程将原先粗糙的植物蛋白加工成极微细的颗粒，通过均质可防止脂肪上浮，使吸附于脂肪球表面的蛋白质量增加，缓和变稠现象，同时提高产品消化性，增加成品的光泽度，改善成品口感，提高产品的稳定性。

（七）灌装杀菌

植物蛋白饮料通常先进行巴氏杀菌，然后热灌装，密封后再进行二次杀菌和冷却。有些品种易引起脂肪析出、产生沉淀、蛋白质变性等问题，制品在高温下长时间加热，部分热不稳定的营养成分容易受到破坏，色泽加深、香气损失、产生煮熟味、口味明显下降。因此，也可采用超高温瞬时杀菌和无菌包装的方式。然后迅速冷却，可显著提高产品色、香、味等感官质量，又能较好地保持植物蛋白饮料中的一些对热不稳定的营养成分。

二、设备及材料

1. 设备　均质机、灌装机、真空泵、混料机、磨浆机、胶体磨、杀菌机等。

2. 材料　原料（大豆、杏仁、核桃、花生、椰子等），甜味剂、乳化剂、稳定剂、香料等食品添加剂。

三、工作过程

（一）豆乳类饮料加工工作过程

1. 工艺流程

原料大豆→清洗、浸泡→脱皮→钝化酶、磨浆→分离过滤→调制→高温杀菌→脱臭→

均质{杀菌→无菌包装→成品
　　　灌装、密封→杀菌→冷却→成品

2. 加工工艺

（1）原料的选择　豆乳原料宜选用脂肪含量高的大豆，选取粒度一致且含水量在12%以下的原料大豆。

（2）浸泡　大豆表面有很多微细皱纹、泥土和微生物附着其中，浸泡前应进行充分清洗。通过浸泡软化大豆组织结构，降低磨浆时的能耗与磨损，有利于蛋白质的萃取，提高蛋白质提取率。浸泡时间视水温不同而异，浸泡用水为大豆的3～4倍质量。

当浸泡水表面有少量泡沫，表皮平滑而涨紧，用手搓豆较易分成两半，子叶横断面光滑平整，中心部位与边缘色泽一致，表明浸泡时间已够。浸泡后大豆的质量约为原重的2.2倍。浸泡水中加入$NaHCO_3$，可更有效地软化组织结构，缩短浸泡时间，并能较好地脱除大豆中的色素，对增加豆奶的乳白度有一定的辅助作用，同时对去除豆腥味也有明显效果。

（3）脱皮　有干法脱皮和湿法脱皮两种，但以干法脱皮为好。脱皮可以去除叶等杂质，减少土壤菌，去除胚轴、皮的涩味及胚轴苦味、收敛味，抑制起泡性，改进豆乳风味以及缩短灭酶所需要的加热时间，因而可以减少蛋白质变性和防止褐变，对豆乳质量的影响

很大。

（4）磨浆及灭酶　豆乳中含有20多种酶，这些酶在豆乳制造中产生豆腥味、苦味、涩味等，影响豆乳风味；有的还不利于人体消化，产生毒性分解物。目前钝化脂肪氧化酶的工艺一般采用热磨法或在磨前进行热烫，若采用热烫，温度控制在95～100 ℃，即将浸泡后的大豆均匀地经过沸水或蒸汽2～3分钟，也可把磨好的豆浆经过高温瞬时杀菌处理。

对灭酶后的大豆进行磨浆，磨浆采用胶体磨或自动磨浆设备。磨浆时，注入相当于大豆质量8倍的80 ℃热水，也可注入0.25%～0.5%的$NaCO_3$溶液，以增进磨碎效果。为了提高固形物的提取率，经粗磨后的浆体再泵入超微磨中，使95%的固形物可以通过150目筛。然后用沉降式离心分离机使浆渣分离，使豆渣的水分控制在80%左右。

（5）调制　分离后的原豆乳蛋白质含量高，但风味不佳，需在调制罐中将豆乳、营养强化剂、赋香剂和稳定剂等调和在一起，充分搅拌均匀，并用软饮料用水调整至成不同风味的饮料。①添加稳定剂。豆乳的稳定性与黏度有关，可使用增稠剂如CMC－Na、海藻酸钠、黄原胶等来提高产品稠度，用量为0.05%～0.1%，生产中常用多种乳化剂、增稠剂配合使用以增强效果。②添加赋香剂。生产中常用奶粉、鲜奶、可可、咖啡、椰浆等香味物质调制成各种风味的豆乳，还掩盖豆乳本身的豆腥味。③添加营养强化剂。豆乳中的含硫氨基酸、维生素A、维生素D、钙等含量较低，需进行强化。

（6）高温瞬时灭菌　调配好的豆乳应进行高温瞬时灭菌（UHT），杀菌条件为120～140 ℃、10～15秒，该条件可以使耐热性细菌致死，同时去除有碍消化的胰蛋白酶抑制剂。

（7）脱臭　脱臭一般在真空度为在0.03～0.04 MPa的真空罐中进行，真空度不宜过高，以防气泡冲出。脱臭温度一般在75 ℃以下，该温度对乳化和均质也适合。

（8）均质　一般均质条件为压力20～25 MPa，温度80～90 ℃，均质两次。

（9）冷却　采用板式换热器冷却至10 ℃以下（最好在2～4 ℃）。

（10）包装　对冷却后的豆乳进行无菌包装。

（11）二次杀菌与冷却　为了提高豆乳饮料的保藏性，除采用无菌包装和进行冷藏外，一般在灌装包装后进行二次杀菌和冷却。采用这种工艺的豆乳需要使用玻璃瓶或金属罐包装，杀菌公式一般为10分钟—20分钟—15分钟/（121±3）℃，杀菌后冷却至37 ℃。

3. 产品质量标准　系引用中华人民共和国国家标准《植物蛋白饮料　豆奶和豆奶饮料》（GB/T 30885—2014）。

（1）感官要求见表6－13。

表6－13　豆乳类饮料感官要求

项目	要求	
	原浆豆奶、浓浆豆奶、调制豆奶、豆奶饮料	发酵豆奶
色泽	乳白色、微黄色或具有与添加成分相符的色泽	
滋味和气味	具有豆奶或发酵型豆奶应有的滋味和气味，或具有与添加成分相符的滋味和气味，无异味	
组织状态	组织均匀、无凝块、允许有少量蛋白质沉淀和脂肪上浮，无正常视力可见外来杂物	组织细腻均匀，允许有少量上清液析出，或具有添加成分特有的组织状态，无正常视力可见外来杂物

（2）理化要求见表 6－14。

表 6－14　豆乳类饮料理化要求

项目	指标			
	豆奶		豆奶饮料	
	浓浆豆奶	原浆豆奶、调制豆奶、发酵豆奶	调制豆奶饮料	发酵豆奶饮料
总固形物（g/100 mL）	≥8.0	≥4.0	≥2.0	
蛋白质（g/100 g）	≥3.2	≥2.0	≥1.0	
脂肪（g/100 g）	≥1.6	≥0.8	≥0.4	
脲酶活性	阴性			

（二）椰子乳（汁）饮料加工工作过程

1. 工艺流程　原料椰子→去皮→破壳→刨肉→浸泡→磨浆→过滤→调配→脱气→均质→杀菌→灌装、密封→二次杀菌→冷却→检验→成品。

2. 加工工艺

（1）剥壳取肉　用利刀剖开表皮，用力撕拉椰衣，将露出的球状坚果冲洗后，用竹筷等尖锐物将果壳顶部芽眼戳破其中两个，可吸出椰汁或倒出椰汁，然后将椰壳一分为二，椰肉附着壳壁，呈白色乳脂状，质脆华润，入口清香。

（2）浸泡、磨浆和过滤　椰肉漂洗后浸于 60～80 ℃的热水中 10～20 分钟，浸泡后破碎果肉并磨浆。磨浆时加水量为椰肉量的 2.5～3.0 倍。采用热水磨浆法，温度 60～80 ℃。可以进行两次磨浆，一次粗磨一次细磨。磨浆后两次过滤，筛网分别为 100 目和 200 目，也可以采用离心过滤。椰蓉（椰渣）可以用水冲洗后回收其中残留的水溶性蛋白质。

（3）调配　在过滤后的椰子汁中添加甜味剂、乳化剂和稳定剂。乳化剂和稳定剂可分别用其量 4～5 倍的热水，在 60～70 ℃温度下搅拌 3～5 分钟后按先后顺序加入椰子汁中，添加时要不断搅拌。为防止 pH 接近其等电点，可适当加入一些 pH 调节剂，配料温度一般 60～70 ℃。

（4）脱气与均质　脱气真空度 67～80 kPa。均质压力 18～20 MPa，均质温度 60～75 ℃。

（5）灌装与杀菌　均质后将椰子汁加热至 85～95 ℃，进行巴氏杀菌，并进行热灌装，密封后再进行二次杀菌和冷却，杀菌公式为 10 分钟—20 分钟—15 分钟/121 ℃，杀菌后冷却至 37 ℃。

3. 产品质量标准　系引用轻工行业标准《植物蛋白饮料　椰子汁及复原椰子汁》（QB/T 2300—2006）。

（1）感官要求见表 6－15。

表 6－15　椰子乳（汁）感官要求

项目	要求
色泽	呈均匀一致的乳白色或微灰白色
滋味和气味	具有椰子果肉特有的滋味和气味，无异味
组织状态	呈均匀细腻的乳浊液，允许有少量脂肪上浮和蛋白质沉淀，但摇动后仍能均匀一致
杂质	无正常视力可见外来杂质

（2）理化要求见表6－16。

表6－16　椰子乳（汁）理化要求

项目	指标
可溶性固形物（20 ℃，以折光计）（%）	≥8.0
蛋白质（g/100 g）	≥0.5
脂肪（g/100 g）	≥1.0

注：低糖型产品的可溶性固形物含量（20 ℃，以折光计）为3.0%～6.0%，无糖型产品应符合GB 13432的规定，本标准对无糖型产品的可溶性固形物含量不做规定。

（三）杏仁乳（露）加工工作过程

1. 工艺流程　脱苦杏仁→消毒、清洗→烘干→粉碎→榨油→研磨→杏仁糊→过滤→调配→脱气→均质→杀菌、灌装→密封→杀菌→冷却→保温→检验→成品。

2. 加工工艺

（1）消毒　清洗将脱苦杏仁浸泡在浓度0.35%的过氧乙酸中消毒，10分钟后取出用水洗净。

（2）烘干、粉碎、榨油　洗净杏仁在65～70 ℃烘干20～24小时，然后进行粉碎、榨油。

（3）研磨　杏仁可以采用两级研磨，磨浆时的料水比1∶（8～10），杏仁糊需经200目筛过滤，控制微粒细度20 μm左右。磨浆时可添加0.1%的焦磷酸钠和亚硫酸钠的混合液进行护色。

（4）调配　通过调配使杏仁含量5%，砂糖用量6%～14%，以8%为佳，乳化剂用量0.3%，杏仁香精0.02%，此时产品呈乳白色，风味好，无挂杯现象。调配好的杏仁液pH＝7.1±0.2，在均质前可再次经过200～240目的筛滤。另外，需添加0.03%～0.4%的乳化稳定剂。

（5）均质　调配好的杏仁液温度为60～70 ℃，采用两次均质，均质压力分别为18 MPa和28 MPa。均质后的杏仁颗粒直径＜5 μm。

（6）杀菌、灌装　采用巴氏杀菌，杀菌温度75～80 ℃，杀菌后及时进行热灌装。灌装密封后进行二次杀菌和冷却，杀菌公式为10分钟—20分钟—15分钟/(121±3) ℃，杀菌后冷却至37 ℃。

3. 产品质量标准　系引用食品安全国家标准《植物蛋白饮料　杏仁露》（GB 31324—2014）。

（1）感官要求见表6－17。

表6－17　杏仁乳（露）感官要求

项目	要求
色泽	乳白色或微灰白色，或具有与添加成分相符的色泽
滋味与气味	具有杏仁应有的滋味和气味，或具有与添加成分相符的滋味和气味，无异味
组织状态	均匀液体，无凝块，允许有少量蛋白质沉淀和脂肪上浮，无可见外来杂质

（2）理化要求见表6－18。

表6-18　杏仁乳（露）理化要求

项目	要求
蛋白质（g/100 g）	≥0.55
脂肪（g/100 g）	≥1.35
棕榈烯酸/总脂肪酸（%）	≥0.5
亚麻酸/总脂肪酸（%）	≥0.12
花生酸/总脂肪酸（%）	≥0.12
山嵛酸/总脂肪酸（%）	≥0.05

（四）花生乳（露）加工工作过程

1. 工艺流程　原料花生→去壳→去皮→浸泡→磨浆→离心分离→调配→脱气→均质→杀菌→灌装、密封→二次杀菌→检验→成品。

2. 加工工艺

（1）去皮　即脱除花生仁外表的红衣。脱红衣可以改善和提高饮料的色泽，避免带入花生衣产生的涩味。去皮的方法有烘烤脱衣和热烫脱衣两种。

（2）浸泡　浸泡可提高花生营养物质的提取率，便于磨浆，同时使花生仁中的脂肪氧化酶失活，并破坏果仁可能污染的黄曲霉毒素。浸泡时料水比一般为1∶3，在浸泡时可添加0.25%～0.5%的$NaHCO_3$以提高浸泡效率。浸泡液pH控制在7.5～8.5之间。

（3）磨浆　采用两次磨浆法。粗磨用砂轮磨，磨浆时料水比一般为1∶（8～10），根据生产条件和饮料种类决定，粗浆分离采用100目筛网；精磨用胶体磨，使花生浆粒细度达到100～200目。

（4）调配　配料时可以将乳化剂、乳化稳定剂等与部分花生浆混合，通过胶体磨均匀混合后加入其余花生浆中，然后将其与糖浆混合。配料时料液温度60～65 ℃，为了提高产品稳定性，有时在配料时添加螯合剂，例如聚磷酸盐，一般用量为0.3%～0.4%。

（5）脱气与均质　真空度70～80 kPa进行脱气，均质压力20～30 MPa。

（6）杀菌与灌装　均质后进行巴氏杀菌，杀菌温度85～90 ℃，然后进行热灌装。

（7）二次杀菌与冷却　灌装密封后进行二次杀菌，杀菌公式10分钟—20分钟—15分钟/121 ℃，杀菌后冷却至37 ℃。

3. 产品质量标准　系引用轻工行业标准《植物蛋白饮料　花生乳（露）》（QB/T 2439—1999）。

（1）感官指标见表6-19。

表6-19　花生乳（露）感官指标

项目	要求
色泽	呈均匀一致的乳白色或微灰白色
滋味和气味	具有花生仁特有的香气与滋味，无异味
组织状态	呈均匀状的乳浊液，久置后允许有少量沉淀，但经摇匀后仍呈均匀状态
杂质	无肉眼可见外来杂质

（2）理化指标见表6-20。

表6-20 花生乳（露）理化指标

项目	指标	
	清淡型	浓甜型
可溶性固形物（20 ℃，以折光计）（%）	≥4.0	≥8.0
蛋白质（%）	≥0.8	
脂肪（%）	≥1.0	
pH（20 ℃）	6.0～8.0	
食品添加剂	应符合 GB 2760 的规定	
砷（以 As 计）（mg/L）	≤0.2	
铅（以 Pb 计）（mg/L）	≤0.3	
铜（以 Cu 计）（mg/L）	≤5.0	

（3）微生物指标见表6-21。

表6-21 花生乳（露）微生物指标

项目	要求
菌落总数（cfu/mL）	≤100
大肠菌群（MPN/100 mL）	≤3
致病菌（系指肠道致病菌和致病球菌）	不得检出
霉菌、酵母（cfu/mL）	≤20

（五）核桃乳（露）加工工作过程

1. 工艺流程 原料核桃仁→预处理→脱种皮→浸泡→磨浆→浆渣分离→调配→脱气→均质→杀菌→灌装、密封→二次杀菌→冷却→检验→成品。

2. 加工工艺

（1）原料验收 选择质地饱满、肉色黄白或虎皮色核桃仁，剔除霉烂、虫蛀、干瘪、黑色及氧化败坏的果仁及其他异物，用水将核桃仁冲洗干净，去掉泥沙、浮皮及其他杂质。

（2）脱种皮 种皮富含单宁，会引起涩味，且易于氧化、与金属离子反应生成褐黑色物质。一般采用水浸法或干燥法脱去种皮。

（3）浸泡 用净化水浸泡核桃仁使其吸水胀润，便于磨浆。核桃仁与水的比例为1∶（2～3），浸泡时间8～12小时，隔3～4小时换一次水，换水时注意清除坏仁等杂质。

（4）磨浆、过滤 浸泡后使用砂轮磨粗磨，磨浆料水比1∶（3～5），磨至呈均匀浆状时再用胶体磨精磨，精磨时添加1%亚硫酸钠溶液护色，防止褐变，待磨至成均匀乳状液时用160～200目筛网过滤以保证产品质量。

（5）调配 调整核桃浆pH至7.0～9.0，在过滤的乳状浆中添加糖及其他添加剂搅拌，混合均匀。

（6）均质与杀菌 为了保持乳液稳定性，需要经过30～50 MPa的均质处理，使蛋白质、油脂等形成均匀的水包油型乳浊液，避免脂肪上浮或蛋白颗粒聚沉等现象。

杀菌温度85～90 ℃，热封后的二次杀菌，采用10分钟—20分钟—15分钟/121 ℃杀菌工艺，杀菌后冷却至37 ℃左右。

3. 产品质量标准 系引用国家标准《植物蛋白饮料 核桃乳（露）》（GB/T 31325—

2014）。

（1）感官要求见表6-22。

表6-22 核桃乳（露）感官要求

项目	要求
色泽	乳白色、微黄色，或具有与添加成分相符的色泽
滋味与气味	具有核桃应有的滋味和气味，或具有与添加成分相符的滋味和气味，无异味
组织状态	均匀液体，无凝块，允许有少量蛋白质沉淀和脂肪上浮，无可见外来杂质

（2）理化要求见表6-23。

表6-23 核桃乳（露）理化要求

项目	要求
蛋白质（g/100 g）	≥0.55
脂肪（g/100 g）	≥2.0
油酸/总脂肪酸（%）	≤28
亚油酸/总脂肪酸（%）	≥50
亚麻酸/总脂肪酸（%）	≥6.5
（花生酸+山嵛酸）/总脂肪酸（%）	≤0.2

考核要点

1. 豆乳类饮料加工过程中钝化酶的作用。
2. 植物蛋白饮料加热调制时的注意事项。

第四节 碳酸饮料加工技术

扫码“学一学”

《碳酸饮料（汽水）》（GB/T 10792—2008）对碳酸饮料的定义为：在一定条件下充入二氧化碳气的饮料，不包括由发酵法自身产生二氧化碳气的饮料。碳酸饮料通常由水、甜味剂、酸味剂、香精香料、色素、二氧化碳气体及其他原辅料配合而成（俗称汽水），可分为以下4类：果汁型碳酸饮料、果味型碳酸饮料、可乐型碳酸饮料、其他型碳酸饮料。

一、工作要点

（一）碳酸气的制备

1. 二氧化碳的制取 二氧化碳的来源主要有两个方面。一是天然二氧化碳，天然的二氧化碳是由天然二氧化碳气井喷出的气体，其产生的二氧化碳气体纯度可达80%～95%，有的达99.5%；二是发酵产生的二氧化碳，这主要是乙醇、白酒和啤酒生产中酵母利用葡萄糖后生成乙醇和二氧化碳。由此所产生的二氧化碳含量一般可达95%～99%。目前，这种方法是饮料厂所用二氧化碳的主要来源。

2. 二氧化碳的净化 二氧化碳的净化应根据其来源及杂质情况区别进行。对含硫的天然二氧化碳气应先脱硫；发酵产生的二氧化碳常含有气味和杂质，需进行氧化和活性炭吸附；化工厂的废气二氧化碳带有硫化氢和各种怪味，需经过碱洗、水洗、脱湿和活性炭吸附脱臭等处理。净化二氧化碳的过程一般是将二氧化碳气体由下而上依次通过高锰酸钾溶液塔、水洗塔、活性炭塔，使其中的杂质被氧化或被吸收，得到净化的气体。高锰酸钾的浓度一般为2% ~3%，并在溶液中加入纯碱。

3. 二氧化碳的质量标准 软饮料中常使用的发酵法液体二氧化碳质量应符合《食品安全国家标准 食品添加剂 二氧化碳》(GB 1886.228—2016)。

（二）糖浆的制备

碳酸饮料的主要原料是糖浆、二氧化碳和水。糖浆又称调和糖浆或调味糖浆，是指将甜味剂、酸味剂、香料和防腐剂等分别加入配料罐混匀后所得的浓稠状浆料。调和糖浆的配制在配料室进行，配料室是饮料生产中最重要的工作场所，它对清洁卫生的要求最严格。配料室要求与其他车间严格隔离，室内具备良好的清洗、消毒、排水、换气和防尘、防鼠、防蚊蝇等设备。

糖浆制备的生产工艺流程如下：砂糖→称量→溶解→净化过滤→杀菌、冷却→脱气→浓度调整→配料→精滤（均质）→杀菌→冷却→储存（缓冲罐）→糖浆。

1. 原糖浆的制备

（1）糖的溶解 按照配方把定量的砂糖溶解在定量的水中，制得的具有一定浓度的糖液，一般称为原糖浆或单糖浆。制备糖溶液首先需将砂糖溶解，砂糖的溶解（包括糖液的处理）分为间歇式和连续式两种。间歇式又可分为热溶和冷溶两种。配制后短期内使用的糖浆可采用冷溶法；零售饮料，纯度要求较高，或要求延长贮藏期的饮料，最好采用热溶法。

（2）糖的过滤 为了保证糖浆的质量，制得的糖溶液必须进行严格的过滤，以除去糖溶液中的细微杂质，如灰尘、纤维、砂粒和胶体，工厂一般采用不锈钢板框压滤机或硅藻土过滤机过滤糖溶液。

如果砂糖质量较差或者是对于一些特殊的饮料，如无色透明的白柠檬汽水，对糖溶液的色度要求很高，则要用活性炭（一般用量为砂糖质量的0.5% ~1.0%）吸附脱色以及硅藻土助滤的办法，使糖溶液达到要求。对于高质量的精细优质砂糖或饮料用糖，可采取普通的过滤形式净化，即以不锈钢丝网、帆布、绢布或化纤织物等为介质，进行热过滤或冷过滤。

（3）糖液的配制 ①糖溶液浓度的确定。一般确定糖溶液浓度为冷溶法45 ~65°Bx，热溶法55 ~65°Bx。糖溶液浓度小于55°Bx，糖溶液易腐败变质；糖溶液浓度大于65°Bx，保存性好，但冷却后黏度大，有时会有糖析出。糖液的浓度由制品甜度大小决定。②糖溶液的配制。糖液净化处理后，应按生产要求，配制到一定浓度。一般汽水的砂糖用量为10%左右，糖溶液用量为装瓶容量的15% ~20%（1/7 ~1/5）。配制糖液时，如果糖液浓度高，则黏度大，特别是冷冻糖液，容易造成糖液注入量的不稳定（尤其是采用“二次灌装”法时，注入量更不稳定），还会影响糖液与其他配料的混合，若搅拌过度则会因空气严重混入影响汽水质量；但如果糖液浓度太低，则会利于微生物的生长繁殖，容易造成发酵变质。一般把糖溶解为65%的质量浓度，再经配料调整糖液质量浓度。

在制备糖溶液时，首要问题是根据配方确定糖与水的用量。生产各种浓度的糖溶液，只需知道糖与水的质量，或知道糖溶液浓度及体积，即可求出所需糖与水质量（糖质量、水质量、糖液浓度及体积知道两者，求另二者)，可按下式计算。

$$加水量 = \frac{100\% - 糖的质量分数}{糖的质量分数} \times 加糖量$$

2. 糖浆的调配　为了制出不同风味的汽水，需在糖溶液中加入如防腐剂、酸味剂、香精香料、色素等辅料。不同品种之间的差别主要在于加入的甜味剂、酸味剂、香精等的种类以及量的多少和加入方法。为了使配方中的物料混合均匀，减少局部浓度过高而造成的反应，物料不能直接加入，而应预先制成一定浓度的水溶液，并经过过滤，再进行混合配料，这个过程称为糖浆的调配。

(1) 原料处理　①甜味剂。碳酸饮料使用的甜味剂有蔗糖、葡萄糖、果糖、麦芽糖以及高强度甜味剂糖精钠等，最多使用的是砂糖。碳酸饮料对所使用的糖在色度、纯度、灰分和二氧化硫含量等方面均有较高的要求。实际生产中为了使风味更好往往使用两种或两种以上的甜味剂。②酸味剂。酸味剂可用柠檬酸、乳酸、苹果酸、酒石酸、醋酸和磷酸等，酸味剂的选用随饮料的类型各异，一般碳酸饮料普遍使用柠檬酸。可乐型饮料多用磷酸，磷酸盐可以提高二氧化碳溶解性和改善饮用时的口感。葡萄糖饮料则宜使用乳酸或乳酸与柠檬酸的混合酸。③色素。多数饮料，包括果汁、果味和可乐型饮料都有各自一定的色调。多数果汁，特别是含有果肉的饮料本身会呈现某种色调，但其稳定性及均一性较差，生产中还需要用色素来增色。碳酸饮料用的较多的是合成色素，例如柠檬黄、日落黄、酸性红、焦糖色等。④防腐剂。碳酸饮料有一定的酸度，具有一定的防腐能力，但仍使用防腐剂是需进一步提高其防腐性能。碳酸饮料使用较多的防腐剂是苯甲酸及其钠盐、山梨酸及其钾盐。使用防腐剂时，一般先把防腐剂用90～95℃开水溶解成20%～30%的水溶液，生产时边搅拌边缓慢加入到糖液中，避免由于局部浓度过高与酸发生反应而析出产生沉淀，失去防腐作用。⑤香料。常用香精分为水溶性和油溶性，一般水溶性香精经滤纸过滤后可直接使用，油溶性香精需溶于7～10倍容积90%食用乙醇中。碳酸饮料使用的香精品种主要有柠檬、白柠檬、橘子、葡萄、菠萝、草莓、桃、苹果以及生姜、焦糖等。使用的天然果汁有柑橘、白柠檬、葡萄柚、柠檬、苹果、菠萝等果汁，果汁使用量一般为5%～10%。⑥水。水在饮料中所占的比例最大，因此水的质量也最重要，软饮料用水必须是软水，应该根据不同地区的水质和同一地区不同季节的变化，进行合理处理，以去除其中有碱度和硬度的盐类、悬浮物和微生物，消除水对饮料风味和色调以及其他质量的影响。

(2) 糖浆调配顺序　在调配糖浆时，首先应根据配方，正确计量每次配料所需的原糖浆、香料、色素和水等。各种配料溶于水后分别加入原糖浆中。配料时要注意加料顺序，调配顺序应遵循以下几个原则：①调配量大的先调入，如糖液；②配料容易发生化学反应的间隔开调入，如酸和防腐剂；③黏度大、起泡性原料较迟调入，如乳浊剂、稳定剂；④挥发性的原料最后调入，如香精、香料。调配过程首先在配料罐加入一定容积的糖浆，在不断搅拌的条件下，有顺序地加入各种原辅料。

(三) 碳酸化

碳酸化是指将二氧化碳和水混合的过程。碳酸化程度直接影响产品的质量和品质，是碳酸饮料生产的关键环节，所使用的设备为碳酸饮料混合机。

1. 影响碳酸化的因素

（1）温度和压力　压力小于5 MPa时，压力越大，二氧化碳的溶解度越大；压力不变的情况下，温度越低，二氧化碳的溶解度越大。一般碳酸化温度在3～5 ℃，二氧化碳压力为0.3～0.4 MPa。

（2）气体的纯度和杂质　二氧化碳在水中的溶解度与液体中存在的溶质的性质和二氧化碳气体的纯度有关。纯水含糖或含盐的水更容易溶解二氧化碳，而二氧化碳气体中的杂质则阻碍二氧化碳的溶解。最常见的影响碳酸化的因素是空气，当水中有空气存在时，不仅影响二氧化碳在水中的溶解，而且会促进霉菌和腐败菌等好气性微生物的生长繁殖，使饮料变质。

（3）二氧化碳与水的接触表面与接触时间　在温度和压力一定的情况下，二氧化碳与水的接触面积越大、接触时间越长在水中的溶解量就越大，因此，应选用水与二氧化碳接触面积大的设备，并做到能使水雾化成水膜，以增大与二氧化碳的接触面积，同时又能保证有一定的接触时间。

2. 碳酸化的方式　碳酸化的方式通常分为低温冷却吸收式和压力混合式两种。

低温冷却吸收式在二次灌装工艺中是把进入汽水混合机的水预先冷却至4～8 ℃，在0.45 MPa压力下进行碳酸化操作。在一次灌装工艺中则是把已经脱气的糖浆和水的混合液冷却至15～18 ℃，在0.75 MPa压力下与二氧化碳混合。低温冷却吸收式的缺点是制冷量消耗大，冷却时间长或容易由于水冷却程度不够而造成含气量不足，且生产成本较高。其优点是冷却后液体的温度低，可抑制微生物生长繁殖，设备造价低。

压力混合式是采用较高的操作压力来进行碳酸化，其优点是碳酸化效果好，节省能源，降低了成本，提高了产量；缺点是设备造价较高。

因为单靠提高二氧化碳的压力受到设备的限制，单靠降低水温效率低且能耗大，所以在碳酸化过程中通常采用两种方式相结合的方法。一般碳酸化系统由二氧化碳气调压站、水或混合液冷却器、混合机等组成。

（四）灌装

罐装是把混合糖浆和溶有二氧化碳的水充分混合后，加盖密封形成产品。其灌装方法有二次灌装和一次灌装两种方法。

1. 二次灌装法　二次灌装是指将调和糖浆通过灌装机（又称糖浆机或灌浆机）定量注入容器中，然后通过另一灌装机（又称灌水机）注入经冷却碳酸化的水，在容器内混合而成碳酸饮料的灌装方式。

对于含有果肉的碳酸饮料，采用二次灌装法较为有利，因为果肉颗粒通过混合机时容易堵塞喷嘴，不易清洗。两次灌装系统较为简单，但两次灌装只有水被碳酸化，糖浆没有被碳酸气饱和，两者接触时间短，气泡不够细腻，碳酸水混合后的成品中含气量下降，所以采用这种方式时，必须提高碳酸水的含气量，以便调和成品的含气量能达到预期。另一方面，调味糖浆与碳酸水温度不一致，在灌水时，容易激起多量泡沫，灌不满，使灌装困难。为此需要将调味糖浆进行冷却，使其接近碳酸水的温度。两次灌装法由于糖浆是预先定量灌装的，碳酸水的灌装量会由于瓶子容量不一致而导致成品饮料质量的差异。

2. 一次灌装法　一次灌装法是将调味糖浆与水预先按一定比例泵入汽水混合机内，进行定量混合，再冷却，并使该混合物吸收二氧化碳后装入容器，达到规定的含气量后立即灌装的方法。一次灌装法有两种形式：一是将各种原辅料按工艺要求配制成调和糖浆（基料），然后与碳酸水（充有二氧化碳的水）在配比器内按一定比例进行混合，进入灌装机一次灌装；二是将调和糖浆（基料）和水预先按一定比例泵入汽水混合机内，进行定量混合后再冷却，然后将该混合物碳酸化后再装入容器。

在一次灌装的混合机内常配置冷却器，这种灌装法使水和糖浆都得到冷却和碳酸化，冷却效果和碳酸化效果都比较好，工艺简单，适合高速灌装，普遍用于大型饮料厂。一次灌装法的优点是灌装时糖浆和水的混合比例较准确，不因容器的容量而变化，产品质量一致；浆水温度一致，不易起泡。这种灌装方法的缺点是不适用于带果肉碳酸饮料的灌装；设备较复杂，混合机与糖浆接触，洗涤与消毒要求较严等。

二、设备及材料

1. 设备　水处理设备、混料机、二氧化碳混合机、灌装机、全自动洗瓶机等。

2. 材料　水、二氧化碳、甜味剂、酸味剂、香料等食品添加剂。

三、工作过程

（一）工艺流程

1. 一次灌装法工艺流程

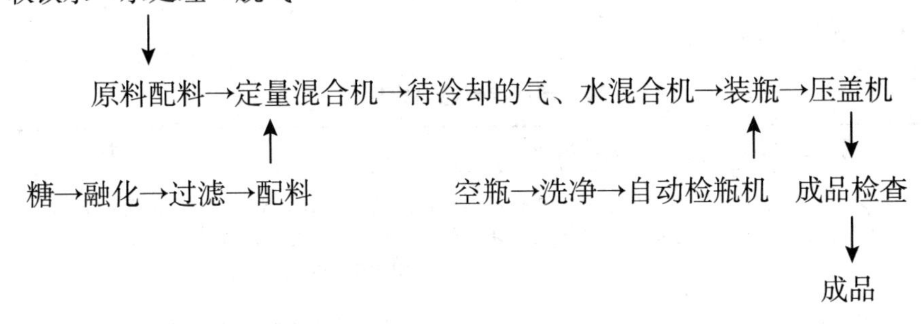

2. 二次灌装法工艺流程

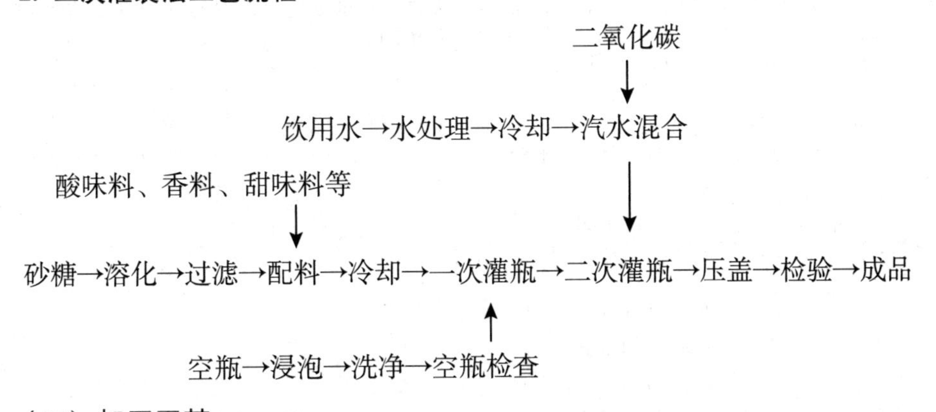

（二）加工工艺

1. 水处理　将自来水通过电渗析机处理或反渗透方法进行软化及除盐处理，同时将水中的杂质和溶解的固体物质大部分除去，除盐率约在90%。处理后的水用泵加压进入活性

炭过滤器，以去掉水中的不良味道，再经砂棒过滤后进一步除去水中的悬浮物和杂质，砂棒过滤也有除菌的作用。最后经紫外线杀菌器杀菌，冷却后即可使用。

2. 原糖浆制备 配料过程中，将甜味料、酸味料、香料和防腐剂等分别加入配料桶，混合后即为糖浆。将制好的糖浆与碳酸水混合后，即得终产品。

3. 碳酸化 即将二氧化碳和水混合的过程，碳酸化程度直接影响产品的质量和风味，是碳酸饮料生产的关键步骤。碳酸化系统包括二氧化碳混合机、冷却装置以及二氧化碳钢瓶或调压站。

4. 灌装 对一次使用的易拉罐、聚酯瓶等，由于包装严密，出厂后无污染，因而不需要清洗，或用无菌水洗涤喷淋即可用于生产。对于包装物为重复使用玻璃瓶，由于瓶中黏附的杂物及微生物残留较多，所以要将空瓶清洗干净、消毒后方可使用，洗瓶的基本过程包括浸瓶、喷射、刷瓶、滴干和验瓶，工厂一般会选用全自动洗瓶机。灌装要求：①达到预期的碳酸化水平；②保证糖浆和水的正确比例。二次灌装法成品饮料的最终糖度取决于灌浆量、灌装高度和容器的容量，要保证糖浆量的准确度和控制灌装高度；③保持合理和一致的灌装高度；④容器顶隙应保持最低的空气量；⑤密封严密有效；⑥保持产品稳定。常见灌装机类型有压差式灌装机、等压式灌装机和负压式灌装机。

5. 贴标 在灌装完成后，要给产品贴标。贴标前，对能看见内容物的碳酸饮料在灯光下进行目测检验，进一步观察有无杂质和漏气现象。贴标要求美观、协调、牢固。

（三）产品质量标准

碳酸饮料的质量标准系引用中华人民共和国国家标准《碳酸饮料（汽水）》（GB 10792—2008）。

1. 感官指标 见表6－24。

表6－24 碳酸饮料感官指标

项目	果汁型	果味型	可类型	其他型
香气	具有该品种鲜果之香气，香气较协调柔和	具有近似该品种鲜果之香气，香气较协调柔和	具有该品种应有之辛香和果香的混合香气，香气较协调柔和	具有该品种应有的香气，香气较协调柔和
滋味	具有该品种鲜果汁之滋味，味感纯正、爽口，酸甜适口，有清凉感	具有近似该品种鲜果汁之滋味，味感较纯正、爽口，酸甜较适口，有清凉感	口味正常、味感纯正、爽口，酸甜较适口，有清凉感	具有该品种应有的滋味，味感纯正，爽口，有清凉感
透明度浊度	清汁型：澄清透明，无沉淀；浑汁型：浑浊度均匀一致，浊度适宜，允许有少量果肉沉淀		澄清透明，无沉淀	清汁型：澄清透明；浑汁型：浑浊度均匀一致，浊度适宜
杂质	无肉眼可见的外来杂质			
液面高度	灌装后液面与瓶口的距离为2～4 cm			
泡沫	倒入杯内，泡沫高2 cm以上，持续时间2分钟以上			
瓶盖	不漏气，不带锈			
商标	端正，与内容一致			

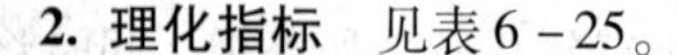

2. 理化指标 见表6－25。

表 6-25　碳酸饮料理化指标

项目	果汁型		果味型	可乐型	其他型
	高糖	中糖	低糖		
可溶性固形物（20 ℃折光计法）含量（%）	≥9.0	≥6.5 并 <10	≥4.5 并 <6.5	高糖≥9.0 低糖≥4.5	高糖≥9.0 低糖≥4.5
二氧化碳气容量（20 ℃容积倍数）		≥2.0～2.5		≥3.0	≥2.0
总酸（以适当的酸计）含量/（g/L）	≥1.2	≥1.0	≥0.60	≥0.80	≥0.60
咖啡因（mg/L）	—	—	≤150	—	
甜味剂			按 GB 2760 规定		
苯甲酸钠含量			<0.20 g/kg		
着色剂			按 GB 2760 规定		
乳化剂			按 GB 2760 规定		
食用香料			按 GB 2760 规定		
砷（以 As 计）含量			<0.5 mg/kg		
铅（以 Pb 计）含量			<1.0 mg/kg		
铜（以 Cu 计）含量			<10.0 mg/kg		

3. 微生物指标　见表 6-26。

表 6-26　碳酸饮料微生物指标

项目	要求
菌落总数/（个/毫升）	≤100
大肠菌群/（个/100 毫升）	≤6
霉菌（个/毫升）	≤10
酵母菌（个/毫升）	≤10
致病菌（沙门菌、志贺菌、金黄色葡萄球菌）	不得检出

（四）碳酸饮料的主要质量问题及处置措施

1. 二氧化碳气含量不足　碳酸饮料含气量不足就是二氧化碳含量太少或根本无气，这样的产品开盖无声，没有气泡冒出。造成碳酸饮料这种问题的主要原因如下：①二氧化碳气不纯或纯度不够标准；②碳酸化程度低；③灌装工艺的影响。

2. 罐装时过分起泡或不断冒泡　造成灌装时过分气泡或不断冒泡的原因如下：①二氧化碳不纯；②料液温度或洗瓶温过高；③成品料液中形成大量二氧化碳泡沫；④操作不当。

3. 杂质　造成碳酸饮料含杂质的主要原因如下：①瓶子或瓶盖不干净；②原料带入的杂质；③机件碎屑或管道沉积物。

4. 浑浊与沉淀　碳酸饮料有时会出现白色絮状物，使饮料浑浊不透明，同时在瓶底生成白色或其他沉淀物。碳酸饮料发生浑浊、沉淀的原因很多，一般可以归结为三方面，即微生物、化学反应和物理作用。

5. 饮料的变质　碳酸饮料变质的明显特征除浑浊沉淀外，还有变味、变色和黏性物质的形成。产生这些质量问题的主要原因如下：①微生物引起的变质；②化学反应引起的变质；③物理作用引起的变质。

考核要点

1. 碳酸饮料的加工工艺流程。
2. 一次灌装和二次灌装的区别。

思考题

1. 纯净水生产中使用反渗透进行硬水软化时应注意哪些问题？

2. 果蔬澄清汁、浑浊汁制作的工艺各有何特点？两者有何区别？

3. 怎样保证和提高果蔬汁产品的稳定性？分析浑浊果蔬汁出现沉淀或分层现象的原因及预防措施。

4. 植物蛋白饮料加工过程中的质量问题有哪些，如何解决？

5. 影响碳酸饮料碳酸化的因素有哪些，如何提高碳酸化效果？

（范丽霞　王 娇）

第七章　酒类加工技术

知识目标

1. 掌握　白酒、葡萄酒、啤酒加工工艺及操作要点。
2. 熟悉　各类白酒、葡萄酒、啤酒的质量标准。
3. 了解　白酒、葡萄酒、啤酒的概念及分类。

能力目标

掌握白酒、葡萄酒、啤酒的基本加工方法，并能根据加工中出现的质量问题，进行初步分析判断，并能初步提出质量控制措施。

第一节　白酒加工技术

扫码“学一学”

白酒是指以粮谷为主要原料，用大曲、小曲或麸曲及酵母等为产酒生香剂，经蒸煮、糖化、发酵、蒸馏而制成的含乙醇饮料酒。我国白酒比世界各国的蒸馏酒复杂，原料、生产方法、用曲、质量特点和香型也是各种各样，分类方法多种多样。

按照白酒的香型分类，主要分为浓香型白酒、酱香型白酒、清香型白酒和米香型白酒等。浓香型白酒以浓香甘爽为特点，以泸州老窖和五粮液为代表。酱香型白酒以酱香柔润为特点，以茅台酒为代表。清香型白酒以清香纯正为特点，以汾酒为代表。此外米香型白酒以米香纯正为特点，以桂林三花酒为代表。

一、工作要点

（一）选料

1. 原料　高粱、玉米、大米等是酿造白酒的主要原料，有的还搭配一些其他粮谷类，如五粮液、剑南春就是用高粱、玉米、小麦、糯米、大米搭配而成。各地酿造原料虽有多种搭配，但多以高粱为主。实践证明，高粱产酒香，玉米产酒甜，大麦产酒糙辣，大米产酒干净，荞麦产酒带苦涩。除了粮谷原料，还包括薯类原料和代用原料。所有白酒酿造原料应新鲜无霉变，无杂质；淀粉含量高，蛋白质适量，脂肪量少；单宁量少，果胶量少；含有一定维生素，无机盐元素；不得有过多的有害物质；无农药污染；粮谷类原料颗粒饱满，水分少。

2. 辅料　我国固态发酵白酒生产中，常在配料时加入一定的填充剂，以调节酒醅淀粉浓度，冲淡酸度，吸收乙醇成分，保持一定的浆水，维持酒醅的疏松，保证发酵和蒸馏顺利进行。常用填充料有稻壳、高粱壳、玉米心、花生壳、麸皮、谷糠、稻草、麦秸等。一般情况，稻壳用量常为投料量的20%～22%。

3. 水 酿酒需对原料进行浸泡、蒸煮等，制曲拌料、酵母培养、白酒加浆等都需要用水，水质好坏直接关系出酒率高低和白酒风味。酿酒用水一般要求无色透明，无臭无味，清爽适口，无悬浮浑浊，其化学成分能适合微生物生长繁殖，且微酸性，有利于糖化和发酵；硬度适中，能促进酵母菌生长繁殖；各项指标符合国家规定的生活用水标准，有机物、重金属宜少。

（二）制曲

曲是白酒生产中不可缺少的原料，既是糖化剂、发酵剂，又是产生不同香味物质的酯化剂。酒曲是以含淀粉和蛋白质为主的原料为培养基，培养多种霉菌和贮积大量的淀粉酶，将淀粉分解成可发酵的糖。酒曲主要有大曲、小曲、麸曲，其次有红曲、麦曲等。制曲过程主要包括：曲料的润料粉碎、曲料加水、装箱制曲、入室安曲保温培菌、培菌与发酵管理、入库储存。曲料加水可使曲坯成形，并可使曲坯中有足够的水分以供给微生物生长繁殖时的需要，用水量为投料量的37%～40%。低温培菌期在曲坯入室后，前24小时温度控制在25℃～30℃，后24小时温度控制在34～45℃，使曲坯表面大部分长出菌丝，随时观察调整温度、湿度。培曲结束28～30天，曲块出房，储曲时曲块放在四面通风干燥处，防止曲块受潮返火，储曲时间达到3个月后，用于生产酿酒。

（三）配料拌料

入窖条件除温度外，主要通过配料控制入窖淀粉、水分、酸度来维持正常发酵。入窖前的配料随季节的不同而有所变化。以甑容积为例，一般每甑下粮食120～140 kg，母糟为粮食原料重量的4.8～5.8倍，稻壳为粮食重量的17%～22%。老窖母糟是经过长期反复发酵而培制出来的所谓“万年糟”，含有大量呈香呈味物质及香味前体物质，它能赋予成品酒浓郁的香味。此外，配糟中加母糟还可以调节酸度，既抑制杂菌繁殖，又满足发酵所需的pH。加母糟的另一作用是调节淀粉浓度，从而控制发酵温度，使酵母菌在一定限度的乙醇含量和较低的温度下发酵。

在蒸酒上甑前，用耙梳在堆糟坝耙出约一甑母糟，刮平，倒入粮粉，随即拌和一次，拌毕再倒入稻壳，并连续拌两次，要求低翻快拌，拌散，拌匀，无疙瘩包块，拌好后撒盖一层稻壳。配料时，除母糟过湿外，不可将粮粉与稻壳同时拌和，以免粮粉装入稻壳内不利于糊化。翻拌次数不可过多，时间不可过长，以减少乙醇挥发，拌和时间也不可过早或过晚。过早会使乙醇挥发损失大，过晚则粮食吸水不够，不利于糊化，以拌好后堆置30分钟为宜。

（四）蒸粮蒸酒

“生香靠发酵，提香靠蒸馏”。蒸馏之目的，一方面要使成熟酒醅中的乙醇成分、香味物质等挥发、浓缩、提取出来；同时，通过蒸馏把杂质排除出去，得到所需成品酒。将底锅水舀干净，加够底锅水并倒入黄水，换用专门蒸粮糟的甑篾、甑桥，随即装入粮糟，边穿气边装，少少地装，轻轻地装，切记重倒多上，以免起堆踏气。装满后安圆边，用手将糟子扒平，中间略低，待蒸汽高甑面1～2 cm时踩扣云盘（甑盖），安过气筒接酒。每甑出酒一般38～48 kg。在流酒过程中要量质摘酒，截头去尾。截取酒头0.5 kg，可截去醛类等有害物质。断花去尾，以去掉含苦的糠醛等物质，流酒温度一般在30℃以下，时间约20分钟，冷凝地面水温可达到70℃左右。断花后接酒尾约28分钟才断尾。断尾后继续加大

火力，蒸粮时间共约70分钟，要求粮食颗粒无生心，不粘连，即要熟透又不起疙瘩。因此火力均匀，不能忽大忽小。酒头回窖发酵或做调味酒，酒尾可转入下甑重蒸，也可培养窖泥及做调味酒用。中间分流的酒，酒度要求在60度以上。

（五）摊晾

摊晾也称扬冷。摊晾的目的是使出甑的糟子迅速冷至适合酿酒微生物发酵的入窖温度，并尽可能使糟子的酸分和表面水分大量挥发。但摊晾时间不可过长，否则感染杂菌太多。现多改用摊晾机或排风扇强制降温，可缩短摊晾时间和减轻劳动强度。将糟子用木掀拉入晾堂甩散、甩平，一定厚度，拉完后用木掀打一次冷铲，即铲成一个掀板宽的行子。铲完厚即破埂，随后用竹耙反复拉3~5次。

（六）下曲

根据气温高低适当增减曲粉的添加量，曲粉过少会发酵不完全，过多则使糟化发酵快，升温高而猛，给杂菌生长繁殖造成有利条件，对酒的产量质量均有不利影响。下曲温度根据气温变化灵活掌握。比如浓香型白酒下曲的要求是气温低的冬季撒曲温度比入窖温度（13~18 ℃）高3~6 ℃；夏季要求低于地面温度1~3 ℃。撒曲后要翻拌均匀，才能入窖发酵。

（七）入窖

根据不同季节决定入窖温度、水分、酸度、淀粉浓度，必须严格控制掌握，才能发酵正常进行。一般根据气温决定下曲温度，春冬季地温5~10 ℃，入窖温度16~18 ℃；夏秋季温度20~28 ℃，入窖温度18~25 ℃，或低于地温2~3 ℃。比如浓香型曲酒质量主要依赖于窖泥中的厌氧菌，增大糟子与窖泥的接触面十分必要。在同等情况下，采用长方形小窖的产品质量优于大窖正方形窖，且窖容积以7~8 m^2 为宜，不应超过10 m^2。装粮食110~120 kg/m^3。

当糟子品温达到入窖要求时，用车将糟转移到窖内。先沿窖边踩两转，踩得略紧，再将窖心轻踩一遍。踩窖可将窖内空气减少，抑制需氧性生酸菌繁殖，促进缓慢的正常发酵，但也不可踩的太紧。装完粮糟后，将糟面刮平、踩紧、拍光，在粮糟上撒稻壳少许。作为填充剂，稻壳可避免蒸粮蒸酒时踏气和发酵时糟子发黏。

（八）封窖发酵

封窖清窖的目的在于杜绝空气与杂菌进入窖内，抑制需氧性细菌酶菌的繁殖。同时，酵母是兼性微生物，窖内空气充分，就会大量消耗糖分进行生长繁殖而不发酵，当空气缺乏时，才能进行正常发酵。如果清窖封窖不严密，窖皮泥裂口让空气进入窖内就会出现大量酒糟霉烂，既浪费粮食又影响酒质。封窖方法通常是装完糟子后，撒一层稻壳，将已踩揉的窖皮泥置于糟子上，用泥掌刮平抹光。窖皮泥厚度为4~6 cm，以后每隔24小时清窖一次，直到窖皮泥表面不粘手，然后用塑料薄膜盖上，防止窖皮泥干裂。

封窖后几天内，在清窖的同时轻吹一次，即把窖皮泥清严以后，用竹签向窖内穿小孔1~2个，排除发酵所产生的CO_2。同时根据吹气体的强弱、高短和气味等，检查发酵情况是否正常。在整个发酵期间，注意保持窖面窖边密封。

（九）勾兑

经过储存老熟的每坛酒都各具独特香气和口味，在香味和风格上仍存在差异，为了酒达到一定品质指标，需要勾兑调味。勾兑的一般方法：①用工艺要求达到储藏期的酒，逐一品尝，对无怪味杂味和香气正的酒，按照各坛酒的香味特点，充分发挥各自优势，合理分组；②按大批量勾兑容量比例缩小进行勾兑小样，一般小样勾兑量控制在500 mL以下，作为标记，写好小样勾兑记录，按适当的调配比例先勾兑基础酒（形成酒体，初具酒体）。完成基础酒的勾兑后，摇匀，认真品尝，再进一步加工，利用精华酒或各种不同酒质的酒来弥补其缺陷；③坚持小样勾兑好后摇匀，放置过夜，与标准样对照，编号品尝，符合要求后再进行大批量勾兑；④大批量勾兑要严格按小样勾兑比例进行，决不能随意增减，同时也要注意兑入时各种酒先后次序与小样一致。勾兑后与小样对照编号品尝，品尝合格的大样酒，储存3个月后包装出厂，保证产品质量的稳定。

二、设备及材料

1. 设备 粉碎机、搅拌机、陶瓷缸、甑桶、摊晾机、排风扇、蒸馏装置等。

2. 材料 高粱、玉米、大米、大麦、小麦、水、谷糠、稻壳、麸皮等。

三、工作过程

（一）浓香型白酒加工工作过程

浓香型白酒是指以粮谷为原料，经传统固态法发酵、蒸馏、陈酿、勾兑而成，未添加食用乙醇及非白酒发酵产生的呈香呈味物质，具有乙酸乙酯为主体复合香的白酒。特点是窖香浓郁、香味协调、尾净余长，适合国内大部分饮者口味。

1. 工艺流程 原粮处理→配料拌和→蒸酒、蒸粮→摊晾→下曲→入窖→装甑蒸馏→成品酒→贮存、勾兑、出厂。

2. 原料辅料 高粱、大米、小米、麦曲、稻壳、水。

3. 加工工艺

（1）原粮处理 酿酒原料高粱、大米、小麦等使用前必须磨碎，即破坏淀粉粒结构，利于蒸煮糊化，又增加淀粉酶对淀粉的接触面，使糖化充分，提高出酒率。但不可磨太细，一般以通过20号孔筛的占85%左右为宜。麦曲也需粉碎。

（2）配料拌合 配料要做到“稳、准、细、净”。原粮经过粉碎，稻壳经清蒸后，进行配料、拌料；先将粮粉与母糟充分拌合、拢堆，覆以稻壳。拌料要求均匀，无疙瘩、灰包；上甑要求轻倒匀撒，不压汽，不跑汽；上盖蒸料要求熟透又不起疙瘩。甑容1.25 m^3，每甑投入原料120～130 kg，粮醅比为1∶4～1∶5，稻壳用量为原料量的17%～22%，冬少夏多。配料时要加入较多的母糟（酒醅），使酸度控制在1.2～1.7，淀粉浓度在16%～22%左右，为下排的糖化发酵创造适宜的条件。

（3）蒸酒、蒸粮 蒸酒蒸粮时要控制流酒温度和速度，一般要求流酒温度35 ℃左右，流酒速度控制在3～4 kg/min。接酒时掐头去尾，先接取酒头0.5 kg，酒尾一般接40～50 kg。蒸粮糊化后，出锅打量水。量水的用量视季节而定，一般出甑的粮糟含水量在50%左右，打量水后，使入窖水分在53%～55%之间。依据经验，每100 kg高粱粉原料，打量水70～80 kg，便可达到入窖水分的要求。

（4）摊晾 将打完量水的糟子撒在晾堂上，散匀铺平，厚3～4 cm，进行人工翻拌，吹

风冷却，整个操作要求迅速、细致，尽量避免杂菌污染，防止淀粉老化。一般夏季需要40～60分钟，冬季20分钟左右。要注意摊凉场地和设备的清洁卫生，否则各种微生物都能很快繁殖生长，尤其夏季气温高时，乳酸菌等更易感染，影响正常的发酵。

（5）下曲　加入原料量18%～20%的大曲粉，同时要根据季节而调整用量，一般夏季少而冬季多。用曲太少，造成发酵困难，而用曲过多，糖化发酵加快，升温太猛，容易生酸，并使酒的口味变粗带苦。

（6）入窖　入窖后糟醅适当踩紧和挂平；封窖发酵，用窖泥和塑料布将窖子封好，以保持封窖窖泥湿润，不开裂。

（7）发酵　粮糟、面糟入窖踩紧后，可在面糟表面覆盖4～6 cm的封窖泥。封窖泥是用优质黄泥和它的窖皮泥踩柔和熟而成的。将泥抹平、抹光，以后每天清窖一次，直到定型不裂为止，再在泥上盖层塑料薄膜。膜上覆盖泥沙，以便隔热保温，并防止窖泥干裂。经过20～60天的发酵，开窖、起糟、上甑蒸酒，量质摘酒。

（8）成品　酒原酒入半成品酒库，分级贮存，分类贮存，贮存期满后，精选调味酒、基础酒，科学勾兑、检验、包装、检验、出厂销售。

4. 产品质量标准　系引用中华人民共和国国家标准《浓香型白酒》（GB/T 10781.1—2006）。

（1）浓香型白酒（高度酒）感官指标见表7－1。

表7－1　浓香型白酒（高度酒）感官指标

项目	优级	一级
色泽和外观	无色或微黄，清亮透明，无悬浮物，无沉淀	
香气	具有浓郁的乙酸乙酯为主体的复合香气	具有较浓郁的乙酸乙酯为主体的复合香气
口味	酒体醇和谐调，绵甜爽净，余味悠长	酒体较醇和谐调、绵甜爽净，余味较长
风格	具有本品典型的风格	具有本品明显的风格

（2）浓香型白酒（高度酒）理化指标见表7－2。

表7－2　浓香型白酒（高度酒）理化指标

项目	优级	一级
酒精度（% vol）	41～68	
总酸（以乙酸计）(g/L)	≥0.40	≥0.30
总酯（以乙酸乙酯计）(g/L)	≥2.00	≥1.50
乙酸乙酯（g/L）	1.20～2.80	0.60～2.50
固形物（g/L）	≤0.40	

（二）酱香型白酒加工工作过程

以高粱、小麦、水等为原料，经传统固态法发酵、蒸馏、贮存、勾兑而成的，未添加食用乙醇及非白酒发酵产生的呈香呈味呈色物质，具有酱香风格的白酒。特点是酱香突出、优雅细腻、丰满醇厚、软绵浓郁，国内大部分饮者喜爱。

酱香型白酒工艺的特点为三高三长，季节性是酱香型白酒工艺区别于中国其他白酒工艺的地方。三高是指生产工艺的高温制曲、高温堆积发酵、高温馏酒。三长主要是指基酒的生产周期长、大曲贮存时间长、基酒酒龄长。

1. 工艺流程 原料粉碎→大曲粉碎→拌料→蒸粮蒸酒→摊凉→堆集→入窖发酵→原酒→入库储存→勾兑调味→检验包装。

2. 原料辅料 高粱、小麦、水。

3. 加工工艺

（1）原料粉碎 酱香型白酒生产把高粱原料称为沙。以茅台酒为代表，一年一个周期，在每年大生产周期中，只投两次料。第一次投料称下沙（原料用量占投料量的50%），一般在每年九月重阳时进行。第二次投料称糙沙（原料用量占投料量的50%）。投料后需经过八次发酵，每次发酵一个月左右，一个大周期为10个月左右。由于原料要经过反复发酵，所以原料粉碎得比较粗，要求整粒与碎粒之比，下沙为80%：20%，糙沙为70%：30%。

（2）大曲粉碎 酱香型白酒是采用高温大曲产酒生香的，由于高温大曲的糖化发酵力较低，原料粉碎又较粗，故大曲粉碎越细越好，有利糖化发酵。

（3）拌料 每甑投高粱350 kg，下沙的投料量占总投料量的50%。下沙时先将粉碎后高粱的泼上原料量51%～52%的90 ℃以上的热水（称发粮水），泼水时边泼边拌，使原料吸水均匀。也可将水分成两次泼入，每泼一次，翻拌三次。注意防止水的流失，以免原料吸水不足，然后加入5%～7%的母糟拌匀。母糟是上年最后一轮发酵出窖后不蒸酒的优质酒醅，经测定，其淀粉浓度11%～14%，糖分0.7%～2.6%，酸度3～3.5，酒度4.8%～7%（V/V）。发水后堆积润料10小时左右。

（4）蒸粮 先在甑篦上撒上一层稻壳，上甑采用见汽撒料，在1小时内完成上甑任务，圆汽后蒸料2～3小时，约有70%的原料蒸熟，即可出甑，不应过熟。出甑后再泼上35 ℃的热水补足水分损失（称凉水）。发粮水和凉水的总用量占投料量的56%～60%。其中，发粮水占51%～52%，凉水占8%～9%。

（5）摊凉 泼水后的生沙，经摊凉、散冷，并适量补充因蒸发而散失的水分。当品温降低到32 ℃左右时，加入酒度为30%（V/V）的尾酒7.5 kg（约为下沙投料量的2%），拌匀。所加尾酒是由上一年生产的丢糟酒和每甑蒸得的酒头经过稀释而成的。

（6）堆集 当生沙料的品温降到32 ℃左右时，加入大曲粉，加曲量控制在投料量的10%左右，加曲粉时应低撒扬匀。拌和后收堆，品温为30 ℃左右，堆要圆、匀，冬季较高，夏季堆矮，堆集时间为4～5天，待品温上升到45～50 ℃时，可用手插入堆内，当取出的酒醅具有香甜酒味时，即可入窖发酵。

（7）入窖发酵 堆集后的生沙酒醅经拌匀，并在翻拌时加入次品酒2.6%左右。然后入窖，待发酵窖加满后，用木板轻轻压平醅面，并撒上一薄层稻壳，最后用泥封窖4 cm左右，发酵30～33天，发酵品温变化在35～48 ℃之间。

（8）原酒、入库储存 将酒醅取出蒸馏，经接酒即得一次原酒，入库储存，此酒叫糙沙酒，甜味好，但味冲，生涩味和酸味重，其酒头单独存放，以备以后勾兑用，而酒尾则泼回，醅子再加入曲入窖发酵，这叫“回沙”。以后的几个轮次均同“回沙操作”，分别接取不同次数的原酒经品尝鉴定合格后，分型分等级入库储存。

（9）勾兑装瓶出厂 分型分等级严密封装于陶质容器中的各轮次原酒，经三年以上的储存后，勾兑调配，再储存半年以上，品尝合格后灌装出厂。

4. 产品质量标准　系引用中华人民共和国国家标准《酱香型白酒》（GB/T 26760—2011）。

（1）酱香型白酒（高度酒）感官指标见表7－3。

表7－3　酱香型白酒（高度酒）感官指标

项目	优级	一级	二级
色泽和外观	无色或微黄，清亮透明，无悬浮物，无沉淀		
香气	酱香突出，香气幽雅，空杯留香持久	酱香较突出，香气舒适，空杯留香较长	酱香明显，有空杯香
口味	酒体醇厚，丰满，诸味协调，回味悠长	酒体醇和，协调，回味长	酒体较醇和协调，回味较长
风格	具有本品典型风格	具有本品明显风格	具有本品风格

（2）酱香型白酒（高度酒）理化指标见表7－4。

表7－4　酱香型白酒（高度酒）理化指标

项目	优级	一级	二级
酒精度（20℃）（%）vol		45～58	
总酸（以乙酸计）(g/L)	≥1.40	≥1.40	≥1.20
总酯（以乙酸乙酯计）(g/L)	≥2.20	≥2.00	≥1.80
乙酸乙酯(g/L)	≤0.30	≤0.40	≤0.40
固形物（g/L）		≤0.70	

（三）清香型白酒加工工作过程

清香型白酒是指以粮谷为原料，经传统固态法发酵、蒸馏、陈酿、勾兑而成，未添加食用乙醇及非白酒发酵产生的呈香呈味物质，具有乙酸乙酯为主体复合香的白酒。具有清香纯正、醇甜柔和、自然协调、余味爽净的特点，适合北方饮者的口味。

1. 工艺流程　原料选择→粉碎→配料→蒸糁→加浆冷散下曲→入缸、发酵→出缸→拌辅料→装甑蒸馏→成品。

2. 原料辅料　高粱、大曲（大麦和豌豆）、水。

3. 加工工艺

（1）原料选择　酿酒采用的原料为北方出产的优质高粱，要求颗粒饱满、无虫蛀、无霉烂变质、无农药污染，大曲采用大麦和豌豆。

（2）粉碎　每粒原料高粱粉碎成4、6、8瓣大小的占65%～70%，能通过1.2 mm筛孔的细粉占20%～30%，整粒在0.2%以下，含壳量在0.5%以下。大曲为大米查用曲时，大者如豌豆，小者如绿豆，能通过1.2 mm筛孔的细粉不超过50%；大曲为二米查用曲时，大者如绿豆，小者如小米，能通过1.2 mm筛孔的细粉为65%～70%。

（3）配料　配料前把酿造场地、设备、工具等清理干净。做到配料准确，水分、温度、大曲、材料均匀一致。①用水量（以原粮计）。润料水量为原粮的65%左右，闷头浆为原粮的3%左右，后量为原粮的30%左右。大米查入缸水分为53%～55%，二米查入缸水分为58%～61%。②用曲量（以原粮计）。大米查用曲量9月、10月、4月、5月为9%，11月、12月、1月、2月、3月为10%，二米查用曲量为10%。③用辅料量（以原粮计）。大米查用辅料为谷糠和稻壳，二者比例为3∶7，用量为18%左右，二米查用稻壳为8%左右。

辅料使用前大汽清蒸40分钟以上。④润糁和倒糁。润糁是提前使原料吸水膨胀，便于糊化。润糁须根据季节气温变化来调整润糁操作。润糁水温为90 ℃左右，要求润透、不落浆、无干糁、无异味、无疙瘩、手搓成面。堆积时间为20小时左右，在堆积过程中，倒糁2～3次，要倒彻底，放掉“窝气”，擦拦疙瘩，做到外倒里、里倒外、上倒下、下倒上。

（4）蒸糁　蒸糁是清香型酒生产的一道重要工序，是整个工艺过程的基础。蒸糁质量的好坏，直接影响出酒率及后期工作。蒸糁要求熟而不粘、内无生心、有糁香味、无异杂味。蒸糁操作要求撒得薄，装得匀。圆汽后加闷头浆30 kg左右，上面撒7 cm厚的谷糠，在压力0.01～0.02 Mpa下，蒸80分钟即可出甑。

（5）加浆冷散下曲　将蒸熟的红糁一边挖出、一边加新鲜冷水，经扬米查机倒成锥形，开启鼓风机降温至要求温度后下曲，注意冬季多翻拌少鼓风，夏季多鼓风少翻拌。要求入缸材料做到温度、水分、大曲、材料均匀一致，无疙瘩。

（6）入缸、发酵　入缸前，必须将发酵缸和石板盖先用清水洗刷干净，再用0.4%花椒水洗一次（每天用花椒20 g，5 kg开水浸泡后备用），在红糁发酵缸底撒0.2 kg曲面。大米查入缸温度为13～17 ℃，二米查入缸温度为17～22 ℃。夏季大米查入缸温度尽可能的低，然后进行封缸。大、二米查的发酵周期一般为28～35天。

（7）出缸　把当日出的大、二米查酒缸上盖的保温材料揭开，打扫干净，揭开石板盖、保温棉被、塑料布，将缸四周打扫干净，不得把保温材料混入酒醅内，用铁锹把出缸的大、二米查挖入平车内，推到酿造场的指定位置。

（8）拌辅料　大米查酒醅用谷糠和稻壳翻拌后，再缓慢加入酒醅搅拌机搅拌均匀，要求无疙瘩，成锥形，上盖清蒸辅料，等待装甑。

（9）装甑蒸馏　装甑前，先检查底锅水量，然后在甑箅上撒一层谷糠作为填充剂。在整个装甑蒸馏过程中，见潮就撒，要撒得准，要撒得匀，撒得松，不压汽，不跑汽，上汽匀。并要遵循“蒸汽二小一大，材料二干一湿，缓气蒸酒，大汽追尾，中温流酒”的原则。通常情况下，控制流酒温度为25～30 ℃，流酒速度为3～4 kg/min。在流酒结束后抬起排盖，敞口排酸10分钟。

（10）储存勾兑　一般规定贮藏期为3年，然后经过勾兑、包装后方可出厂。

4. 产品质量标准　系引用中华人民共和国国家标准《清香型白酒 》（GB/T 10781.2—2006）。

（1）清香型白酒（高度酒）感官指标见表7－5。

表7－5　清香型白酒（高度酒）感官指标

项目	优级	一级
色泽和外观	无色或微黄，清亮透明，无悬浮物，无沉淀	
香气	清香纯正，具有乙酸乙酯为主体的优雅，谐调的复合香气	清香较纯正，具有乙酸乙酯为主体的复合香气
口味	酒体柔和谐调，绵甜爽净，余味悠长	酒体较柔和谐调，绵甜爽净，有余味
风格	具有本品典型的风格	具有本品明显的风格

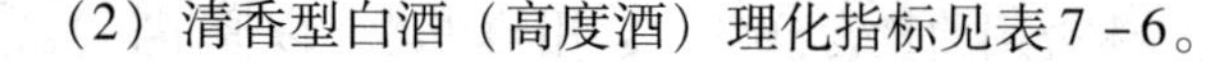

（2）清香型白酒（高度酒）理化指标见表7－6。

表 7-6　清香型白酒（高度酒）理化指标

项目	优级	一级
酒精度（% vol）	41～68	
总酸（以乙酸计）(g/L)	≥0.40	≥0.30
总酯（以乙酸乙酯计）(g/L)	≥1.00	≥0.60
乙酸乙酯（g/L）	0.60～2.60	0.30～2.60
固形物（g/L）	≤0.40	

考核要点

1. 制曲工艺。
2. 浓香型白酒加工工艺及操作要点。
3. 酱香型白酒加工工艺及操作要点。

第二节　葡萄酒加工技术

扫码“学一学”

葡萄酒是指以鲜葡萄或葡萄汁为原料，经全部或部分发酵酿制而成，含有一定酒精度的发酵酒。葡萄酒除含有一定量的乙醇外，还含有其他醇类、糖类、酯类、矿物质、有机酸、20 多种氨基酸及多种维生素等成分。

葡萄酒种类繁多，分类方法各异。按酒的色泽分为白葡萄酒、桃红葡萄酒和红葡萄酒。按含糖量分为干葡萄酒、半干葡萄酒、半甜葡萄酒、甜葡萄酒。按二氧化碳含量分为平静葡萄酒、起泡葡萄酒、高泡葡萄酒、低泡葡萄酒。

一、工作要点

（一）原料选择

生产白葡萄酒、香槟酒和白兰地的葡萄品种含糖量为 15%～22%，含酸量 6～12 g/L，出汁率高，有清香味；对生产红葡萄酒的品种则要求色泽浓艳。例如，酿造白葡萄酒的优良品种包括龙眼、雷司令、贵人香、白羽、李将军等；酿造红葡萄酒的优良品种包括法国兰、佳丽酿、汗堡麝香、赤霞珠、黑品乐等；酿造山葡萄酒的包括公酿一号、双庆、左山一等。

（二）分选

分选就是将不同品种、不同质量的葡萄分别存放。目的是提高葡萄的平均含糖量，减轻或消除成酒的异味，增加酒的香味，减少杂菌，保证发酵与贮酒的正常进行，以达到酒味纯正，酒的风格突出，少生病害或不生病害的要求。分选工作最好在田间采收时进行，即采收时便分品种、分质量存放。分选后应立即送往破碎机进行破碎。

（三）破碎与除梗

不论酿制红葡萄酒或白葡萄酒，都需先将葡萄除梗。新式葡萄破碎机都附有除梗设置，有先破碎后除梗，或先除梗后破碎两种形式。破碎要求每粒葡萄都要破碎；籽粒不能压破，梗不能压碎，皮不能压扁；破碎过程中，葡萄及汁不得与铁铜等金属接触。

（四）压榨和渣汁的分离

在白葡萄酒生产中，破碎后的葡萄浆提取自流汁后，还必须经过压榨操作。在破碎过程中自流出来的葡萄汁叫自流汁。加压之后流出来的葡萄汁叫压榨汁。为了增加出汁率，压榨时一般采用2～3次压榨。第一次压榨后，将残渣疏松，再做二次压榨。当压榨汁的口味明显变劣时，为压榨终点。

（五）葡萄汁成分调整

优良品种的葡萄，在合适栽培季节生长常常可以得到满意的葡萄汁。但如果气候失调，葡萄未能充分成熟，果汁中含酸高而糖分低，对这样的葡萄汁应在发酵之前调整糖分与酸度，这称为葡萄汁的改良。通过葡萄汁改良可以使酿成的酒成分接近，便于管理；防止发酵不正常；且酿成的酒质量较好。

1. 糖分调整 葡萄汁必须含17%的糖，才能生成体积分数10%乙醇的葡萄酒，也就是说1.7 g糖/mL可生成1°乙醇，据此计算，一般干红的酒精度在11°左右。若葡萄汁中含糖量低于应生成的乙醇含量时，必须改良提高糖度，发酵后才能达到所需的乙醇含量。通常的做法是有添加白砂糖或添加浓缩葡萄汁。

添加白砂糖操作如下：准确计量葡萄汁体积，将糖用葡萄汁溶解制成糖浆，加糖后要充分搅拌，使其完全溶解并记录溶解后的体积。最好在乙醇发酵刚开始一次加入所需的糖。

添加浓缩汁操作如下：先对浓缩汁的含糖量进行分析，求出浓缩汁的添加量。添加时要注意浓缩汁的酸度，若酸度太高，需在浓缩汁中加入适量碳酸钙中和，降酸后使用。

2. 酸度调整 如果葡萄醪液的酸度不足，各种有害细菌就会发育，对酵母发生危害。特别是在发酵完毕后，制成的酒口味淡泊，颜色不清，保存性差，尤其当酸度降低，酒精度中等或偏低时，成品葡萄酒可能不符合葡萄酒法定标准。一般，葡萄汁在发酵前一般酸度调整到4～4.5 g/L，PH3.3～3.5才合适。在炎热地区出产的葡萄往往酸度低于4 g/L。常用的方法有添加酒石酸和柠檬酸、添加未成熟的葡萄压榨汁来提高酸度或可添加碳酸钙等降酸剂来降低酸度。

（六）添加二氧化硫

二氧化硫能抑制各种微生物的作用，其中细菌最为敏感；添加适量的二氧化硫，有利于葡萄汁中悬浮物的沉降，使葡萄汁很快获得澄清；还能防止葡萄汁过早褐变，有利于果皮中色素、无机盐等成分的溶解，在某种程度上增加了葡萄酒的颜色。

（七）葡萄酒酵母培养

葡萄酒酵母可发酵葡萄糖、果糖、蔗糖、麦芽糖、半乳糖，不发酵乳糖、蜜二糖。葡萄成熟时，如果将葡萄破碎，不久就会出现发酵现象，这说明葡萄果皮、果梗上都有大量的酵母菌存在。为了保证正常顺利的发酵，获得质量优等的葡萄酒，往往从天然酵母中选育出优良的纯种酵母。葡萄酒厂从菌种保管单位获得的菌株，大都是琼脂斜面培养。

目前葡萄酒活性干酵母的应用较多，此种酵母具有潜在的活性，故被称为活性干酵母。活性干酵母解决了葡萄酒厂扩大培养酵母的麻烦和鲜酵母容易变质和不好保存等问题，为

葡萄酒厂提供了很大方便。正确的用法是复水活化后直接使用或活化后扩大培养制成酒母使用。

（八）发酵

1. 前发酵　葡萄酒前发酵的目的是乙醇发酵，浸提色素物质及芳香物质。只有利用质量优良的原料，并使之在良好的条件下顺利地进行乙醇发酵，才能充分保证葡萄酒的质量。葡萄皮、汁进入发酵池，发酵产生二氧化碳，葡萄皮密度比葡萄汁小，葡萄皮、渣浮于葡萄汁表面，形成很厚的“酒盖”或“皮盖”。“酒盖”与空气直接接触，容易感染有害杂菌，败坏葡萄酒的质量。在生产中需将皮盖压入醪中，以便充分浸渍皮渣上的色素及香气物质，这一过程叫作压盖。压盖有两种方式，人工压盖和制作压板。

2. 后发酵　正常后发酵时间为3～5天，但可持续1个月左右。后发酵的主要目的有：残糖的继续发酵，前发酵结束后，原酒中还残留3～5 g/L的糖分，糖分在酵母的作用下继续转化成乙醇和二氧化碳；澄清作用，前发酵原酒中的酵母，在后发酵结束后，自溶或随温度降低形成沉淀。残留在原酒中的果肉、果渣随时间的延长自行沉降，形成酒脚；陈酿作用，原酒在后发酵过程中进行缓慢的氧化还原作用，促使醇酸酯化，使酒的口味变得柔和，风味更加趋于完善；降酸作用，某些红葡萄酒在压榨分离后，诱发苹果酸－乳酸发酵，可降酸和改善口味。后发酵的工艺管理要点：前发酵结束后压榨得到的原酒需补加二氧化硫，添加量（以游离SO_2计）为30～50 mg/L，控制温度，隔绝空气。

（九）陈酿

刚发酵结束后的葡萄原酒，酒体多粗糙、酸涩，酒液浑浊暗淡、稳定性差，需经过一定的贮藏期进行氧化还原、酯化、缩合、聚合等反应来达到最佳饮用质量，该质量变化过程称为葡萄酒的陈酿。传统的陈酿方法也叫自然陈酿法，是将发酵后的新酒贮存在橡木桶中，在酒窖中经过几个月至几年不等的存放期。虽然自然陈酿通过橡木桶最终有效获得高品质葡萄酒，但自然陈酿所需生产周期长、成本高，严重影响了企业的生产能力和经济效益。

人工催陈技术，即采用人工方法加速葡萄酒的陈化，缩短陈酿时间，使其品质在较短时间内得到改善。目前国内外已报道的葡萄酒人工催陈技术主要有微氧催陈、橡木制品催陈、高压脉冲电场催陈、超声波催陈、超高压催陈、辐射催陈以及复合催陈技术等。

（十）储存管理

新鲜葡萄汁经发酵而制得的原酒需经过一定时间的储存和适当的工艺处理，使酒质逐渐完善。储酒一般需在低温、地下酒窖（传统）中进行。贮存容器通常有三种形式，即橡木桶、水泥池和金属罐。贮存室的条件为：温度一般以8～18 ℃为佳，湿度85%～90%为宜，室内保持清洁，有通风设施，保持室内空气新鲜。一般白葡萄原酒贮存期为1～3年。红葡萄酒由于乙醇含量较高，同时单宁和色素物质含量也较多，色泽较深，适合较长时间贮存，一般为2～4年。其他生产工艺不同的特色酒，更适宜长期贮存，一般为5～10年。

二、设备及材料

1. 设备　不锈钢盆或塑料盆、瓦缸、纱布、木棒、胶皮管、手套或破碎机。

2. 材料　葡萄、白砂糖、二氧化硫添加剂、食用乙醇等。

三、工作过程

（一）红葡萄酒加工工作过程

酿制红葡萄酒一般采用红皮白肉或皮肉皆红的葡萄。我国酿造红葡萄酒主要以干红葡萄酒为原酒，然后按标准调配、勾兑成半干、半甜、甜型葡萄酒。

1. 工艺流程 红葡萄→分选、除梗、破碎→葡萄浆→前发酵→压榨→调整成分→后发酵→陈酿→调配→澄清→包装、杀菌→干红葡萄酒。

2. 原料辅料 无病果、烂果并充分成熟的深色品种葡萄、白砂糖、食用乙醇、鸡蛋。

3. 加工工艺

（1）分选、除梗、破碎 红葡萄酒要求原料色泽深、果粒小、风味浓郁。糖分要求达到21以上。分选好的葡萄经除梗破碎机除去葡萄梗，制成葡萄浆，葡萄梗作为饲料外销，要求除梗≥95%。除梗是除去单宁、苦味树脂及鞣酸等物质避免使酒产生过重的涩味。破碎时葡萄及汁不能与铁、铜等金属接触。

（2）调整葡萄汁 酿制乙醇酒度稍高的酒，可用1升的葡萄汁中添加1°乙醇的方法解决。具体操作为先将白砂糖溶解在少量的果汁，再倒入全部果汁。若制高度酒，加糖量要多，应分多次加糖。

（3）前发酵 红葡萄采用带皮发酵，主要是浸提出皮中的色素及香味成分。将调整后的果浆放入已消毒的发酵缸中，充满容积的80%，防发酵旺盛时汁液溢出容器。发酵时每天用木棍搅拌4次（白天两次、晚上两次），将酒帽（果皮、果柄等浮于缸中表面中央）压下，各部分发酵均匀。在26～30℃下，前发酵（有明显的气泡冒出）经过7～10天能基本完成。若温度过低可能延长到15天左右。

（4）压榨 初发酵结束后，必须立即进行皮渣与酒液的分离，分离过迟会使过多的单宁物侵入酒中，造成原酒味过分苦涩。初发酵后发酵槽中的自流酒汁直接送入后发酵罐，自流酒汁剩下的皮渣通过压榨机进行压榨，压榨后的皮渣利用收集桶集中收集，以便统一处理。

（5）后发酵 分离后的红酒液添加干酵母进行苹果酸－乳酸发酵，发酵温度控制在18～20℃，每天测品温和酒度2～3次，定时检查液面情况。经发酵后，可以将酒中的苹果酸全部转换为乳酸，改善葡萄酒口味和香味的复杂性，并提高酒的细菌稳定性。当苹果酸含量为0时，加入一定量的亚硫酸添加剂，以终止发酵，发酵结束后分离转罐。

（6）陈酿 经过后发酵将残糖转化为乙醇，酒中的酸与乙醇发生反应产生清香的酯，加强酒的稳定性。新葡萄酒中由于各种变化尚未达到平衡、协调，经过一段时间的贮存，使幼龄酒中的各种风味物质达到和谐平衡。陈酿期大约6个月，也可根据产品要求延长陈酿时间，陈酿后的葡萄酒酸甜协调，酒体丰满。

（7）澄清 红葡萄酒除应具有色、香、味品质外，还必须澄清、透明。自然澄清时间长，人工澄清可采用添加鸡蛋清的方法，每100升酒加2～3个鸡蛋清，先将蛋清打成沫状，再加少量酒搅均匀后加入酒中并充分搅拌均匀，静置8～10天后即可。

（8）调配 葡萄酒发酵结束后，往往酒精度不够，味也不甜。根据口感习惯调配成适

口的红葡萄酒。加糖时，先将糖用葡萄酒溶解。

（9）成品 酒原酒入半成品酒库，分级贮存，分类贮存，贮存期满后，精选调味酒、基础酒，科学勾兑、检验、包装、检验、出厂销售。

4. 产品质量标准 系引用中华人民共和国国家标准《葡萄酒》（GB 15073—2006）。

（1）葡萄酒感官指标见表7-7。

表7-7 葡萄酒感官指标

项目			要求
外观	色泽	白葡萄酒	近似无色、微黄带绿、浅黄、禾杆黄、金黄色
		红葡萄酒	紫红、深红、宝石红、红微带棕色、棕红色
		桃红葡萄酒	桃红、淡玫瑰红、浅红色
	澄清程度		澄清，有光泽，无明显悬浮物（使用软木塞封口的酒允许有少量软木渣，装瓶超过1年的葡萄酒允许有少量沉淀）
	起泡程度		起泡葡萄酒注入杯中时，应有细微的串珠状气泡升起，并有一定的持续性
香气与滋味	香气		具有纯正、优雅、怡悦、和谐的果香与酒香，陈酿型的葡萄酒还应具有陈酿香或橡木香
	滋味	干、半干葡萄酒	具有纯正、优雅、爽怡的口味和悦人的果香味，酒体完整
		半甜、甜葡萄酒	具有甘甜醇厚的口味和陈酿的酒香味，酸甜协调，酒体丰满
		起泡葡萄酒	具有优美醇正、和谐悦人的口味和发酵起泡酒的特有香味，有杀口力
典型性			具有标示的葡萄品种及产品类型应有的特征和风格

（2）葡萄酒理化指标见表7-8。

表7-8 葡萄酒理化要求

项目			要求
酒精度（20 ℃）（体积分数）/（%）			≥7.0
总糖（以葡萄糖计）(g/L)	平静葡萄酒	干葡萄酒	≤4.0
		半干葡萄酒	4.1~12.0
		半甜葡萄酒	12.1~45.0
		甜葡萄酒	≥45.1
	高泡葡萄酒	天然型高泡葡萄酒	≤12.0（允许差为3.0）
		绝干型高泡葡萄酒	12.1~17.0（允许差为3.0）
		干型高泡葡萄酒	17.1~32.0（允许差为3.0）
		半干型高泡葡萄酒	32.1~50.0
		甜型高泡葡萄酒	≥50.1
干浸出物（g/L）	白葡萄酒		≥16.0
	桃红葡萄酒		≥17.0
	红葡萄酒		≥18.0
挥发酸（以乙酸计）(g/L)			≤1.2
柠檬酸（g/L）	干、半干、半甜葡萄酒		≤1.0
	甜葡萄酒		≤2.0

续表

项目			要求
二氧化碳（20 ℃）/MPa	低泡葡萄酒	<250 mL/瓶	0.05～0.29
		≥250 mL/瓶	0.05～0.34
	高泡葡萄酒	<250 mL/瓶	≥0.30
		≥250 mL/瓶	≥0.35
铁/(mg/L)			≤8.0
铜/(mg/L)			≤1.0
甲醇/(mg/L)	白、桃红葡萄酒		≤250
	红葡萄酒		≤400
苯甲酸或苯甲酸钠（以苯甲酸计）/(mg/L)			≤50
山梨酸或山梨酸钾（以山梨酸计）/(mg/L)			≤200

注：总酸不作要求，以实测值表示（以酒石酸计，g/L）

（二）白葡萄酒加工工作过程

以酿造白葡萄酒的葡萄品种为原料，经果汁分离、果汁澄清、控温发酵、陈酿及后加工处理而成。

1. 工艺流程 白葡萄或红皮白肉葡萄→分选→破碎（果汁分离）→压榨→白葡萄汁→低温澄清→发酵→陈酿→过滤、除菌→包装杀菌。

2. 原料辅料 无病果、烂果并充分成熟的白葡萄、白砂糖、二氧化硫等。

3. 加工工艺

（1）分选 白葡萄品种对温度敏感，因为高温可破坏白葡萄的雅致香气，增加白葡萄被氧化和微生物感染的危险，所以采摘多是在凌晨、太阳还没完全升起之前完成，采收时必需尽量小心保持果粒完整，以免影响品质。葡萄全部采用手工采摘，采摘葡萄选用成熟无腐败、无破裂果实，控制入厂葡萄品质。

（2）果汁分离 榨汁前为了保持白葡萄酒的清新，必须除去葡萄梗。榨汁前可以先进行低温浸皮，目的是为了尽可能多地萃取葡萄的香气和皮内的有效成分，增进葡萄品种原有的新鲜果香，使葡萄酒的口感更加浓郁圆润。白葡萄酒与红葡萄酒前加工工艺不同。白葡萄经破碎（压榨）或果汁分离，果汁单独进行发酵。也就是说白葡萄酒压榨在发酵之前，而红葡萄酒压榨在发酵之后。果汁分离的原则是速度要快，轻柔，尽量减少与O_2接触时间，减少氧化和变色；分离后立即进行SO_2处理，以防果汁氧化。压力不能过大，否则会造成葡萄皮破裂，释放单宁等物质造成葡萄酒的苦涩感觉。

（3）澄清 在发酵前将果汁中的杂质尽量减少到最低含量，以避免葡萄汁中的杂质因参与发酵而产生不良成分，给酒带来异味。目前常用的方法有SO_2澄清法、果胶酶法、膨润土澄清法、机械澄清法。

（4）发酵 白葡萄酒发酵必须缓慢以保留葡萄原有的香味，而且可使发酵后的香味更细腻。为了让发酵缓慢进行，白葡萄酒初发酵的温度在16～22 ℃之间，时间15天左右，初发酵结束后残糖降至5 g/L以下，即可转入后发酵；后发酵的温度一般控制在15 ℃以下，时间持续一个月左右，通过缓慢的后发酵葡萄酒香和味的形成更为完善，残糖降至2 g/L以下。

传统白酒发酵是在橡木桶中进行，容量小散热快，控温效果很好。发酵过程中橡木桶的木香、香草香等气味会融入葡萄酒中使酒香更为丰富。但此法不太适合酿制清淡的白葡萄酒。现在的酒庄大部分采用大型不锈钢桶酿制白葡萄酒，冷却设备先进，控温效果也非常好，且成本较低。

（5）陈酿　对于白葡萄酒来说，陈酿时间较短，一般在1年左右，但有些品种除外，如赛美蓉、霞多丽、琼瑶浆等，一般在2年以上。但总的来说，陈酿时间的长短最终依据酒的整体风味而定，在酒体将达到其最佳品质时即为陈酿阶段的终结。常用的陈酿容器有水泥池、不锈钢罐、橡木桶。陈酿温度一般要求恒定，在18 ℃左右。陈酿期间应做到满容贮存，陈酿环境要保持通风，墙壁、地面不得染霉。

4. 产品质量标准　系引用中华人民共和国国家标准《葡萄酒》（GB 15037—2006）（表7－7、表7－8）。与上一小节红葡萄酒相同。

考核要点

1. 二氧化硫在葡萄酒中的作用。
2. 葡萄酒发酵原理。
3. 红葡萄酒加工工艺及操作要点。

第三节　啤酒加工技术

扫码“学一学”

啤酒是历史最悠久的谷类酿造酒，啤酒起源于9000年前的中东和古埃及地区，后传入欧洲，19世纪传入亚洲，20世纪传入中国，是一种外来酒。其名称是英语Beer译成中文“啤”，称其为“啤酒”，沿用至今。啤酒是以麦芽、水为主要原料，加啤酒花（包括酒花制品），经酵母发酵作用配制而成的，是含有CO_2、起泡的、低酒精度的发酵酒。

一、啤酒分类

（一）按颜色划分

1. 淡色啤酒　色度为2～14EBC的啤酒。

2. 浓色啤酒　色度为15～40EBC的啤酒。

3. 黑色啤酒　色度≥41EBC的啤酒。

（二）按麦汁浓度划分

1. 低浓度啤酒　原麦汁浓度＜7°P。

2. 中浓度啤酒　原麦汁浓度7～11°P。

3. 高浓度啤酒　原麦汁浓度11～22°P。

（三）按是否经过杀菌处理划分

1. 鲜啤酒　又称生啤，是指在生产中未经杀菌的新鲜啤酒。此酒味鲜美，营养价值高，但稳定性差，保质期短，多为桶装啤酒。

2. 熟啤酒　经过杀菌的啤酒。稳定性好，不易发生浑浊，易保管和运输。保质期长，多用于瓶装或听装。

3. 纯生啤酒 不经过杀菌，而是采用无菌膜过滤技术除去酵母菌、杂菌，达到一定稳定性的啤酒。此种酒口味新鲜、淡爽、纯正，保质期更长，多为瓶装或听装。

二、工作要点

（一）原料选择

啤酒大麦的质量应符合国家标准《啤酒大麦》（GB/T 7416—2008）的要求，卫生要求应符合《食品安全国家标准　粮食》（GB 2715—2016）的要求。

啤酒麦芽的质量应符合轻工行业标准《啤酒麦芽》（QB/T 1686—2008）的要求。

酿造用水大都直接参与工艺反应，又是啤酒的主要原料。因此，酿造用水必须符合饮用水和啤酒特殊要求。

（二）制麦

大麦必须通过发芽过程将内含的难溶性淀料转变为用于酿造工序的可溶性糖类。大麦在收获后先贮存 2～3 月，才能进入麦芽车间开始制造麦芽。

为了得到干净、一致的优良麦芽，制麦前，大麦需先经风选或筛选除杂，用磁筒去铁，比重去石机除石，精选机分级。

（三）糖化

麦芽、大米等原料经过去石、除铁、定量、粉碎后，进入糊化锅、糖化锅糖化分解成醪液，经过滤槽/压滤机过滤，然后加入酒花煮沸，去热凝固物，冷却分离等过程称为糖化。

（四）发酵

冷却后的麦芽汁中加入酵母，发酵开始进行。啤酒发酵是啤酒酵母在一定的条件下，利用麦芽汁中的可发酵性物质而进行的正常生命活动，其代谢的产物就是啤酒。出于酵母类型的不同，发酵的条件和产品要求、风味不同，发酵的方式也不相同，采用的技术不一样。一般可以把啤酒发酵技术分为传统发酵技术和现代发酵技术。

（五）过滤、包装

过滤是利用离心澄清、硅藻圭过滤、PVPP 吸附过滤、纸板清滤、膜过滤等几种过滤方法，除去酒中悬浮的固体微粒，改善啤酒外观清亮度、提高胶体和生物体的稳定性。

啤酒包装是啤酒生产的最后一道工序，对啤酒质量和外观有直接影响。过滤好的啤酒从清酒罐分别装入瓶、罐或桶中，经过压盖、生物稳定处理、贴标、装箱，成为成品啤酒或直接作为成品啤酒出售。啤酒包装应符合以下要求：一是包装过程中应尽量避免与空气接触，防止因氧化作用而影响啤酒的风味稳定性和非生物稳定性；二是包装中应尽量减少酒中 CO_2 的损失，啤酒中 CO_2 控制在 0.45%～0.55%，溶解氧含量小于 0.3 mg/L。以保证啤酒品味和泡沫性能；三是严格无菌操作，防止啤酒污染，确保啤酒符合卫生标准。

三、设备及材料

1. 设备　粉碎机、自动计量电子秤、糊化锅、糖化锅、麦汗过滤槽、麦汁煮沸锅、恒温培养箱、生化培养箱、显微镜、发酵罐、过滤机等。

2. 材料　大麦、辅助原料（大米、玉米、小麦、淀粉）、蔗糖和淀粉糖浆、酵母、啤酒花、酿造用水等。

四、工作过程

（一）麦芽制备工作过程

1. 工艺流程　大麦选择及处理→浸麦→发芽→绿麦芽干燥→除根→贮藏→成品。

2. 原辅材料　大麦、水。

3. 加工工艺

（1）大麦选择及处理　酿造大麦应选用色泽光亮，皮薄、有细密纹道，粒型饱满、整齐、无病斑的麦粒，要求水分含量不能高于13%，蛋白质含量一般为9%～12%。质量标准应符合《啤酒大麦》（GB/T 7416—2008）的规定。

（2）浸麦　①浸麦的目的。使大麦吸水充分，达到发芽要求，麦芽所需含水量一般为43%～48%；通过洗涤，除去麦粒表面的灰尘、杂质和微生物；在浸麦水中适当添加一些化学药剂，加速麦皮中有害物质（如酚类等）的浸出。②浸麦方法。浸麦方法很多，常用的方法有间歇浸麦法、快速法、喷淋浸麦法等。③浸麦度。浸渍后的大麦含水率称为浸麦度，一般为43%～48%。如果浸麦不足，大麦发芽率低；浸麦过头，大麦胚芽遭到破坏。浸麦度是制麦工艺的一个关键工艺控制点。浸麦度多用朋氏测定器测定，即在测定容器内装入100g大麦样品，放入浸麦槽中，与生产大麦一起浸渍。浸渍结束后，取出大麦，拭去表面水分，称其质量，按下式计算。

$$浸麦度(\%)=\frac{(浸麦后质量-原大麦质量)+原大麦含水质量}{浸麦后质量}\times 100\%$$

生产中检查浸麦度的方法有手握大麦感受其是否软有弹性，中心有无白点，皮壳是否容易脱离，观察露点率。

（3）发芽　①发芽的目的。经过发芽的麦粒会生成大量的各种酶类，并使麦粒中一部分非活化酶得到活化增长。随着酶系统的形成，胚乳中的淀粉、蛋白质、半纤维素等高分子物质得以逐步分解，可溶性的低分子糖类和含氮物质不断增加，使麦粒达到一定的溶解度，以满足糖化时的需要。②发芽方法。发芽方法可分为地板式发芽和通风式发芽两大类。地板式发芽是传统方法，由于劳动强度大、占地面积大、受外界温度影响大等缺点，已被淘汰。当前普通采用通风式发芽。通风式发芽是厚层发芽，以机械通风的方式强制向麦层通入调温、调湿的空气，以控制发芽的温度、湿度、氧气和CO_2的比例，达到发芽的目的。③发芽工艺技术条件。发芽温度为13～18 ℃，一般不超过20 ℃，最高不超过25 ℃。大麦浸渍以后水分质量分数为43%～48%，制造深色麦芽宜提高至45%～48%，而制造浅色麦芽一般控制在43%～46%。在通风式发芽过程中，室内的空气相对温度一般要求在95%以上。发芽初期麦粒呼吸旺盛，品温上升，CO_2浓度增大，这时需通入大量新鲜空气，提供氧

气，以利于麦芽生长和酶的形成。在发芽后期，应减少通风，使 CO_2 在麦层中适度积存，以抑制麦粒的呼吸，控制根芽生长，促进麦芽溶解，减少制麦损失。发芽过程中必须避免光线直射，以防止叶绿素的形成，叶绿素的形成会有损啤酒的风味。发芽室的窗户宜安装蓝色玻璃。浅色麦芽发芽时间一般控制在 6 天左右，深色麦芽为 8 天左右。如浸麦时添加赤霉素，以及改进浸麦方法等，发芽时间还可缩短。

（4）绿麦芽干燥　①干燥目的。终止绿麦芽的生长和酶的分解作用；除去绿麦芽多余的水分，使其降至5%以下，防止腐败变质，便于贮藏；除去绿麦芽的生腥味，使麦芽产生特有的色、香、味；便于干燥后除去麦根，避免麦根的不良苦味带入到啤酒中，影响啤酒风味。②干燥阶段及工艺技术条件。A. 低温脱水阶段：将麦芽水分从 43% ~48% 降至 20% ~25%，排出麦粒表面的水分，即自由水。控制空气温度在 50 ~60 ℃，并适当调节空气流量，使排放空气的相对湿度稳定在 90% ~95%。此阶段约 4 小时翻拌一次，不要过勤。B. 中温干燥阶段：当麦芽水分降至 20% ~25%后，麦粒内部水分扩散至表面的速度开始落后于麦粒表面水分的蒸发速度，使水分的排除速度下降，排放空气的相对湿度也随之降低，此时适当降低空气流量和提高干燥温度，直至麦芽水分降至 10% 左右。此阶段每 2 小时翻拌一次，升温不能过急，以免影响麦芽质量。C. 高温焙焦阶段：当麦芽水分降至 10% 以后，麦粒中水分全部为结合水，此时要进一步提高空气温度，降低空气流量，且适当回风。淡色麦芽层温度升至 82 ~85 ℃，深色麦芽层温度升到 95 ~105 ℃，并在此阶段焙焦 2 ~2. 5 小时，使淡色麦芽水分降低至 3. 5% ~5%，深色麦芽水分降至 1. 5% ~2. 5%。此阶段翻拌要连续进行。

（5）麦芽除根　①除根目的。麦根中含有 43% 左右的蛋白质，具有不良苦味，而且色泽很深，如带入啤酒，会影响啤酒的口味、色泽以及非生物稳定性。另外，出炉后的麦根吸湿性很强，不便于后序的贮藏。②除根工艺技术条件。出炉后的干麦芽要在 24 小时内完成除根，否则，麦根将很易吸水而难以除去。除根后的麦芽中不得含有麦根，麦根中碎麦粒和整粒麦芽不得超过 0. 5%。

（6）麦芽贮藏　除根后的麦芽，一般都要经过 6 ~8 周（最短 1 个月，最长为半年）的贮藏后，再投入使用。对于溶解不足和用高温焙焦的麦芽，贮藏期要长；溶解正常以及低温焙焦的麦芽，贮藏期宜短。

（二）麦芽汁制备工作过程

1. 工艺流程　原料、辅料的粉碎→糖化→麦汁过滤→麦汁煮沸→酒花添加→麦汁后处理→麦汁。

2. 原料辅料　麦芽、非发芽谷物、酒花和水等。

3. 加工工艺

（1）麦芽及其辅料的粉碎　①粉碎的目的。原、辅材料粉碎后，增加了物料的比表面积，糖化时可溶性物质容易析出，有利于酶的作用。要求是麦芽谷皮破而不碎。辅助原料粉碎得越细越好，以增加浸出物的得率。②粉碎方法。麦芽粉碎的方法有干法粉碎、湿法粉碎、回潮法粉碎三种方法。③粉碎度的调节。粉碎度是指麦芽或辅助原料的粉碎程度。能常是以谷皮、粗粒、细粒及细粉的各部分所占料粉质量的质量分数表示。一般要求粗粒与细粒的比例为 1 : 2. 5 以上。麦芽的粉碎度应视投产麦芽的性质、糖化方法、麦汁过滤设

备的具体情况来调节。

（2）糖化　糖化是指利用麦芽本身所含有的各种水解酶，在适宜的温度、pH、时间等条件下，将麦芽和辅助原料中的不溶性高分子物质分解成可溶性的低分子物质的过程。糖化的方法有煮出糖化法、浸出糖化法。糖化工艺技术条件为：①糖化温度。糖化时温度的变化通常是由低温逐步升至高温，以防止麦芽中各种酶因高温而被破坏。浸渍阶段温度通常控制在35～40 ℃；蛋白质分解阶段温度通常控制在45～55 ℃；糖化阶段通常温度控制在62～70 ℃；糊精化阶段温度通常控制在75～78 ℃。②糖化时间。广义的糖化时间是指从投料至麦芽汁过滤前的时间，与糖化方法密切相关；狭义的糖化时间是指麦芽醪温度达到糖化温度起至糖化完全，即碘试反应完全的这段时间。添加辅料的糖化时间较全麦芽的糖化时间相对延长。③pH。pH是糖化过程中酶反应的一项重要条件，为了改善酶的作用，有时需要调节糖化醪的pH。对残留碱度较高的酿造用水进行处理，方法有加石膏、乳酸、磷酸及其他水处理方法，以使醪液的pH有所下降。也可以添加1%～5%的乳酸麦芽。④糖化用水。糖化用水是指直接用于糖化锅和糊化锅，使原、辅料溶解，并进行化学和生物转化所需要的水。水的质量是决定啤酒质量的重要因素之一，必须符合饮用水和啤酒特殊要求。水的用量决定醪液的浓度，并直接影响酶的作用效果。⑤洗糟用水。第一批麦汁滤出后，用水将残留在麦糟中的糖液洗出所用的水称为洗糟用水。洗糟用水量主要根据糖化用水量来确定，这部分水约为煮沸前麦汁量与头号麦芽汁量之差，它对麦汁收得率有较大的影响。

（3）麦芽汁过滤　①过滤的目的。麦芽汁过滤的目的是把糖化醪中的水溶性物质与非水溶性物质进行分离。在分离的过程中，要在不影响麦芽汁质量的前提下，尽最大可能获得浸出物，尽量缩短麦芽汁过滤时间，以提高糖化设备利用率。②过滤的方法。麦芽汁过滤的方法有过滤槽法、压滤机法和快速渗出槽法。

（4）麦汁煮沸　目前国内大多中小企业广泛使用的是间歇常压煮沸法。除此煮沸法外，还有内加热式煮沸法和外加热煮沸法等。麦芽汁煮沸的工艺技术条件为：①煮沸时间。煮沸时间是指将混合麦汁蒸发、浓缩到要求的定型麦汁浓度所需的时间。煮沸时间短，不利于蛋白质的凝固以及啤酒的稳定性。合理延长煮沸时间，对蛋白质凝固、还原物质的形成等都是有利的。但过长的煮沸时间会使麦芽汁质量下降，啤酒泡沫性能变差。②煮沸强度。煮沸强度是麦汁在煮沸时，每小时蒸发水分的百分率。煮沸强度是影响蛋白质变性絮凝的决定因素，对麦芽汁的澄清度和热凝固氮有显著影响。煮沸强度越大，越有利于蛋白质的变性絮凝，越能获得澄清透明热凝固氮含量少的麦芽汁。一般煮沸强度控制在每小时8%～10%，可凝固性氮的质量浓度达1.5～2.0 mg/100 ml，即可满足工艺要求。③pH。通常混合麦芽汁的pH为5.2～5.6，最理想的pH为5.2。此值恰好是蛋白质的等电点，有利于蛋白质及其多酚物质的凝结，从而降低麦芽汁色度，改善品味，提高啤酒的非生物稳定性。

（5）酒花添加　啤酒酒花可以赋于啤酒爽口的苦味和特有的香味；促进蛋白质凝固，提高啤酒的非生物稳定性；此外，酒花中的α－酸、异α－酸和β－酸都具有一定的防腐作用，可增加啤酒的防腐能力。酒花的添加量可参考表7－9。近年来消费者饮酒喜欢淡爽型、超爽型、干啤、超干啤及纯生啤酒，所以添加量在下降。

表 7-9　不同类型啤酒的酒花添加量

啤酒类型	1000 L 麦汁的酒花添加量（g）	1000 L 啤酒的酒花添加量（g）
淡色啤酒（11~14°P）	170~340	190~380
浓色啤酒（11~14°P）	120~180	130~200
比尔森淡色啤酒（12°P）	300~500	350~550
慕尼黑浓色啤酒（14°P）	160~200	180~220
国产淡色啤酒（11~12°P）	160~240	180~260

（6）麦汁后处理　煮沸后，要尽快降低麦芽汁的温度，将麦汁中的酒花槽和冷、热凝固物分离出去，使之达到酵母发酵的温度和提高啤酒质量，并通入无菌空气以提供酵母生长繁殖所需的氧。

（三）传统啤酒发酵

1. 工艺流程

充氧冷麦汁→主发酵→后发酵→贮酒→鲜啤酒

↑

菌种

2. 原辅材料　酵母、麦芽汁等。

3. 加工工艺

传统的下面发酵，分为主发酵和后发酵两个阶段。主发酵又称前酵，一般在密闭或敞口的主发酵池（槽）中进行，后发酵在密闭的卧式发酵罐内进行。

（1）主发酵　主发酵为发酵的主要阶段，分为酵母繁殖期、起泡期（低泡期）、高泡期、落泡期、泡盖形成期。①酵母繁殖期。添加酵母 8~16 小时后，麦芽汁汁液面上出现 CO_2小气泡，逐渐形成白色、乳脂状的泡沫，酵母繁殖 20 小时以后立即进入主发酵池，与增殖槽底部沉淀的杂质分离。②起泡期。发酵 4~5 小时后，在麦汁表面逐渐出现更多的泡沫，由四周渐渐向中间渗透，泡沫洁白细腻，厚而紧密，如花菜状，发酵液中有 CO_2小气泡上涌，并将一些析出物带至液面。此时发酵液温度每天上升 0.5~0.8 ℃，每天降糖0.3~0.5°P，维持时间 1~2 天，不需人工降温。③高泡期。发酵 2~3 天后，泡沫增高，开成隆起，高达 25~30cm，并因发酵液内酒花树脂和蛋白质－单宁复合物开始析出而逐渐变为棕黄色，此时为发酵旺盛期，需要人工降温，但是不能太剧烈，以免酵母过早沉淀，影响发酵。高泡期一般维持 2~3 天，每天降糖 1.5°P 左右。④落泡期。发酵 5 天以后，发酵力逐渐减弱，CO_2气泡减少，泡沫回缩，酒内析出物增加，泡沫变为棕褐色。此时应控制液温每天下降 0.5 ℃左右，每天降糖 0.5~0.8°P，落泡期维持 2 天左右。⑤泡盖形成期。发酵 7~8 天后，泡沫回缩，形成泡盖，应及时撇去泡盖，以防沉入发酵液内。此时应大幅度降温，使酵母沉淀。此阶段可发酵性糖已大部分分解，每天隆糖 0.2~0.4°P。

（2）后发酵　主发酵结束后的发酵液称嫩啤酒，要转入密封的后发酵罐（也称贮酒罐），进行后发酵。后发酵的目的是为了残糖继续发酵、促进啤酒风味成熟、增加 CO_2的溶解量、促进啤酒的澄清。①下酒。将嫩啤酒输送到贮酒罐的操作称为下酒。下酒方法多用下面下酒法，即发酵液由已灭菌的贮酒罐下部出口处送入。贮酒罐可一次装满，也可分2～3次装满。如是分装，应在1～3天内装满。入罐后，液面上应留出10～15cm空隙，以利于排除液面上的空气，尽量减少与氧的接触。如果嫩啤酒含糖过低，不足以进行后发酵，可添加发酵度为20%的起泡酒，促进发酵。②密封升压。下酒满桶后，正常情况下敞口发酵2～3天，以排除啤酒中的生青味物质。之后封罐，罐内CO_2气压逐步上升，压力达到50～80kPa时保压，让酒中CO_2的逐步饱和。③温度控制。后发酵多控制先高后低的贮酒温度。前期控制3～5℃，而后逐步降温至－1～1℃，降温速度视啤酒的不同类型而定。有些新工艺，前期温度控制范围很大（3～13℃），以保持一定的高温尽快还原双乙酰，促进啤酒成熟。④后发酵时间。淡色啤酒一般贮酒时间较长，浓色啤酒贮酒时间较短；原麦汁浓度高的啤酒较浓度低的啤酒贮酒期长；低温贮酒较高温贮酒的贮酒时间长。⑤加入添加剂。为了改善啤酒的泡沫、风味和非生物稳定性，可在食品安全国家标准允许的范围内，加入适量的添加剂。这些添加剂多在贮酒、滤酒过程中或清酒罐内添加。

4. 产品质量标准　质量标准为《啤酒》（GB 4927—2008），适用于以麦芽、水为主要原料，加啤酒花（包括酒花制品），经酵母发酵酿制而成的、含有CO_2的、起泡的、低酒精度的发酵酒，包括无醇啤酒（脱醇啤酒）。

（1）感官要求　淡色啤酒感官要求见表7－10，浓色、黑色啤酒感官要求见表7－11。

表7－10　淡色啤酒感官要求

项目			优级	一级
外观[a]	透明度		清亮，允许有肉眼可见的微细悬浮物和沉淀物（非外来异物）	
	浊度（EBC）		≤0.9	≤1.2
	形态		泡沫洁白细腻，持久挂杯	泡沫洁白细腻，较持久挂杯
泡沫	泡持性[b]	瓶装	≥180	≥130
		听装	≥150	≥110
香气和口味			有明显的酒花香气，口味纯正，酒体协调，柔和，无异香、异味	有较明显的酒花香气，口味纯正，较爽口，协调，无异香、异味

注：[a] 对非瓶装的“鲜啤酒”无要求；[b] 对桶装（鲜、生、熟）啤酒无要求。

表7－11　浓色啤酒、黑色啤酒感官要求

项目			优级	一级
外观[a]	透明度		酒体有光泽，允许有肉眼可见的微细悬浮物和沉淀物（非外来异物）	
	形态		泡沫细腻挂杯	泡沫较细腻挂杯
泡沫	泡持性[b]	瓶装	≥180	≥130
		听装	≥150	≥110
香气和口味			有明显的酒花香气，口味纯正，酒体协调，柔和，无异香、异味	有较明显的酒花香气，口味纯正，较爽口，协调，无异香、异味

注：[a] 对非瓶装的“鲜啤酒”无要求；[b] 对桶装（鲜、生、熟）啤酒无要求。

（2）理化要求　淡色啤酒理化要求见表7－12，浓色、黑色啤酒理化要求见表7－13。

表 7-12　淡色啤酒理化要求

项目		优级
酒精度[a]（%vol）	≥14.1°P	≥5.2
	12.1~14.0°P	≥4.5
	11.1~12.0°P	≥4.1
	10.1~11.0°P	≥3.7
	8.1~10.0°P	≥3.3
	≤8.0°P	≥2.5
原麦芽汁浓度 b		X
总酸（mL/100 mL）	≥14.1°P	≤3.0
	10.1~14.0°P	≤3.6
	≤8.0°P	≤2.2
CO_2[c]（质量分数,%）		0.35~0.65
双乙酰（mg/L）		0.10
蔗糖转化酶活性[d]		呈阳性

注：[a] 不包括低醇啤酒、无醇啤酒；[b]"X"为标签上标注的原麦汁浓度，≥10.0°P 允许的负偏差"-0.3"；<10.0°P 允许的负偏差为"-0.2"；[c] 桶装（鲜、生、熟）啤酒 CO_2 不得小于 0.25%（质量分数）；[d] 仅对"生啤酒"和"鲜啤酒"有要求。

表 7-13　浓色啤酒、黑色啤酒理化要求

项目		优级
酒精度[a]（%vol）	≥14.1°P	≥5.2
	12.1~14.0°P	≥4.5
	11.1~12.0°P	≥4.1
	10.1~11.0°P	≥3.7
	8.1~10.0°P	≥3.3
	≤8.0°P	≥2.5
原麦芽汁浓度[b]		X
总酸（mL/100 mL）		≤4.0
CO_2[c]（质量分数,%）		0.35~0.65
蔗糖转化酶活性[d]		呈阳性

注：[a] 不包括低醇啤酒、无醇啤酒；[b]"X"为标签上标注的原麦汁浓度，≥10.0°P 允许的负偏差"-0.3"；<10.0°P 允许的负偏差为"-0.2"；[c] 桶装（鲜、生、熟）啤酒 CO_2 不得小于 0.25%（质量分数）；[d] 仅对"生啤酒"和"鲜啤酒"有要求。

（四）啤酒包装

1. 工艺流程　选瓶→洗瓶→装瓶→压盖→杀菌→贴标。

2. 设备　啤酒瓶、啤酒桶、洗瓶机、压盖机、包装生产线等。

3. 包装工艺要点

（1）选瓶　啤酒瓶有不回收瓶和回收瓶两种。可根据空瓶的颜色、高度、直径和外形轮廓选择瓶形拣选装置，选择出符合要求的啤酒瓶。

（2）洗瓶　要求瓶内外无残存物，瓶内无菌，瓶内滴出的残水不得呈碱性反应。洗涤剂要求无毒性。

（3）装瓶　装瓶要严格无菌操作，主要工艺要求啤酒中 CO_2 控制在0.45%～0.55%，溶解氧含量小于0.3 mg/L。

（4）压盖　灌装好的啤酒应尽快压盖，瓶盖要通过无菌空气除尘处理。

（5）杀菌　为保证啤酒有较长的保存期，常采用巴氏灭菌的方法进行杀菌处理。常用杀菌设备为隧道式喷淋杀菌机和步移式巴氏杀菌机。

（6）贴标　使用的商标必须与产品一致，生产日期必须标示清楚，商标应整齐美观，不歪斜、不脱落、无缺陷。贴标后经人工或机械装箱即可销售。

考核要点

1. 啤酒的概念及分类。
2. 麦芽制备工艺及操作要点。
3. 麦芽汁制备工艺及操作要点。
4. 啤酒发酵工艺及操作要点。

思考题

1. 白酒勾兑的方法是什么？
2. 简述葡萄酒前、后发酵异常现象产生的原因和改良措施。
3. 如何防止白葡萄酒在酿制过程中发生氧化？
4. 主发酵前期降糖速度正常，后期降糖慢甚至不降糖，是什么原因？
5. 添加硅藻土的目的是什么？添加量过多、过少会引起什么样的后果？

（张　静　刘育颖）

参考文献

[1] 马涛．糕点生产工艺与配方［M］．北京：化学工业出版社，2008.

[2] 于海杰．焙烤食品加工技术［M］．北京：中国农业大学出版社，2015.

[3] 姚玉静，黄国平，龚慧雯，等．果醋发酵工艺研究进展［J］．粮食与食品工业，2010，17（6）：28－30.

[4] 焦宇知．猕猴桃果醋的工艺研究及其成分分析［J］．中国酿造，2006（11）：73－75.

[5] 王天陆．香蕉脆片生产技术研究［J］．粮油食品科技，2009（17）：65－67.

[6] 祝战斌．果蔬加工技术［M］．北京：化学工业出版社，2008.

[7] 周光宏．畜产品加工学［M］．北京：中国农业出版社，2011.

[8] 孔保华．肉制品品质及质量控制［M］．北京：科学出版社，2015.

[9] 江琦，王烨，刘英，等．冷鲜肉的研究进展［J］．农产品加工，2015（1）：69－71.

[10] 程述震，王晓拓，王志东．冷鲜肉保鲜技术研究进展［J］．食品研究与开发，2017，38（16）：194－197.

[11] 李新熊，光权，吴文锦．斩拌工艺对乳化香肠品质的影响［J］．食品研究与开发，2018（3）：58－60.

[12] 王岩．枸杞猪肉腊肠的制作［J］．肉类工业，2017（1）：50－53.

[13] 李玉环．水产品加工技术［M］．北京：中国劳动保障出版社，2014.

[14] 杨宏．水产品加工新技术［M］．北京：中国农业出版社，2012.

[15] 龚珞军，李燕，王晓燕．水产硬罐头的制作技术（一）［J］．渔业致富指南，2005（14）：57－58.

[16] 刘晶晶，施大华，韩曜平，等．风味螺蛳肉的加工工艺［J］．食品工业，2009，30（04）：20－21.

[17] 王兴礼．淡水鱼糜及其模拟食品的制作［J］．科学养鱼，2009（9）：69－70.

[18] 顾瑞霞．乳与乳制品工艺学［M］．北京：中国计量出版社，2006.

[19] 张和平，张佳程．乳品工艺学［M］．北京：中国轻工业出版社，2007.

[20] 李凤林，兰文峰．乳制品加工技术［M］．北京：中国轻工业出版社，2010.

[21] 陈月英，王林山．饮料生产技术［M］．北京：科学出版社，2015.

[22] 周智明，张宏康．山楂、苹果、胡萝卜复合果蔬汁的研制［J］．食品工业科技，2012（4）：282－284.

[23] 王立霞．生姜雪梨复合果蔬汁加工工艺研究［J］．食品工业科技，2013（21）：219－223.

[24] 梁宗余．白酒酿造技术［M］．北京：中国轻工业出版社，2015.

[25] 李付丽，吴鑫颖，王晓丹，等．微生物技术在浓香型白酒增香方面的应用［J］．中国酿造，2014（1）：9－13.

[26] 罗惠波，黄治国，李浩，等．浓香型大曲微生物群落代谢多样性研究［J］．西南大学

学报，2009（7）：179－184.
［27］罗里·斯塔尔．自酿葡萄酒入门指南［M］．北京：中国轻工业出版社，2017.
［28］逯家富．啤酒生产技术［M］．北京：科学出版社，2004.
［29］郭泽峰．新型燕麦啤酒的研究开发［J］．酿酒科技，2017（12）：93－97.
［30］张晓勇，李丹，王超，等．富含原花青素啤酒的酿造工艺研究［J］．食品科技，2018（6）：112－119.